单元4

钢筋混凝土受弯构件

- 学习目标

1. 重点掌握单筋矩形截面、T 形截面正截面承载力计算方法。
2. 掌握双筋矩形截面正截面承载力、受弯构件斜截面承载力以及裂缝宽度和变形计算方法。
3. 了解受弯构件的构造。

- 本单元重点

单筋矩形截面、T 形截面正截面承载力计算。

- 本单元难点

1. 斜截面抗剪承载力计算。
2. 全梁承载力校核。

钢筋混凝土受弯构件是组成桥涵结构的基本构件，在桥梁工程中应用极为广泛。板、梁为典型的受弯构件。

板和梁的区别主要在于截面高宽比（h/b）的不同，其受力情况基本相同，即在外力作用下，板、梁均将承受弯矩（M）和剪力（V）的作用，因而，截面计算方法也基本相同。

本单元将分别讨论板和梁的正截面承载力、斜截面承载力的设计计算，以及板和梁施工阶段的应力、裂缝宽度和变形的验算。正截面承载力的计算是根据最不利效应组合来确定钢筋混凝土梁的截面尺寸和受力钢筋的面积并进行钢筋的布置；斜截面承载力的计算是考虑在剪力和弯矩共同作用的区段，为防止发生构件沿斜截面的破坏而设置的腹筋设计。

4.1 构造要求

4.1.1 板

钢筋混凝土板在桥涵工程中应用很广，有板桥的承重板、梁桥的行车道板、人行道板等。当跨径较小（≤8m）时，板的截面多采用实心矩形；当跨径较大（8~13m）时，板的截面多采用空心矩形，如图 4-1 所示。

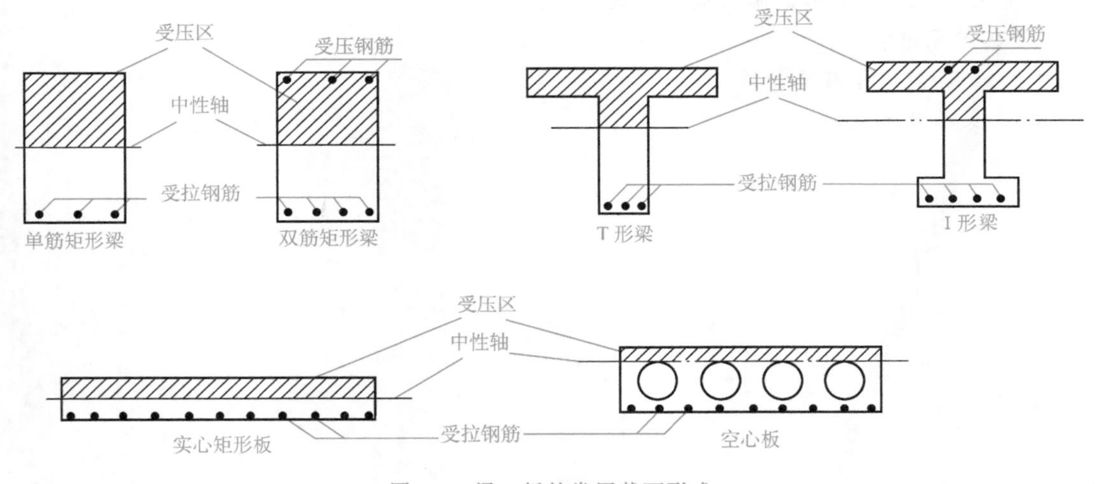

图 4-1 梁、板的常用截面形式

4.1.1.1 板厚

板的厚度主要是由控制截面的最大弯矩和刚度要求决定的。但是为了保证结构的耐久性和施工质量，《混凝土桥涵规范》规定了各种板的最小厚度：就地浇筑的人行道板 80mm；预制人行道板 60mm；空心板顶板及底板 80mm。

4.1.1.2 钢筋

如图 4-2 所示，板的钢筋由纵向的主钢筋和横向的分布钢筋组成。

主钢筋布置在板的受拉区，沿构件的轴线布置，数量由强度计算确定。为了使板的受力尽可能均匀，主钢筋应采用小直径、小间距的布置方式（即多根密排）。但直径过小，又会增加施工上的麻烦。因此行车道板内的主钢筋直径不应小于 10mm；人行道板内的主钢筋直

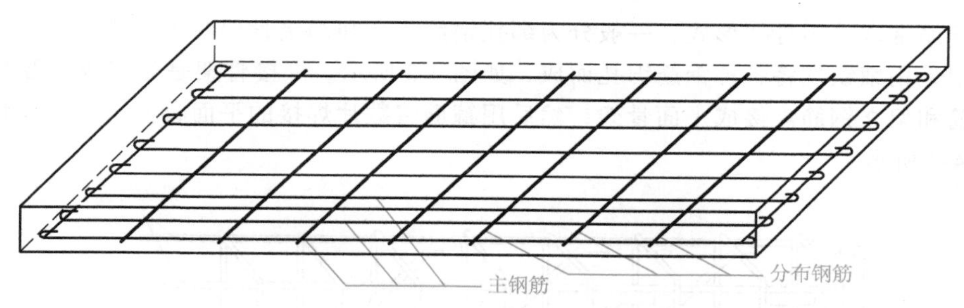

图 4-2　钢筋混凝土板内钢筋构造图

径不应小于 8mm。

在简支板的跨中和连续板的支点处，板内受力钢筋间距不应大于 200mm。通过支点的不弯起的主钢筋，每米板宽内不应少于 3 根，并不应少于主钢筋截面积的 1/4。

行车道内应设置垂直于主钢筋的分布钢筋。分布钢筋设置在主钢筋的内侧，在交叉处用铁丝绑扎或点焊以固定相互的位置。行车道板内的分布钢筋的直径不应小于 8mm，其间距不应大于 200mm，截面面积不宜小于板的截面积的 0.1%。在主钢筋的弯折处，应布置分布钢筋。人行道板内的分布钢筋的直径不应小于 6mm，其间距不应大于 20mm。

4.1.2　梁

4.1.2.1　截面形式及尺寸

钢筋混凝土梁的截面形式，常见的有矩形、T 形、I 形和箱形（图 4-1），一般中、小跨径时常采用矩形或 T 形截面，大跨径时可采用 I 形或箱形截面。

整体现浇矩形截面梁的高宽比 h/b 一般取 2.0～3.5；T 形截面的高宽比 h/b（b 为梁肋宽）一般取 2.5～4.0。当采用焊接钢筋骨架的装配式 T 形梁时，其高宽比 h/b 一般为 7～8，高度与跨径之比一般为 1/11～1/16，跨径较大时取用偏小比值。为了使截面尺寸规格化和考虑施工制模的方便，通常将梁的截面尺寸模数化，即以 50mm 或 100mm 一级增加；一般梁肋的宽度取用 150～220mm。

4.1.2.2　钢筋构造

一般结构中，钢筋混凝土梁内的钢筋构造如图 4-3 所示。梁内钢筋骨架多由主钢筋、斜筋（弯起钢筋）、箍筋、架立钢筋和纵向防裂钢筋等组成。

梁内钢筋构造

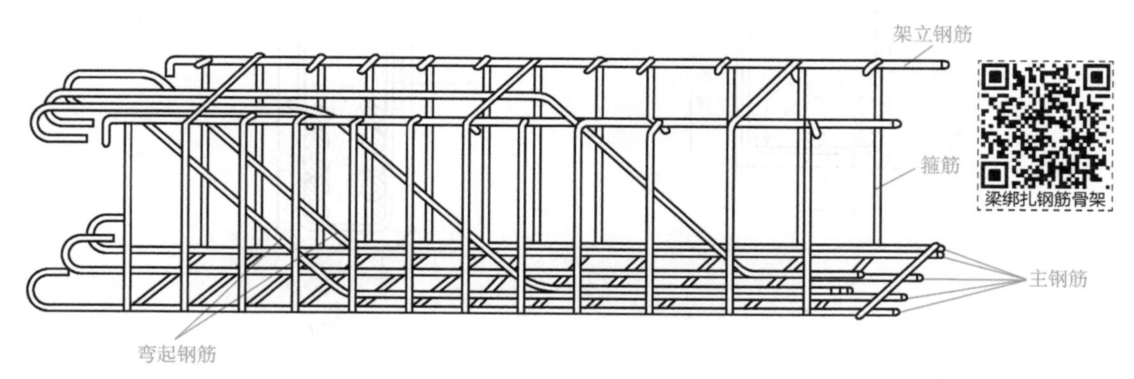

图 4-3　绑扎钢筋骨架

梁内的钢筋常常采用骨架形式，一般分为绑扎钢筋骨架和焊接骨架两种形式。

绑扎骨架是用细铁丝将各种钢筋绑扎而成，如图 4-3 所示。焊接骨架是先将纵向受拉钢筋、弯起钢筋和架立钢筋焊接成平面骨架，然后用箍筋将数片焊接的平面骨架组成立体骨架形式，如图 4-4 所示。

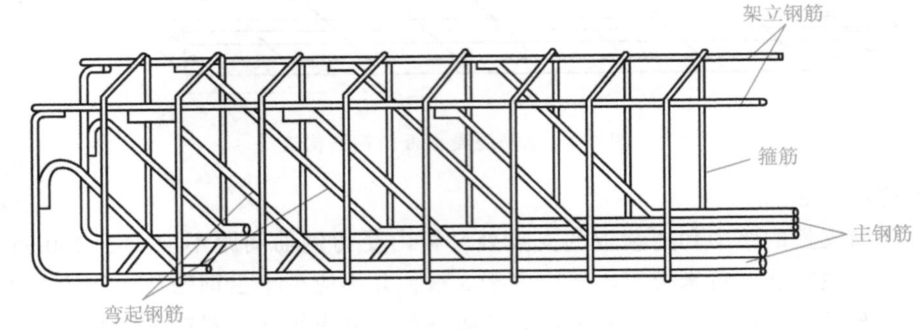

图 4-4　焊接钢筋骨架

1. 主钢筋

梁内主钢筋常设置在梁的受拉区，数量由计算确定。主钢筋一般采用 HRB400 钢筋，直径一般为 12~32mm，但不超过 40mm，以满足抗裂要求。在同一片（批）梁中最好采用相同钢种、相同直径的主钢筋，但有时为了选配钢筋及节约钢材，也可采用两种不同直径的主钢筋，直径相差不应小于 2mm。

梁内主钢筋应尽量布置成最少的层数。在满足保护层厚度的前提下，简支梁的主钢筋应尽量布置在底层，以获得较大的内力偶臂而节约钢材。主钢筋的排列应满足下列原则：由下至上，先粗后细，左右对称、上下对齐，便于混凝土的浇筑。

绑扎钢筋骨架中，各主钢筋间横向净距和层与层之间的竖向净距，当钢筋为三层及以下时，不应小于 30mm，并不小于钢筋直径；当钢筋为三层以上时，应不小于 40mm，并不小于钢筋直径的 1.25 倍，对于束筋，此处直径采用等代直径，如图 4-5a 所示。

焊接钢筋骨架中，多层主钢筋竖向不留空隙，用焊缝连接，其叠高一般不宜超过 (0.15~0.2) h（h 为梁高）。焊接钢筋骨架的净距如图 4-5b 所示。

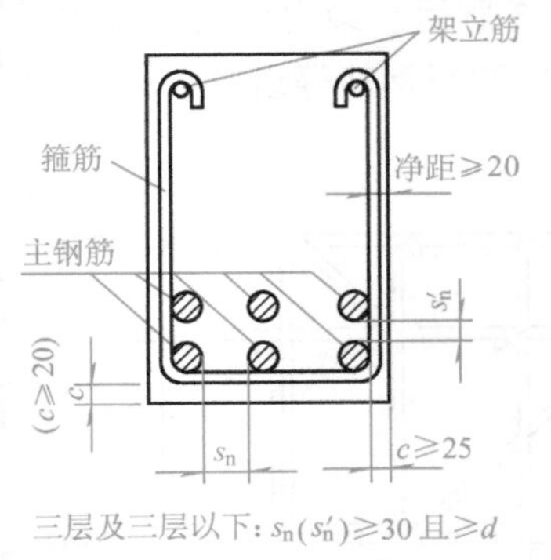

a)

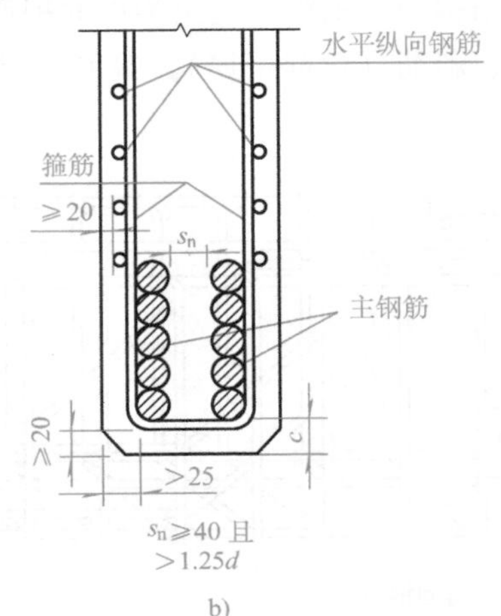

b)

图 4-5　梁内钢筋净距及保护层厚度（Ⅰ类环境：设计使用年限 100 年）

当梁内主钢筋与梁底面间保护层厚度大于 50mm 时，应设防裂钢筋网。靠梁边缘的主钢筋与梁侧面的净距应不小于 30mm（图 4-5）。

2. 弯起钢筋

弯起钢筋是为满足斜截面抗剪承载力而设置的，一般由受拉主钢筋弯起而成，有时也需要加设专门的斜筋，一般与梁纵轴成 45°，弯起钢筋的直径、数量及位置均由抗剪计算确定。

钢筋混凝土梁采用多层焊接钢筋时，可用侧面焊缝使之形成骨架（参见图 4-4）。侧面焊缝设在弯起钢筋的弯折点处，并在中间直线部分适当设置短焊缝。

焊接钢筋骨架的弯起钢筋，除用纵向钢筋弯起外，亦可用专设的弯起钢筋焊接，如图 4-6 所示。

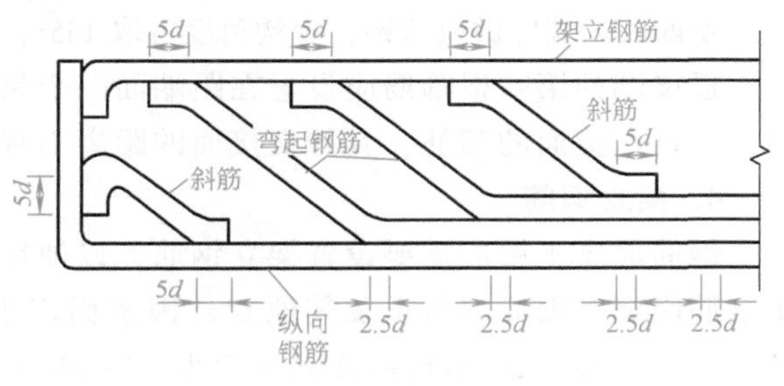

图 4-6　弯起钢筋焊接

斜钢筋与纵向钢筋之间的焊接，宜用双面焊缝，其长度应为 5 倍钢筋直径，纵向钢筋之间的短焊缝应为 2.5 倍钢筋直径；当必须采用单面焊缝时，其长度应加倍。

焊接骨架的钢筋层数不应多于 6 层，单根钢筋直径不应大于 32mm。

3. 箍筋

箍筋除了满足斜截面的抗剪承载力外，还起到连接受拉钢筋和受压区混凝土使其共同工作的作用。此外，用箍筋来固定主钢筋的位置而使梁内各种钢筋构成钢筋骨架。工程上使用的箍筋有开口和闭口两种形式，如图 4-7 所示。

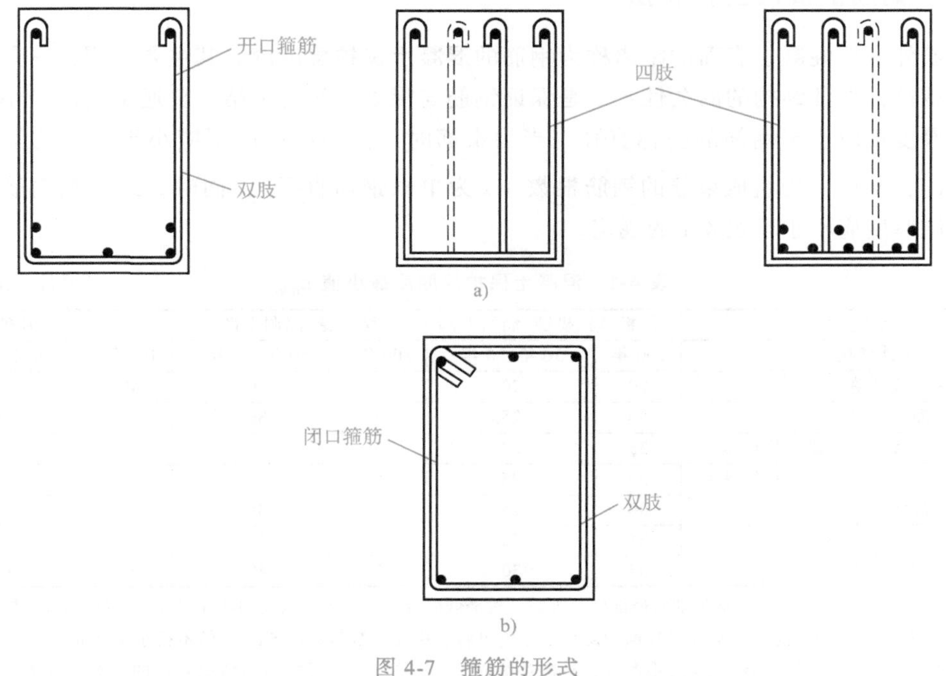

图 4-7　箍筋的形式

a）开口箍筋　b）闭口箍筋

无论计算上是否需要，梁内均应设置箍筋。其直径不小于 8mm 且不小于 1/4 主钢筋直径，其最小配箍率 ρ_{sv}，HPB300 钢筋不应小于 0.14%，HRB400 钢筋不应小于 0.11%。每根箍筋所箍的受拉钢筋每排应不多于 5 根；所箍的受压钢筋每排应不多于 3 根。

箍筋间距应不大于梁高的 1/2 且不大于 400mm；当所箍的钢筋为受压钢筋时，不应大于所箍钢筋直径的 15 倍且不应大于 400mm。在钢筋绑扎搭接接头范围内的箍筋间距，当绑扎搭接钢筋受拉时，不应大于主钢筋直径的 5 倍，且不大于 100mm；当搭接钢筋受压时，不应大于主钢筋直径的 10 倍，且不大于 200mm。在支座中心向跨径方向长度不小于 1 倍梁高范围内，箍筋间距不宜大于 100mm。

箍筋的末端应做成弯钩，弯钩角度可取 135°，弯钩的平直段长度不应小于箍筋直径的 5 倍。

近梁端的第一根箍筋应设置在距端面一个保护层的距离处。梁与梁或梁与柱的交接范围内，靠近交接面的箍筋，其与交接面的距离不宜大于 50mm。

4. 架立钢筋

钢筋混凝土梁内需要设置架立钢筋，以便在施工时形成钢筋骨架，保持箍筋的间距，防止钢筋因浇筑振捣混凝土及其他意外因素而产生的偏斜。钢筋混凝土 T 形梁的架立钢筋直径多为 16~22mm；矩形截面梁一般为 10~14mm。

5. 梁侧防裂纵向钢筋

T 形、I 形截面梁或箱形截面梁的腹板两侧应设置防裂纵向钢筋，以抵抗温度应力及混凝土收缩应力。其直径一般为 6~8mm，两侧面的钢筋截面面积合计取用（0.001~0.002）bh，对薄壁梁宜取上限。

纵向防裂钢筋应下密上疏地固定在箍筋上。

4.1.3 钢筋的混凝土保护层

钢筋外缘至混凝土表面的距离称为钢筋的**混凝土保护层厚度**。其主要作用，一是保护钢筋不致锈蚀，保证结构的耐久性；二是保证钢筋与混凝土间的黏结。普通钢筋的最小混凝土保护层厚度不应小于钢筋的公称直径，当为束筋时，保护层厚度不应小于束筋的等代直径（$de=\sqrt{n}d$，其中 n 为组成束筋的钢筋根数，d 为单根钢筋直径）；同时，最外侧钢筋的混凝土保护层厚度应不小于表 4-1 的规定。

表 4-1 混凝土保护层厚度最小值 c_{min} （单位：mm）

构件类别	梁、板、塔、拱圈、涵洞上部		墩台身、涵洞下部		承台、基础	
设计使用年限	100 年	50 年、30 年	100 年	50 年、30 年	100 年	50 年、30 年
Ⅰ类——一般环境	20	20	25	20	40	40
Ⅱ类——冻融环境	30	25	35	30	45	40
Ⅲ类——近海或海洋氯化物环境	35	30	45	40	65	60
Ⅳ类——除冰盐等其他氯化物环境	30	25	35	30	45	40
Ⅴ类——盐结晶环境	30	25	40	35	45	40
Ⅵ类——化学腐蚀环境	35	30	40	35	60	55
Ⅶ类——磨蚀环境	35	30	45	40	65	60

注：1. 表中数值是针对各环境类别的最低作用等级，按最低混凝土强度等级以及钢筋和混凝土无特殊防腐措施规定的。
2. 对工厂预制的混凝土构件，其保护层最小厚度可将表中相应数值减小 5mm，但不得小于 20mm。
3. 表中承台和基础的保护层最小厚度，是针对基坑底无垫层或侧面无模板的情况规定的；对于有垫层或有模板的情况，保护层最小厚度可将表中相应数值减少 20mm，但不得小于 30mm。

4.2　正截面承载力计算

4.2.1　受弯构件正截面工作阶段

图 4-8 为图 4-9 所示试验梁在各级荷载下截面的应变实测图及相应于各工作阶段截面上的正应力分布图。梁的受力和变形可分为以下三个阶段。

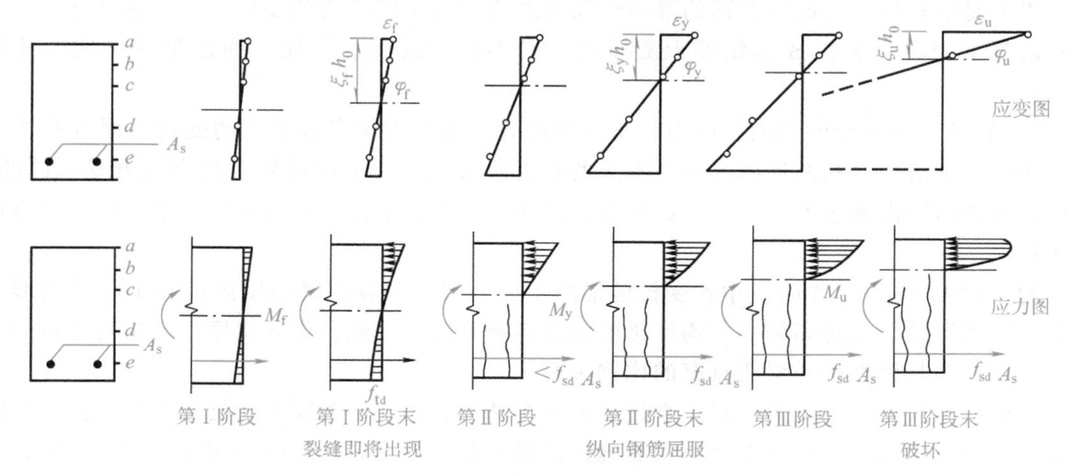

图 4-8　截面各阶段的应变图和应力图

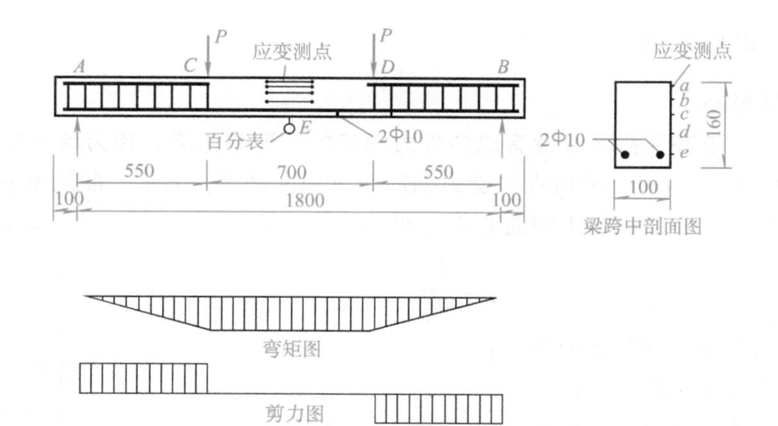

图 4-9　试验梁（尺寸单位：mm）

第Ⅰ阶段：荷载很小，混凝土的压应力和拉应力基本上都是呈三角形分布。纵向钢筋承受拉应力。混凝土处于工作阶段，即应力与应变成正比。

第Ⅰ阶段末：混凝土的受压区压应力基本上仍是三角形分布。但由于受拉区混凝土塑性变形的发展，拉应变增长较快，根据混凝土受拉时的应力-应变曲线，拉区混凝土的应力图形为曲线形。这时，受拉边缘混凝土的拉应变临近抗拉极限应变，拉应力达到混凝土抗拉强度，表示裂缝即将出现，把这时梁截面上的作用弯矩用 M_f 表示。

第Ⅱ阶段：荷载作用弯矩到达 M_f 后，在梁混凝土抗拉强度最弱截面上出现了第一批裂缝。这时，在有裂缝的截面上，拉区混凝土退出工作，把它原承担的拉力转给了钢筋，发生了明显的应力重分布。钢筋的拉应力随荷载的增加而增加；混凝土的压应力不再是三角形分布，而形成微曲的曲线形，中和轴位置向上升高。

第Ⅱ阶段末：这时，混凝土受压区上边缘的压应变达到其极限应变值，压应力图呈明显曲线形，并且最大压应力已不在上边缘，而是在距上边缘稍下处，这都是由混凝土受压时的应力-应变图所决定的。在第Ⅲ阶段末，压区混凝土被压碎，梁截面破坏，但纵向钢筋的拉应力仍维持在屈服点。

以上是适量配筋情况下的钢筋混凝土梁从加荷开始至破坏的全过程，由上述可见，由钢筋和混凝土两种材料组成的钢筋混凝土梁，是不同于连续、均质、弹性材料梁的，其特点为：

1）钢筋混凝土梁的截面正应力状态随着荷载的增大不仅有数量上的变化，而且有性质上的改变，即应力分布图形的改变。不同的受力阶段，中和轴的位置及内力偶臂是不同的。因此，无论压区混凝土的应力或是纵向受拉钢筋的应力，不像弹性均质材料梁那样完全与弯矩成比例。

2）梁的大部分工作阶段中，受拉区混凝土已开裂。随着裂缝和压区混凝土塑性变形的发展，以及黏结力的逐渐破坏，均使梁的刚度不断降低。因此，梁的挠度、转角与弯矩的关系也不完全服从弹性均质梁所具有的比例关系。

上述特点反映了混凝土材料力学性能的两个基本方面，即混凝土的抗拉强度比抗压强度小很多，在不大的拉伸变形下即出现裂缝；混凝土是塑性材料，当应力超过一定限度时，将出现塑性变形。

4.2.2　单筋矩形截面

4.2.2.1　破坏形态

仅在受拉区配置有纵向受力钢筋的矩形截面梁，称为单筋矩形截面梁，如图4-10所示。梁内纵向受力钢筋数量用配筋率ρ表示。配筋率ρ是指纵向受力钢筋截面面积与正截面有效面积的比值，即

$$\rho=\frac{A_s}{bh_0} \tag{4-1}$$

式中　A_s——纵向受力钢筋截面面积；

b——梁的截面的宽度；

h_0——梁的截面的有效高度，按式（4-2）计算。

$$h_0=h-a_s \tag{4-2}$$

图4-10　单筋矩形截面

式中　h——梁的截面高度；

a_s——纵向受力钢筋合力作用点至截面受拉边缘的距离，按式（4-3）计算。

$$a_s=\frac{\Sigma f_{sdi}A_{si}a_{si}}{\Sigma f_{sdi}A_{si}} \tag{4-3}$$

梁正截面的破坏形式与配筋率的大小及钢筋和混凝土的强度有关。其中，配筋率的大小是决定梁正截面的破坏形式的主要原因。按照梁的破坏形式不同，可将其划分为以下三种破坏形态。

1. 适筋梁——延性破坏

配筋率适当的钢筋混凝土梁称为适筋梁。适筋梁的破坏特征是破坏始于受拉钢筋屈服。在受拉钢筋应力达到屈服点之前，受压区混凝土外边缘的应变尚未达到混凝土的极限压应变，此时混凝土未被压碎。荷载稍增，钢筋的屈服使得构件产生较大的塑性伸长，随之引起直到受拉区混凝土裂缝急剧开展，受压区逐渐缩小，直到受压区混凝土应力达到抗压强度后，构件即遭破坏。这种梁在破坏前，由于梁的裂缝开展较宽，挠度较大，给人以明显的破坏预兆，属于**延性破坏**。破坏形式如图 4-11 所示。

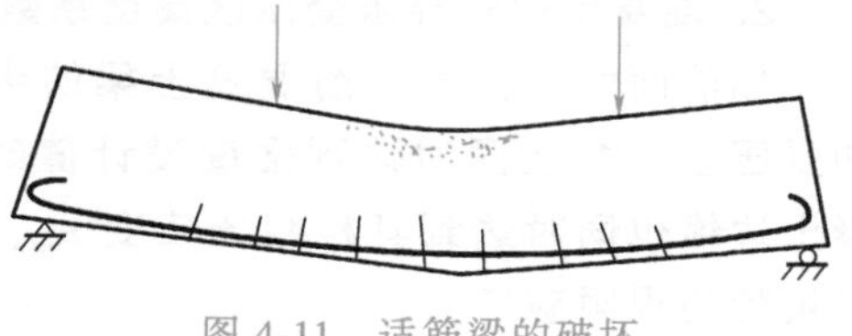

图 4-11 适筋梁的破坏

2. 超筋梁——脆性破坏

配筋率过高的钢筋混凝土梁称为超筋梁。其破坏特征是破坏始于受压区混凝土被压碎。在钢筋混凝土梁内钢筋配置多到一定限度时，钢筋抗拉能力过强，而荷载的增加，使受压区混凝土应力首先达到抗压强度，混凝土即被压碎，导致梁的破坏。此时钢筋仍处于弹性工作阶段，钢筋应力低于屈服点。由于梁在破坏前裂缝开展不宽，梁的挠度不大，梁是在没有明显预兆情况下由于受压区混凝土突然压碎而破坏，属于**脆性破坏**。其破坏形式如图 4-12 所示。

图 4-12 超筋梁的破坏

3. 少筋梁——脆性破坏

配筋率过低的钢筋混凝土梁称为少筋梁。少筋梁在开始加荷时，作用在截面上的拉力主要由拉区混凝土来承担。当截面出现第一条裂缝后，拉力几乎全部转由钢筋来承担，使裂缝处的钢筋应力突然增大，由于钢筋配置过少，就使钢筋即刻达到和超过屈服点并进入钢筋的强化阶段。此时，裂缝往往集中出现一条，且开展宽度较大，沿梁高向上延伸很高，即使受压区混凝土暂未压碎，但由于裂缝宽度较大，也标志着梁的破坏。故少筋梁也属脆性破坏，其破坏形式如图 4-13 所示。

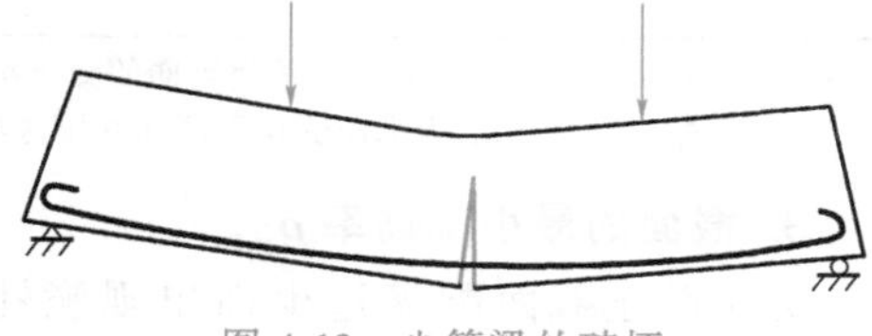

图 4-13 少筋梁的破坏

由上可知，适筋梁能充分发挥材料的强度，符合安全、经济的要求；超筋梁破坏预兆不明显，用钢量又多，故在工程中不得采用。少筋梁虽然配置了钢筋，但因数量过少，作用不大，其承载能力实际上与素混凝土梁差不多，工程中不应采用。因此，正常的设计应将梁设计成适筋梁，且使梁的配筋率为最大配筋率 ρ_{max} 与最小配筋率 ρ_{min} 之间的一经济合理的数值。

4.2.2.2 基本公式及适用条件

1. 基本假定

构件正截面的承载力应按下列基本假定进行计算。

1）构件弯曲后，其截面仍保持为平面。

2）截面受压区混凝土的应力图形简化为矩形，其强度取混凝土的轴心抗压强度设计值 f_{cd}；截面受拉区混凝土的抗拉强度不予考虑。

3）极限状态计算时，受拉区钢筋应力取抗拉强度设计值 f_{sd}。

4）钢筋应力等于钢筋应变与其弹性模量的乘积，但不大于其强度设计值。

2. 混凝土相对界限受压区高度系数 ξ_b

如前面所述，**当钢筋混凝土梁的纵向受拉钢筋和受压区混凝土同时达到强度设计值时，受压区混凝土边缘也同时达到其极限压应变 ε_{max} 而破坏，此时被称为界限破坏。**

由试验可知，界限破坏是适筋梁截面和超筋梁截面的鲜明界线。如图 4-14 所示，当截面实际受压区高度 $x_c>\xi_b h_0$ 为超筋截面；当 $x_c\leq\xi_b h_0$ 时，为适筋截面。

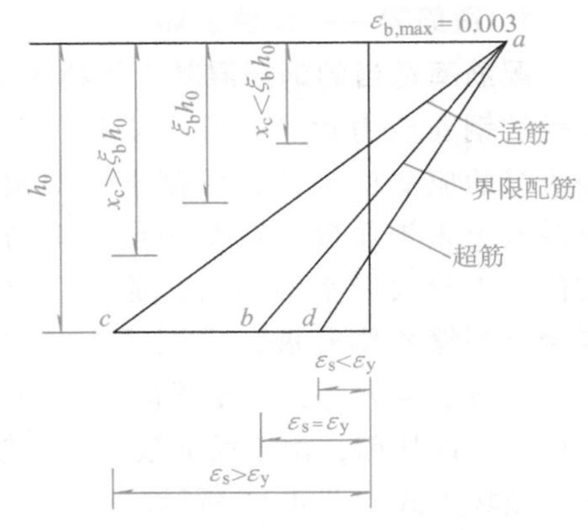

图 4-14　适筋截面和超筋截面

在使用中，一般用 $\xi_b=\dfrac{x_b}{h_0}$ 为界限条件，x_b 为按平截面假定得到的界限破坏时受压区混凝土高度。ξ_b 的取值见表 4-2。

表 4-2　相对界限受压区高度 ξ_b

钢筋种类	混凝土强度等级		
	C50 及以下	C55、C60	C65、C70
HPB300	0.58	0.56	0.54
HRB400、HRBF400、RRB400	0.53	0.51	0.49
HRB500	0.49	0.47	0.46

注：1. 截面受拉区内配置不同种类钢筋的受弯构件，其 ξ_b 值应选用相应于各种钢筋的较小者。
2. $\xi_b=x_b/h_0$，x_b 为纵向受拉钢筋和受压区混凝土同时达到各自强度设计值时的受压区矩形应力图高度。

3. 截面的最小配筋率 ρ_{min}

为了防止截面配筋过少而出现脆性破坏，必须确定钢筋混凝土受弯构件的最小配筋率 ρ_{min}。

对于受弯构件，ρ_{min} 为 0.002 和 $0.45f_{td}/f_{sd}$ 中的较大值。其中 f_{td} 为混凝土轴心抗拉强度设计值，f_{sd} 为钢筋抗拉强度设计值。

4. 正截面承载力计算基本公式和适用条件

（1）基本公式　根据前述钢筋混凝土受弯构件按承载能力极限状态设计时的假定，并根据适筋梁的破坏形态，可得出单筋矩形截面受弯构件正截面承载力计算简图，如图 4-15 所示。

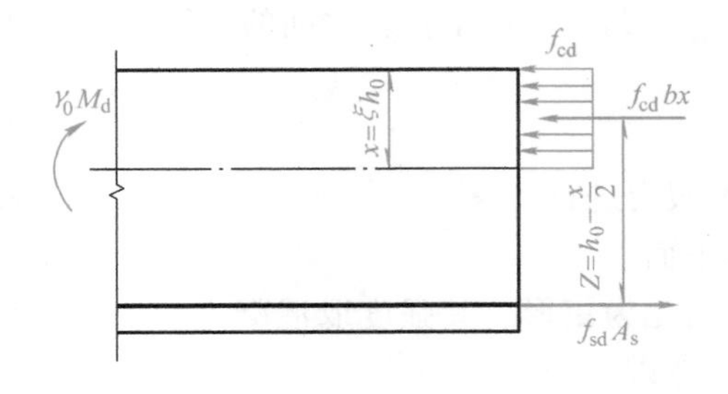

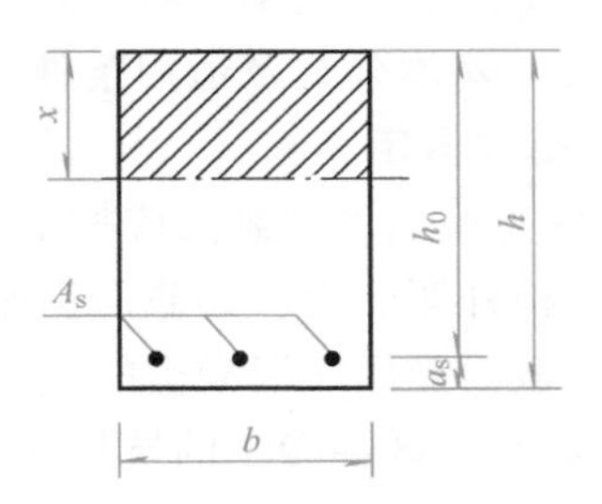

图 4-15　单筋矩形截面受弯构件正截面承载力计算简图

由水平力平衡，即 $\Sigma H=0$，可得

$$f_{cd}bx=f_{sd}A_s \tag{4-4}$$

对受拉钢筋合力作用点取矩，可得

$$M_u=\Sigma M_s=f_{cd}bx\left(h_0-\frac{x}{2}\right) \tag{4-5}$$

对受压区混凝土合力作用点取矩，可得

$$M_u=\Sigma M_c=f_{cs}A_s\left(h_0-\frac{x}{2}\right) \tag{4-6}$$

根据承载能力极限状态设计的原则得

$$\gamma_0 M_d \leqslant f_{cd}bx\left(h_0-\frac{x}{2}\right) \tag{4-7}$$

或

$$\gamma_0 M_d \leqslant f_{sd}A_s\left(h_0-\frac{x}{2}\right) \tag{4-8}$$

式中 M_u——构件承载力的设计值，即截面总的抗弯内力矩；

M_d——弯矩组合的设计值，即荷载最不利效应组合产生的最大弯矩；

f_{cd}——混凝土轴心抗压强度设计值；

f_{sd}——普通钢筋的抗拉强度设计值；

b——矩形截面的宽度；

h_0——矩形截面的有效高度；

x——混凝土受压区高度；

γ_0——桥梁结构的重要性系数，按公路桥涵的设计安全等级，一级、二级、三级分别取用 1.1、1.0、0.9；桥梁的抗震设计不考虑结构的重要性系数。

(2) 公式的适用条件

1) $x\leqslant\xi_b h_0$。该条件是为了避免超筋梁。

2) $\rho\geqslant\rho_{min}$ 或 $A_s\geqslant\rho_{min}bh_0$。该条件是为了避免少筋梁。

4.2.2.3 计算方法

单筋矩形截面受弯构件正截面受弯承载力计算包括截面设计与截面复核两项内容。

1. 截面设计

已知：弯矩组合的设计值 M_d，构件的重要性系数 γ_0，混凝土及钢筋强度等级，构件截面尺寸 b、h。

求：受拉钢筋截面积 A_s。

计算步骤如下：

(1) 初步选定 h_0 先假定一个 a_s（假设一层钢筋时，可近似设 $a_s=40$mm；假设两层钢筋时，可近似设 $a_s=70$mm），可得 $h_0=h-a_s$。

(2) 计算 x，并判断是否超筋

$$x=h_0-\sqrt{h_0^2-\frac{2\gamma_0 M_d}{f_{cd}b}} \tag{4-9}$$

若 $x>\xi_b h_0$，则为超筋梁，应加大截面尺寸或提高混凝土强度等级后重新计算。

(3) 计算 A_s，并判断是否少筋

$$A_s = \frac{f_{cd} bx}{f_{sd}} \tag{4-10}$$

若 $A_s \geqslant \rho_{min} bh_0$，不少筋；

若 $A_s < \rho_{min} bh_0$，应取 $A_s = \rho_{min} bh_0$。

(4) 选配钢筋，并验算 a_s 按所求 A_s 值的大小，根据表 4-3、表 4-4 选择合适的钢筋直径及根数。实际采用的钢筋截面面积宜为计算所需的钢筋截面面积的 0.95~1.05 倍。

在所选择的钢筋面积情况下，按构造要求进行钢筋的布置，求实际的 a_s，若实际的 a_s 与假定的 a_s 大小接近，则计算的钢筋为所求，否则应重新假定、重新计算，直到相符为止。

表 4-3　普通钢筋截面面积、质量表

公称直径/mm	在下列钢筋根数时的截面面积/mm²									质量(kg/m)	带肋钢筋	
	1	2	3	4	5	6	7	8	9		公称直径/mm	外径/mm
6	28.3	57	85	113	141	170	198	226	254	0.222	6	7.0
8	50.3	101	151	201	251	302	352	402	452	0.395	8	9.3
10	78.5	157	236	314	393	471	550	628	707	0.617	10	11.6
12	113.1	226	339	452	566	679	792	905	1018	0.888	12	13.9
14	153.9	308	462	616	770	924	1078	1232	1385	1.21	14	16.2
16	201.1	402	603	804	1005	1206	1407	1608	1810	1.58	16	18.4
18	254.5	509	763	1018	1272	1527	1781	2036	2290	2.00	18	20.5
20	314.2	628	942	1256	1570	1884	2200	2513	2827	2.47	20	22.7
22	380.1	760	1140	1520	1900	2281	2661	3041	3421	2.98	22	25.1
25	490.9	982	1473	1964	2454	2945	3436	3927	4418	3.85	25	28.4
28	615.8	1232	1847	2463	3079	3695	4310	4926	5542	4.83	28	31.6
32	804.2	1608	2413	3217	4021	4826	5630	6434	7238	6.31	32	35.8

表 4-4　在钢筋间距一定时板每米宽度内钢筋截面面积　（单位：mm²）

钢筋间距/mm	钢筋直径/mm									
	6	8	10	12	14	16	18	20	22	24
70	440	718	1122	1616	2199	2873	3636	4487	5430	6463
75	377	670	1047	1508	2052	2681	3393	4183	5081	6032
80	353	628	982	1414	1924	2514	3181	3926	4751	5655
85	333	591	924	1331	1811	2366	2994	3695	4472	5322
90	314	559	873	1257	1711	2234	2828	3490	4223	5027
95	298	529	827	1190	1620	2117	2679	3306	4001	4762
100	283	503	785	1131	1539	2011	2545	3141	3801	4524
105	269	479	748	1077	1466	1915	2424	2991	3620	4309
110	257	457	714	1028	1399	1828	2314	2855	3455	4113
115	246	437	683	984	1339	1749	2213	2731	3305	3934
120	236	419	654	942	1283	1676	2121	2617	3167	3770
125	226	402	628	905	1232	1609	2036	2513	3041	3619
130	217	387	604	870	1184	1547	1958	2416	2924	3480
135	209	372	582	838	1140	1490	1885	2327	2816	3351
140	202	359	561	808	1100	1436	1818	2244	2715	3231
145	195	347	542	780	1062	1387	1755	2166	2621	3120
150	189	335	524	754	1026	1341	1697	2084	2534	3016
155	182	324	507	730	993	1297	1642	2027	2452	2919

（续）

钢筋间距 /mm	钢筋直径/mm									
	6	8	10	12	14	16	18	20	22	24
160	177	314	491	707	962	1257	1590	1964	2376	2828
165	171	305	476	685	933	1219	1542	1904	2304	2741
170	166	296	462	665	905	1183	1497	1848	2236	2667
175	162	287	449	646	876	1149	1454	1795	2172	2585
180	157	279	436	628	855	1117	1414	1746	2112	2513
185	153	272	425	611	832	1087	1376	1694	2035	2445
190	149	265	413	595	810	1058	1339	1654	2001	2381
195	145	258	403	580	789	1031	1305	1611	1949	2320
200	141	251	393	565	769	1005	1272	1572	1901	2262

【例 4-1】 某钢筋混凝土单筋矩形梁截面尺寸 $b=250\text{mm}$、$h=550\text{mm}$，采用 C25 混凝土，HPB300 钢筋，箍筋 φ8，承受 $M_d=130\text{kN}\cdot\text{m}$，结构重要性系数 $\gamma_0=1$，Ⅰ类环境条件，设计使用年限 100 年，求受拉钢筋截面积 A_s。

【解】 1. 确定基本数据

查表得 $f_{cd}=11.5\text{MPa}$，$f_{td}=1.23\text{MPa}$，$f_{sd}=250\text{MPa}$，$\xi_b=0.58$。

对于 C25 混凝土、HPB300 钢筋，$\rho_{min}=0.45\times\dfrac{1.23}{250}>=0.0022>0.002$，故取 $\rho_{min}=0.0022$。

2. 假设 $a_s=40\text{mm}$，则截面有效高度为

$$h_0=h-a_s=(550-40)\text{mm}=510\text{mm}$$

3. 求 x 并判断是否超筋

按公式（4-7）求得

$$x=h_0-\sqrt{h_0^2-\frac{2\gamma_0 M_d}{f_{cd}b}}=\left(510-\sqrt{510^2-\frac{2\times1\times130\times10^6}{11.5\times250}}\right)\text{mm}=98\text{mm}$$

由于 $x=98\text{mm}\leqslant\xi_b h_0=0.58\times510=295.8\text{mm}$，所以，该梁不属超筋梁。

4. 计算 A_s，并判断是否少筋

由公式（4-4）得

$$A_s=\frac{f_{cd}bx}{f_{sd}}=\frac{11.5\times250\times98}{250}\text{mm}^2=1127\text{mm}^2$$

由于 $A_s=1127\text{mm}^2\geqslant\rho_{min}bh_0=(0.0022\times250\times510)\text{mm}^2=280.5\text{mm}^2$，所以，该梁不属少筋梁。

5. 选配钢筋，并验算 a_s

由 $A_s=1127\text{mm}^2$，据表 4-3 选择 4φ20 钢筋，则实际取用纵向受拉钢筋截面积 $A_s=1256\text{mm}$，大于计算出的钢筋面积 1127mm^2。

按构造要求进行钢筋的布置，则实际的 $a_s=(20+8+20/2)\text{mm}=38\text{mm}$，与假定的 $a_s=40\text{mm}$ 大小接近，则计算的钢筋 4φ20 为所求。截面配筋图如图 4-16 所示。

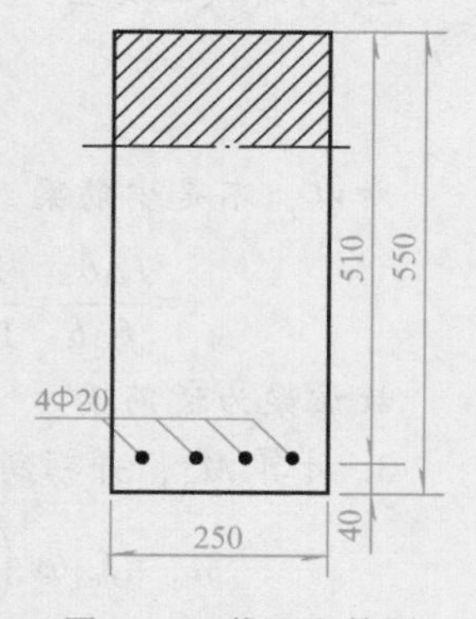

图 4-16 截面配筋图（尺寸单位 mm）

2. 截面复核

截面复核是对已经设计好的截面进行承载力计算，以判断其是否安全。

已知弯矩组合的设计值 M_d，构件的重要性系数 γ_0，混凝土及钢筋强度等级，构件截面尺寸 b、h 及受拉钢筋截面积 A_s，计算截面所能承担的弯矩 M_u，并判断其是否安全。

计算步骤如下：

(1) 复核构造是否符合要求 要求钢筋的间距及保护层的厚度均应符合要求。

(2) 求 x，并判断截面的类型 根据式 (4-4) 得

$$x=\frac{f_{sd}A_s}{f_{cd}b}$$

若 $x\leqslant\xi_b h_0$ 且 $A_s\geqslant\rho_{min}bh_0$，则为适筋梁；

若 $x>\xi_b h_0$，则为超筋梁；

若 $A_s<\rho_{min}bh_0$，则为少筋梁。

(3) 计算 M_u

适筋梁

$$M_u=f_{sd}A_s\left(h_0-\frac{x}{2}\right) \tag{4-11}$$

超筋梁

$$M_u=f_{cd}b\xi_b h_0(h_0-0.5\xi_b h_0) \tag{4-12}$$

如为少筋梁，应修改设计。

(4) 判断截面是否安全 若 $M_u\geqslant\gamma_0 M_d$，则表明截面安全，否则不安全。

【例 4-2】 某单跨整体式钢筋混凝土盖板涵，板厚 $h=200$mm（$h_0=160$mm），跨中每米板宽弯矩基本组合设计值 $M_d=40.5$kN·m，结构重要性系数 $\gamma_0=1$，采用 C25 混凝土、HPB300 钢筋，单位板宽采用的钢筋面积为 $A_s=1436\text{mm}^2$。试复核此盖板正截面抗弯承载力。

【解】 1. 确定基本数据

$$f_{cd}=11.5\text{MPa},\ f_{td}=1.23\text{MPa},\ f_{sd}=250\text{MPa},\ \xi_b=0.58。$$

对于 C25 混凝土、HPB300 钢筋，$\rho_{min}=0.45\times\frac{1.23}{250}=0.0022>0.002$，故取 $\rho_{min}=0.0022$。

2. 判断截面类型

$$\rho=\frac{A_s}{bh_0}=\frac{14.36}{100\times16}=0.0090>\rho_{min}=0.0024$$

所以，不是少筋梁。

$$x=\frac{f_{sd}A_s}{f_{cd}b}=\frac{250\times1436}{11.5\times1000}\text{mm}=31.2\text{mm}\leqslant\xi_b h_0=0.58\times160\text{mm}=92.8\text{mm}$$

故该梁为适筋梁。

3. 计算 M_u，并判断截面是否安全

$$\begin{aligned}M_u&=f_{cd}bx\left(h_0-\frac{x}{2}\right)=[11.5\times1000\times31.2\times(160-0.5\times31.2)]\text{N}\cdot\text{mm}\\&=51.8\times10^6\text{N}\cdot\text{mm}=51.8\text{kN}\cdot\text{m}>\gamma_0 M_d=40.5\text{kN}\cdot\text{m}\end{aligned}$$

故该截面安全。

4.2.3　双筋矩形截面

在截面受拉区配置有纵向受拉钢筋，又在受压区配置有纵向受压钢筋的矩形截面受弯构件，称为双筋矩形截面受弯构件。双筋矩形截面适用于以下情况。

1）当矩形截面承受的弯矩较大，截面尺寸受到限制，且混凝土强度等级又不可能提高，以致用单筋截面无法满足 $x \leqslant \xi_b h_0$ 的条件时，即需在受压区配置钢筋来帮助混凝土受承担压力。

2）当截面既承受正向弯矩又可能承受负向弯矩时，截面上、下均需要配置受力钢筋。

用配置受压钢筋来帮助混凝土受压以提高构件承载能力是不经济的，所以，一般情况下构件不宜采用双筋截面。

4.2.3.1　基本公式

双筋矩形截面梁与单筋矩形截面梁在破坏时，其受力特点是相似的，两者间的区别只在于受压区是否配有纵向受压钢筋。因此，对于双筋矩形截面梁，在明确了梁破坏时受压钢筋的应力后，双筋梁的基本计算公式就可比照单筋梁的基本计算公式分析建立起来。工程上为简化计算，截面受压区抛物线应力图多用等效矩形应力图代替，如图 4-17 所示。

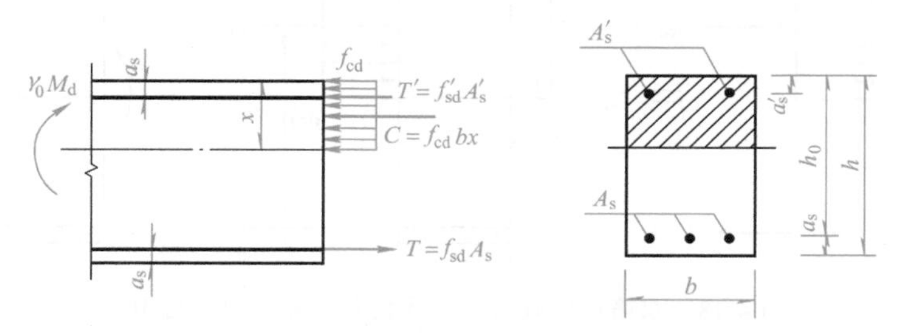

图 4-17　双筋矩形截面的正截面承载力计算简图

根据图 4-17，按静力平衡条件可得双筋矩形截面梁承载力计算公式。

由 $\Sigma H=0$，得

$$f_{cd}bx=f_{sd}A_s-f'_{sd}A'_s \tag{4-13}$$

由 $\Sigma M=0$，对受拉钢筋合力作用点取矩，根据按承载能力极限状态设计的原则，得出如下公式。

$$\gamma_0 M_d \leqslant f_{cd}bx\left(h_0-\frac{x}{2}\right)+f'_{sd}A'_s(h_0-a'_s) \tag{4-14}$$

式中　f'_{sd}——受压钢筋的强度设计值；

A'_s——受压钢筋截面面积；

a'_s——受压钢筋合力作用点至截面受压区外边缘的距离。

在应用式（4-13）及式（4-14）进行钢筋混凝土双筋矩形截面设计计算时，应满足下述三项条件。

1）受压区高度 $x \leqslant \xi_b h_0$。其意义与单筋矩形截面相同，是为了保证梁的破坏从受拉钢筋屈服开始，防止梁发生脆性破坏。

2）受压区高度 $x \geqslant 2a'_s$。这主要是为了保证受压钢筋在截面破坏时其应力达到屈服点。

若 $x<2a_s'$，说明受压区钢筋位置距离中性轴太近，构件破坏时，受压钢筋的压应变太小，以致其应力达不到抗压设计强度 f_{sd}'。这种应力状态与极限状态下的双筋矩形截面应力计算简图不符，从而需要用 $x\geqslant 2a_s'$ 来限制受压区高度的最小值。

3）$\gamma_0 M_d \leqslant f_{sd} S_0$，对于矩形截面，此式为

$$\gamma_0 M_d \leqslant 0.5 f_{cd} b h_0^2 \tag{4-15}$$

式中　S_0——构件截面中混凝土的有效面积对受拉钢筋重心轴的静矩。

此条件是从控制钢筋总量这个经济观点来考虑的。其意义是双筋矩形截面的最大抗力应能够是由给定截面尺寸所限制，而不能靠无限制地增加受压钢筋截面积 A_s'去提高。

至于控制最小配筋率的条件，在双筋截面的情况下，一般不需验算。

4.2.3.2　计算方法

双筋矩形截面受弯构件正截面抗弯承载力计算，包括截面设计与强度复核两项内容。

1. 截面设计

为了方便计算，式（4-14）分解成两组（图 4-18）：

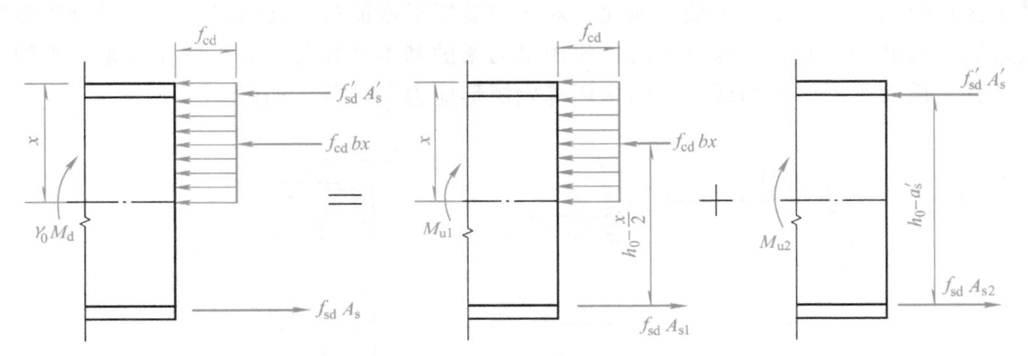

图 4-18　双筋矩形截面抗弯承载力分解为 M_{u1} 与 M_{u2}

$$M_{u1}=f_{cd}bx\left(h_0-\frac{x}{2}\right) \tag{4-16}$$

$$M_{u2}=f_{sd}'A_s'(h_0-a_s') \tag{4-17}$$

其中 M_{u1} 是由受压区混凝土的内力 $f_{cd}bx$ 与相对应的那部分受拉钢筋 A_{s1} 的内力 f_{sd} 所形成的抗弯承载力；M_{u2} 是由受压区钢筋 A_s'的内力 f_{sd}'与另一部分受拉钢筋 A_{s2} 的内力 f_{sd} 所形成的抗弯承载力。抗弯承载力 M_{u1} 与 M_{u2} 同时作用于一个截面上，联合组成构件的抗弯承载力。在截面选择时可令

$$\gamma_0 M_d=M_{u1}+M_{u2}=f_{cd}bx\left(h_0-\frac{x}{2}\right)+f_{sd}'A_s'(h_0-a_s')$$

双筋矩形截面受弯构件截面设计的基本出发点，应首先充分发挥受压区混凝土和其对应的受拉钢筋 A_{s1} 的承载能力（即取 $x=\xi_b h_0$，按单筋截面设计），而对无法承担的部分荷载效应，则考虑由受压钢筋 A_s'和部分受拉钢筋 A_{s2} 来承担。

1）已知弯矩组合设计值 M_d，构件截面尺寸 b、h，混凝土强度等级及钢筋级别，构件的重要性系数 γ_0，求受拉钢筋截面积 A_s 和受压钢筋截面积 A_s'。

计算步骤如下：

① 复核是否满足 $\gamma_0 M_d \leqslant 0.5 f_{cd} b h_0^2$ 这一条件。如不满足，则应加大截面尺寸或提高混凝

土强度等级。

② 判断是否需按双筋截面设计。单筋矩形截面所能承担的最大弯矩为

$$M_{u1}=f_{cd}bx\left(h_0-\frac{x}{2}\right)=f_{cd}\xi_b(1-0.5\xi_b)bh_0^2 \tag{4-18}$$

当 $M_d>\frac{M_{u1}}{\gamma_0}$，则应配置受压钢筋。

③ 计算受压钢筋截面面积 A_s'。

$$A_s'=\frac{\gamma_0 M_d-M_{u1}}{f_{sd}'(h_0-a_s')} \tag{4-19}$$

④ 计算受拉钢筋截面面积 A_s。

$$A_s=\frac{f_{cd}}{f_{sd}}b\ \xi_b h_0+\frac{f_{sd}'}{f_{sd}}A_s' \tag{4-20}$$

按上述方法设计的双筋截面，均能满足其适用条件 $x\leqslant\xi_b h_0$ 和 $x\geqslant 2a_s'$，所以可不再进行这两项内容的验算。

2）已知弯矩组合设计值 M_d，构件的重要性系数 γ_0，构件截面尺寸 b、h，混凝土强度等级及钢筋级别，受压钢筋截面面积 A_s'。求受拉钢筋截面面积 A_s。

计算步骤如下：

① 复核是否满足 $\gamma_0 M_d\leqslant 0.5f_{cd}bh_0^2$ 这一条件。

② 求出相应的部分受拉钢筋截面面积 A_{s2} 及它们共同组成的抗弯承载力 M_{u2}。

$$A_{s2}=\frac{f_{sd}'}{f_{sd}}A_s' \tag{4-21}$$

$$M_{u2}=f_{sd}'A_s'(h_0-a_s') \tag{4-22}$$

③ 计算 A_{s1}。

$$x=h_0-\sqrt{h_0^2-\frac{(2\gamma_0 M_d-M_{u2})}{f_{cd}b}} \tag{4-23}$$

$$A_{s1}=\frac{f_{cd}bx}{f_{sd}} \tag{4-24}$$

④ 求受拉钢筋总截面面积 A_s。

$$A_s=A_{s1}+A_{s2} \tag{4-25}$$

⑤ 根据 A_s，选配钢筋，并验算 a_s。

这种情况，在计算过程中需注意以下两个问题：

① 如求得 $x>\xi_b bh_0$ 时，则意味着原来已配置的受压钢筋 A_s'数量不足，应增加钢筋。

② 如求得的受压区高度 $x<2a_s'$，说明受压区钢筋的应力达不到抗压强度设计值 f_{sd}'，此时可假设混凝土压应力合力作用在受压钢筋重心处（相当于 $x=2a_s'$），取对受压钢筋重心处为矩心的力矩平衡条件，得

$$A_s=\frac{\gamma_0 M_d}{f_{sd}(h_0-a_s')} \tag{4-26}$$

对于 $x<2a_s'$的情况，若按式（4-23）求得的受拉钢筋总截面面积比不考虑受压钢筋时还

多，则计算时不计受压钢筋的作用，按单筋截面计算受拉钢筋。

2. 截面复核

已知弯矩组合设计值 M_d，构件的重要性系数 γ_0，构件截面尺寸 b、h，混凝土强度等级及钢筋级别，受压钢筋截面积 A_s'，求受拉钢筋截面积 A_s 及截面的钢筋布置情况，判断截面是否安全。

计算步骤如下：

(1) 复核钢筋的构造 要求钢筋的间距及保护层厚度均应满足要求。

(2) 求受压区的高度 x

$$x=\frac{f_{sd}A_s-f'_{sd}A'_s}{f_{cd}b} \tag{4-27}$$

(3) 验算 x，并求 M_u

1) $2a_s'\leqslant x\leqslant \xi_b h_0$ 时

$$M_u=f_{cd}bx\left(h_0-\frac{x}{2}\right)+f'_{sd}A'_s(h_0-a'_s) \tag{4-28}$$

2) $x<2a_s'$时

$$M_u=f_{sd}A_s(h_0-a'_s) \tag{4-29}$$

如不计受压钢筋的作用，截面的承载能力反较上式计算结果为大时，则应按单筋截面复核。

3) $x>\xi_b h_0$ 时

$$M_u=f_{cd}bh_0^2\xi_b(1-0.5\xi_b)+f'_{sd}A'_s(h_0-a'_s) \tag{4-30}$$

4) 判断截面是否安全。若 $\gamma_0 M_d\leqslant M_u$，截面安全。

【例 4-3】 某钢筋混凝土矩形截面简支梁，跨中截面弯矩组合设计值 $M_d=230\text{kN}\cdot\text{m}$，截面尺寸 $b=200\text{mm}$、$h=500\text{mm}$，拟采用 C30 混凝土，纵向受力钢筋采用 HRB400 钢筋，箍筋 ϕ8，Ⅰ类环境条件，结构重要性系数 $\gamma_0=1$。试选择截面并配筋。

【解】 1. 确定基本数据

$$f_{cd}=13.8\text{MPa},\ f_{sd}=f'_{sd}=330\text{MPa},\ \xi_b=0.53$$

对于 HRB400 钢筋及 C30 混凝土，$\rho_{min}=0.45\times\dfrac{1.39}{330}=0.0019<0.002$，故取 $\rho_{min}=0.002$。

2. 假设 a_s，求 h_0

假设 $a_s=70\text{mm}$（采用两排受拉钢筋），$a_s'=40\text{mm}$（采用一排受压钢筋），截面有效高度 $h_0=(500-70)\text{mm}=430\text{mm}$。

3. 判断是否需要设置双筋

单筋矩形截面的最大抗弯承载力为

$$\begin{aligned}M_{u1}&=f_{cd}\xi_b(1-0.5\xi_b)bh_0^2\\&=[13.8\times0.53\times(1-0.5\times0.53)\times200\times430^2]\text{N}\cdot\text{mm}=198.8\times10^6\text{N}\cdot\text{mm}\\&=198.8\text{kN}\cdot\text{m}<\gamma_0M_d=230\text{kN}\cdot\text{m}\end{aligned}$$

故需要设置受压钢筋。

4. 验算截面尺寸是否符合要求

$$0.5f_{cd}bh_0^2=(0.5\times13.8\times200\times430^2)\text{N}\cdot\text{mm}=255.2\times10^6\text{N}\cdot\text{mm}$$
$$=255.2\text{kN}\cdot\text{m}>\gamma_0M_d=230\text{kN}\cdot\text{m}$$

截面符合要求。

5. 求受压钢筋截面积 A_s'

$$A_s'=\frac{\gamma_0M_d-M_{u1}}{f_{sd}'(h_0-a_s')}=\frac{1.0\times230\times10^6-198.8\times10^6}{330\times(430-40)}\text{mm}^2=242.4\text{mm}^2$$

6. 求受拉钢筋截面积 A_s，并选配钢筋和验算 a_s、a_s'

$$A_s=\frac{f_{cd}}{f_{sd}}b\xi_bh_0+\frac{f_{sd}'}{f_{sd}}A_s'$$
$$=\left(\frac{13.8}{330}\times200\times0.53\times430+\frac{330}{330}\times242.4\right)\text{mm}^2$$
$$=2148.5\text{mm}^2$$

由表4-3，选用受拉钢筋6⌀22，实际总受拉钢筋截面积 $A_s=2281\text{mm}^2>2148.5\text{mm}^2$，可以；选用受压钢筋2⌀14，实际受压钢筋截面积 $A_s'=308\text{mm}^2$。配筋图如图4-19所示。

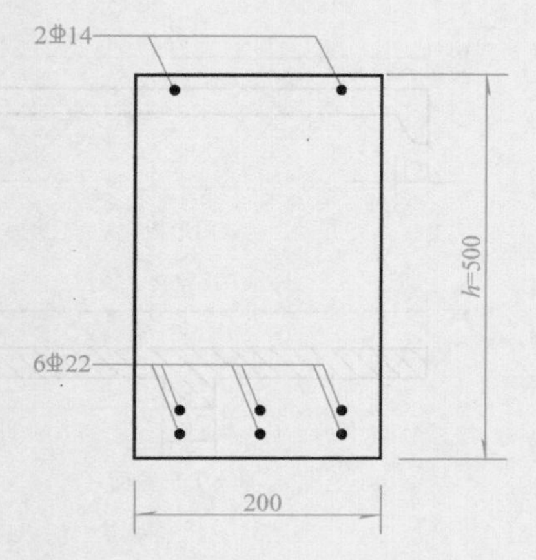

图4-19 配筋图（尺寸单位：mm）

受拉钢筋重心至下边缘的距离为

$$a_s=\left(20+8+25.1+\frac{30}{2}\right)\text{mm}=68.1\text{mm}$$

受压钢筋重心至上边缘的距离为

$$a_s'=\left(20+8+\frac{16.2}{2}\right)\text{mm}=36.1\text{mm}$$

a_s、a_s'与假定相近，不再做改动。

4.2.4 单筋T形截面

钢筋混凝土矩形梁在破坏时，受拉区混凝土早已开裂，在裂缝截面处，受拉区的混凝土不再承担拉力，对截面的抗弯承载力已不起作用，因此可将受拉区混凝土挖去一部分（图4-20），将受拉钢筋集中布置在剩余的受拉区混凝土内，形成了T形截面（图4-20b），其承载能力与原矩形截面梁相同，但减轻了梁的自重。因此钢筋混凝土T形梁可具有更大的跨度。

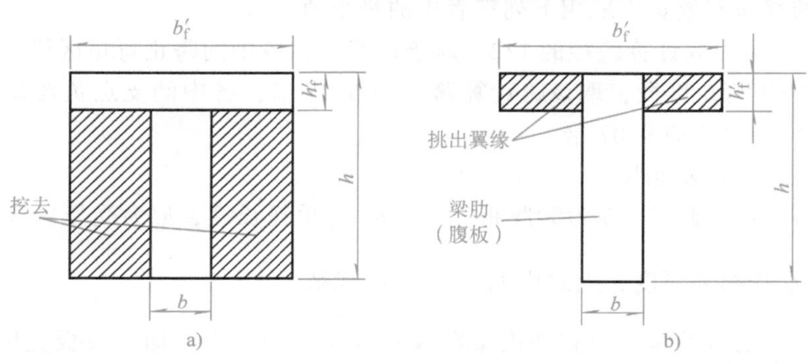

图4-20 T形截面示意图

如图 4-20b 所示，T 形截面由两侧挑出的翼缘与中间部分的梁肋所组成，翼缘的宽与高分别以符号 b_f'及 h_f'表示，梁肋的宽与高以符号 b 及 h 表示。

在工程实践中，除了一般的 T 形截面外，尚可遇到多种可用 T 形截面等效代替的截面，如 I 形梁、箱形梁、⊓形板、空心板等。在进行正截面承载力计算时，由于不考虑受拉区混凝土的作用，上述截面可按各自的等效 T 形截面进行计算。如图 4-21 所示为⊓形板与空心板的等效 T 形截面。

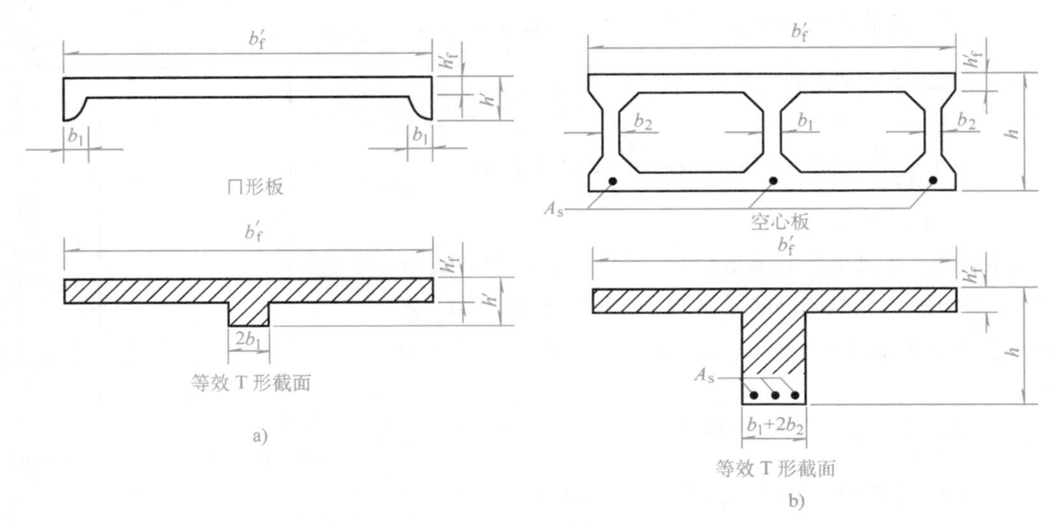

图 4-21　⊓形板与空心板的等效 T 形截面

a) ⊓形板　b) 空心板

一般来讲，T 形截面混凝土受压区较大，混凝土足够承担压力，受压区无须配钢筋。所以，T 形截面一般按单筋截面设计。

4.2.4.1　翼缘有效宽度

试验及理论分析证明，T 形梁受力后，翼缘上的纵向压应力是不均匀分布的，离梁肋愈远压应力愈小。为此，在设计中需要把翼缘的计算（等效）宽度限制在一定范围内，这个翼缘有效宽度用符号 b_f'表示，如图 4-22 所示。计算时，假设在 b_f'范围内压应力是均匀分布的。

T 形截面梁的翼缘有效宽度 b_f'，应按下列规定采用。

1）内梁的翼缘有效宽度取用下列三者中的最小值。

① 对于简支梁，取计算跨径的 1/3。对于连续梁，各中间跨正弯矩区段，取该计算跨径的 0.2 倍；边跨正弯矩区段，取该跨计算跨径的 0.27 倍；各中间支点负弯矩区段，取该支点相邻两计算跨径之和的 0.07 倍。

② 相邻两梁的平均间距。

③ $b+2b_h+12h_f'$。此处，b 为梁腹板宽度，b_h 为承托长度，h_f'为受压区翼缘的厚度。当 $\frac{h_h}{b_h}<\frac{1}{3}$时 h_h 为承托根部厚度，上式中 b_h 应以 $3h_h$ 代替。

2）外梁翼缘的有效宽度取相邻内梁翼缘有效宽度的一半，加上腹板宽度的 1/2，再加上外侧悬臂板平均厚度的 6 倍或外侧悬臂实际宽度两者中的较小者。

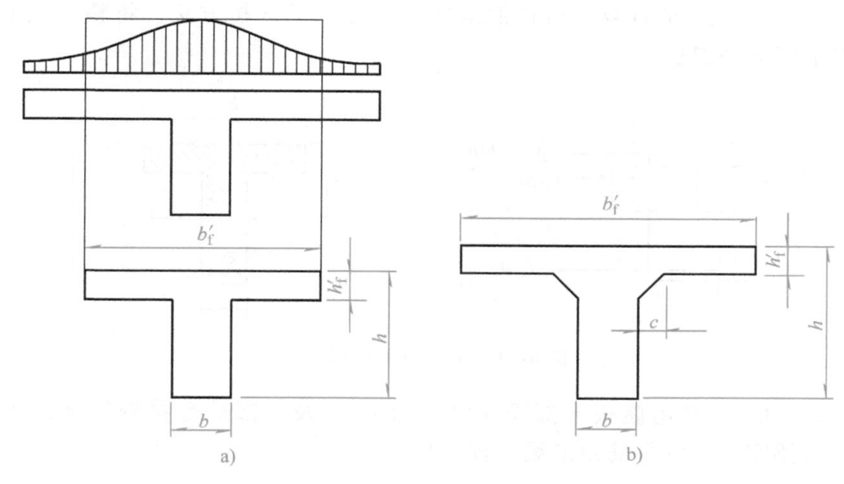

图 4-22　T 形梁翼缘板上压应力分布图及带承托的 T 形梁
a）T 形梁翼缘板上压应力分布图　b）带承托的 T 形梁

3）对超静定结构进行作用（或荷载）效应分析时，T 形截面梁的翼缘宽度可取实际全宽。

4.2.4.2　基本公式及适用条件

1. 基本公式

桥涵工程中的 T 形截面梁，常见的是翼缘位于受压区。对于翼缘位于受压区的单筋 T 形截面梁承载力计算，按中性轴所在位置的不同分为两种情况：

(1) 第一种 T 形截面　中性轴位于翼缘内，即受压区高度 $x \leqslant h_f'$，混凝土受压区为矩形，如图 4-23 所示。这种截面，形式上是 T 形，但其承载力却与宽度为 b_f'、高度为 h 的矩形截面完全相同。因此，在所有计算问题中，只需将单筋矩形截面承载力计算公式中的 b 改为 b_f'后，即可完全套用。

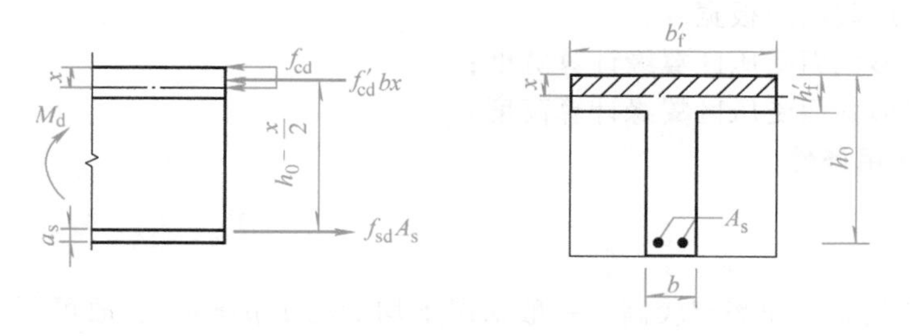

图 4-23　第一种 T 形截面

这种 T 形截面承载力计算公式为

$$f_{cd}b_f'x = f_{sd}A_s \tag{4-31}$$

$$\gamma_0 M_d \leqslant f_{cd}b_f'x\left(h_0 - \frac{x}{2}\right) \tag{4-32}$$

(2) 第二种 T 形截面　中性轴位于梁的腹板内，即受压区高度 $x > h_f'$，受压区为 T 形，如图 4-24 所示。这种截面的计算，可仿照双筋矩形截面的分析方法，将整个截面的抗弯能力看成是由以下两部分组成。

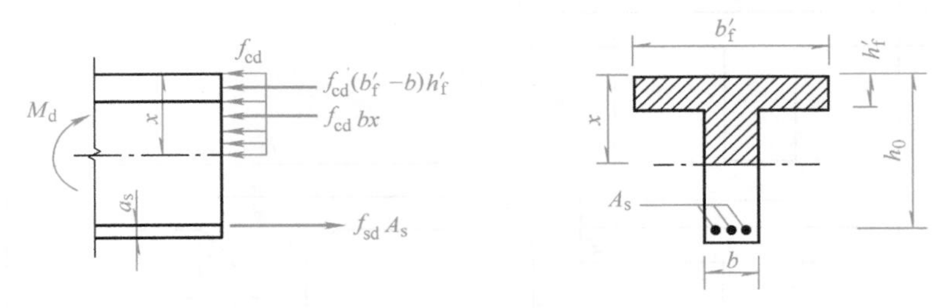

图 4-24　第二种 T 形截面

1）第一部分 M_{u1}，是由腹板上部受压区内力 $f_{cd}bx$ 及一部分受拉钢筋 A_{s1} 的内力 $f_{sd}A_{s1}$ 所组成，其值与梁宽为 b 的单筋矩形梁一样，即

$$M_{u1}=f_{cd}bx\left(h_0-\frac{x}{2}\right) \tag{4-33}$$

2）第二部分 M_{u2}，是由翼缘挑出部分的受压区内力 $f_{cd}(b_f'-b)h_f'$ 及一部分受拉钢筋 A_{s2} 的内力 $f_{sd}A_{s2}$ 所组成，其值为

$$M_{u2}=f_{cd}(b_f'-b)h_f'\left(h_0-\frac{h_f'}{2}\right) \tag{4-34}$$

将以上两部分叠加，便可得到第二种 T 形截面总抗弯承载力的计算公式，即

$$\gamma_0M_d\leqslant M_u=M_{u1}+M_{u2}=f_{cd}bx\left(h_0-\frac{x}{2}\right)+f_{cd}(b_f'-b)h_f'\left(h_0-\frac{h_f'}{2}\right) \tag{4-35}$$

由水平力平衡条件得

$$f_{sd}A_s=f_{cd}bx+f_{cd}(b_f'-b)h_f' \tag{4-36}$$

式中　M_d——弯矩组合的设计值；

M_u——构件承载力设计值，即截面总的抗弯内力矩；

b——T 形截面腹板宽度；

b_f'——T 形截面受压区翼缘计算宽度；

h_f'——T 形截面受压区翼缘计算高度。

2. 公式的适用条件

1）$x\leqslant\xi_bh_0$。

2）$\rho\geqslant\rho_{min}$。

第二种 T 形截面的配筋率较高，一般情况下均能满足 $\rho\geqslant\rho_{min}$，故可不必进行验算。

4.2.4.3　计算方法

1. 截面设计

已知截面尺寸、材料强度、M_d、构件重要系数 γ_0，求受拉钢筋截面面积 A_s。

计算步骤如下：

(1) 假设 a_s　对于 T 形梁截面，往往采用焊接钢筋骨架。由于多层钢筋的叠高一般不超过 $(0.15\sim0.2)h$，故可假设 $a_s=30\text{mm}+(0.07\sim0.1)h$。这样可得到有效高度。$h_0=h-a_s$。

(2) 判断 T 形截面类型

若满足

$$\gamma_0 M_d \leqslant f_{cd} b_f' h_f' \left(h_0 - \frac{h_f'}{2} \right) \tag{4-37}$$

则属于第一种 T 形截面，否则属于第二种 T 形截面。

（3）求 A_s

1）当为第一种 T 形截面时，按矩形截面公式计算 A_s，但需用 b_f'代替 b。

2）当为第二种 T 形截面时

$$x = h_0 - \sqrt{h_0^2 - \frac{2[\gamma_0 M_d - f_{cd}(b_f' - b) h_f'(h_0 - 0.5h_f')]}{f_{cd} b}} \tag{4-38}$$

若 $x \leqslant \xi_b h_0$，则

$$A_s = \frac{f_{cd}}{f_{sd}} [bx + (b_f' - b) h_f'] \tag{4-39}$$

若 $x > \xi_b h_0$，则应增大截面尺寸或提高混凝土强度等级。

（4）计算 a_s 选择钢筋直径和数量，按照构造要求进行布置，求实际的 a_s。

（5）复核 a_s 若实际的 a_s 与假定的 a_s 基本相符，则计算的 A_s 为所求。否则，重新计算，直到相符为止。

2. 截面复核

已知受拉钢筋截面面积 A_s 及布置、截面尺寸和材料强度、M_d、构件重要性系数 γ_0，要求复核截面的抗弯承载能力。

计算步骤如下：

1）检查钢筋布置是否符合构造要求。

2）确定 b_f'。

3）初定 a_s，由 a_s 计算 h_0，$h_0 = h - a_s$。

4）判断 T 形截面的类型，并确定受压区高度。

① 若满足 $f_{cd} b_f' h_f' \geqslant f_{sd} A_s$，则为第一种 T 形截面，受压区高度 x 按下式计算。

$$x = \frac{f_{sd} A_s}{f_{cd} b_f'} \tag{4-40}$$

② 若满足 $f_{cd} b_f' h_f' < f_{sd} A_s$，则为第二种 T 形截面，受压区高度 x 按下式计算。

$$x = \frac{f_{sd} A_s - f_{cd}(b_f' - b) h_f'}{f_{cd} b} \tag{4-41}$$

5）按不同类型，计算其截面的承载力设计值。

① 第一种 T 形截面

$$M_u = f_{sd} A_s \left(h_0 - \frac{x}{2} \right) \tag{4-42}$$

② 第二种 T 形截面

$$M_u = f_{cd} bx \left(h_0 - \frac{x}{2} \right) + f_{cd}(b_f' - b) h_f' \left(h_0 - \frac{h_f'}{2} \right) \tag{4-43}$$

6）判断截面是否安全。$M_u \geqslant \gamma_0 M_d$ 时，截面安全。

【例 4-4】 某钢筋混凝土 T 形梁，已定截面如图 4-25 所示，跨中截面弯矩组合设计值 $M_d=720\text{kN}\cdot\text{m}$，结构重要性系数 $\gamma_0=1$，拟采用 C30 混凝土、纵向受力钢筋 HRB400 钢筋，箍筋 ϕ8。求受拉钢筋截面面积 A_s。

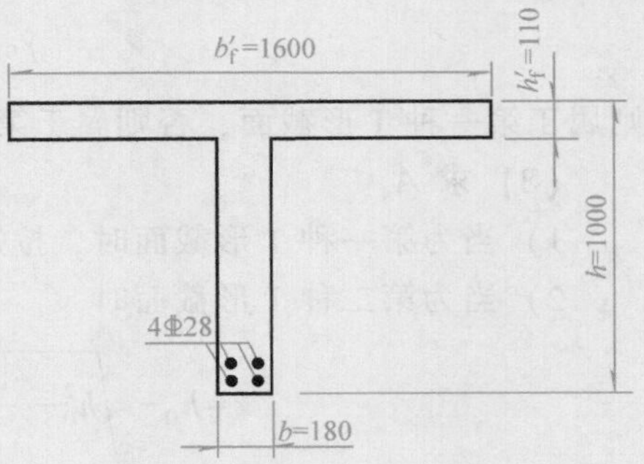

图 4-25　例 4-4 图

【解】 1. 确定基本数据

$f_{cd}=13.8\text{MPa}$，$f_{sd}=330\text{MPa}$，$\xi_b=0.53$。

对于 C30 混凝土及 HRB400 钢筋，$\rho_{min}=0.45\times\frac{1.39}{330}=0.0019<0.002$，故取 $\rho_{min}=0.002$。

$b_f'=1600\text{mm}$，$h_f'=110\text{mm}$。

2. 假设 a_s，并计算 h_0

设此 T 形截面受拉钢筋为两排，取 $a_s=80\text{mm}$，则

$$h_0=h-a_s=(1000-80)\text{mm}=920\text{mm}$$

3. 判别 T 形截面类型

$$f_{cd}b_f'h_f'\left(h_0-\frac{h_f'}{2}\right)=\left[13.8\times1600\times110\times\left(920-\frac{110}{2}\right)\right]\text{N}\cdot\text{mm}$$

$$=2100.9\times10^6\text{N}\cdot\text{mm}$$

$$=2100.9\text{kN}\cdot\text{m}>\gamma_0M_d=720\text{kN}\cdot\text{m}$$

故此截面属于第一种 T 形截面，可按矩形截面 $b_f'\times h$ 进行计算。

4. 计算 x

$$x=h_0-\sqrt{h_0^2-\frac{\gamma_0M_d}{f_{cd}b_f'}}=\left(920-\sqrt{920^2-\frac{2\times1\times720\times10^6}{13.8\times1600}}\right)\text{mm}=36\text{mm}$$

5. 求 A_s，并选配钢筋和验算 a_s

$$A_s=f_{cd}b_f'x/f_{sd}=\frac{13.8\times1600\times36}{330}\text{mm}^2=2409\text{mm}^2$$

$$\rho=\frac{A_s}{bh_0}=\frac{2409}{180\times920}=1.5\%>\rho_{min}=0.2\%$$

现取用 4⌀28，则实际取用受拉钢筋截面积 $A_s=2463\text{mm}^2$。钢筋布置见图 4-25 所示。⌀28 钢筋的外径为 31.6mm，则受拉钢筋重心至下边缘的实际距离为

$$a_s=\left(20+8+31.6+\frac{30}{2}\right)\text{mm}=74.6\text{mm}，可取\ a_s=80\text{mm}$$

实际配筋所需腹板宽 $b_{实}$ 为

$$b_{实}=[2(20+6+8)+2\times31.6+30]\text{mm}=161.2\text{mm}<b=180\text{mm}，符合要求。$$

【例 4-5】 如图 4-26 所示，某预制钢筋混凝土简支 T 形梁截面高度 $h=1300\text{mm}$，翼板有效宽度 $b_f'=1520\text{mm}$（预制板宽 1580mm），采用 C30 混凝土，纵向受力钢筋采用 HRB400 钢筋，箍筋 ϕ8，纵向防裂钢筋 ϕ6。跨中截面弯矩组合设计值 $M_d=2740\text{kN}\cdot\text{m}$，结构重要性系数 $\gamma_0=1$。试进行配筋（焊接钢筋骨架）。

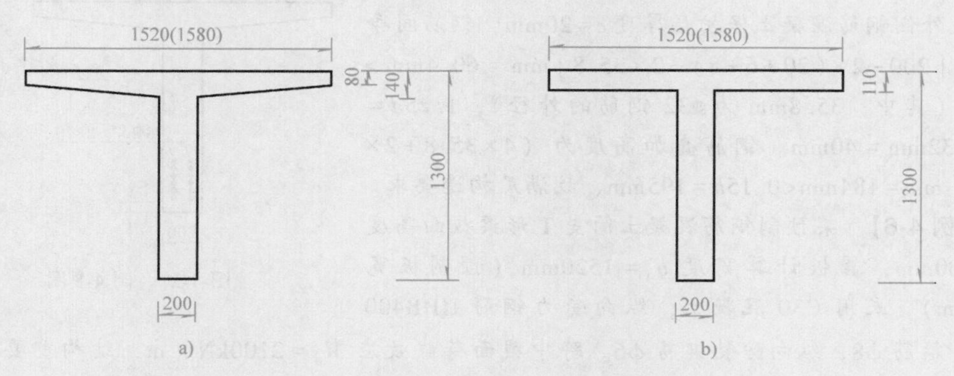

图 4-26 例 4-5 图（尺寸单位：mm）

【解】 1. 确定基本数据

$f_{cd}=13.8\text{MPa}$，$f_{td}=1.39\text{MPa}$，$f_{sd}=330\text{MPa}$，$\xi_b=0.53$。

$0.45f_{td}/f_{sd}=0.45\times\frac{1.39}{330}=0.0019<0.002$，故取 $\rho_{min}=0.002$。

为了便于进行计算，将实际 T 形截面换成图 4-26b 所示的计算截面，$h_f'=\frac{80+140}{2}\text{mm}=110\text{mm}$，其余尺寸不变。

2. 假设 a_s，并计算 h_0

取 $a_s=(20+8)\text{mm}+0.07h=28\text{mm}+0.07\times1300\text{mm}\approx120\text{mm}$，则截面有效高度 $h_0=(1300-120)\text{mm}=1180\text{mm}$。

3. 判定 T 形截面类型

$$\begin{aligned}f_{cd}b_f'h_f'\left(h_0-\frac{h_f'}{2}\right)&=\left[13.8\times1520\times110\times\left(1180-\frac{110}{2}\right)\right]\text{N}\cdot\text{mm}\\&=2595.8\times10^6\text{N}\cdot\text{mm}\\&=2595.8\text{kN}\cdot\text{m}<\gamma_0M_d=2740\text{kN}\cdot\text{m}\end{aligned}$$

故属于第二种 T 形截面。

4. 求受压区高度 x，验算 x

$$x=h_0-\sqrt{h_0^2-\frac{2[\gamma_0M_d-f_{cd}(b_f'-b)h_f'(h_0-0.5h_f')]}{f_{cd}b}}$$

$$=\left\{1180-\sqrt{1180^2-\frac{2\times[1.0\times2740\times10^6-13.8\times(1520-200)\times110\times(1180-0.5\times110)]}{13.8\times200}}\right\}\text{mm}$$

$=160\text{mm}<\xi_bh_0=0.53\times1180\text{mm}=625.4\text{mm}$

故梁为适筋梁。

5. 求受拉钢筋面积 A_s，并选配钢筋和验算 a_s

$$A_s=\frac{f_{cd}b_f'x+f_{cd}(b_f'-b)h_f'}{f_{sd}}=\frac{13.8\times200\times160+13.8\times(1520-200)\times110}{330}\text{mm}^2=7410\text{mm}^2$$

现选择钢筋 8⌀32+4⌀20，截面积 $A_s=7452\text{mm}^2$。钢筋布置如图 4-27 所示。

最外侧钢筋混凝土保护层厚度 $c=20\text{mm}$，钢筋间净距 $s_n=[200-2\times(20+6+8)-2\times35.8]\text{mm}=60.4\text{mm}>40\text{mm}$（其中，35.8mm 为⌀32 钢筋的外径），$1.25d=1.25\times32\text{mm}=40\text{mm}$。钢筋叠加高度为（$4\times35.8+2\times20.5$）$\text{mm}=184\text{mm}<0.15h=195\text{mm}$，故满足构造要求。

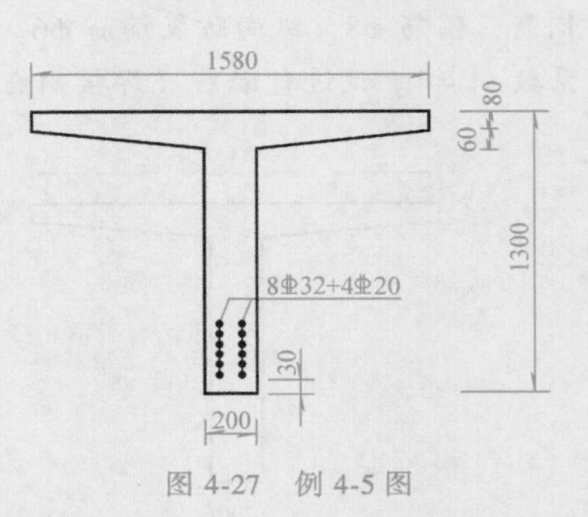

图 4-27　例 4-5 图

【例 4-6】　某预制钢筋混凝土简支 T 形梁截面高度 $h=1300\text{mm}$，翼板计算宽度 $b_f'=1520\text{mm}$（预制板宽 1580mm），采用 C30 混凝土，纵向受力钢筋 HRB400 钢筋，箍筋 ϕ8，纵向防裂钢筋 ϕ6。跨中截面荷载效应 $M_d=2100\text{kN}\cdot\text{m}$，结构重要性系数 $\gamma_0=1$。采用钢筋 8⌀28+4⌀16，截面积 $A_s=5730\text{mm}^2$，钢筋布置如图 4-27 所示（图中 8⌀32 改为 8⌀28，4⌀20 改为 4⌀16）。试复核该截面的抗弯承载力。

【解】　1. 确定基本数据

$f_{cd}=13.8\text{MPa}$，$f_{td}=1.39\text{MPa}$，$f_{sd}=330\text{MPa}$，$\xi_b=0.53$。

$0.45f_{td}/f_{sd}=0.45\times1.39/330=0.0019<0.002$，故 $\rho_{min}=0.002$。

8⌀28 的钢筋面积为 4926mm^2；4⌀16 的钢筋面积为 804mm^2。

2. 求 a_s 及 h_0

由图 4-27 钢筋布置图（⌀28、⌀16 钢筋的外径分别为 31.6mm、18.4mm），可求得 a_s 为

$$a_s=\frac{4926\times(20+8+2\times31.6)+804\times(20+8+4\times31.6+18.4)}{4926+804}\text{mm}=103\text{mm}$$

则截面有效高度 $h_0=(1300-103)\text{mm}=1197\text{mm}$。

3. 判断 T 形截面类型

$$f_{cd}b_f'h_f'=(13.8\times1520\times110)\text{N}=2307.36\times10^3\text{N}=2307.36\text{kN}$$

$$f_{sd}A_s=(330\times5730)\text{N}=1890.9\times10^3\text{N}=1890.9\text{kN}$$

可见 $f_{cd}b_f'h_f'>f_{sd}A_s$，故为第一类 T 形截面。

4. 求受压区高度 x，并验算

$$x=\frac{f_{sd}A_s}{f_{cd}b_f'}=\frac{330\times5730}{13.8\times1520}\text{mm}=90\text{mm}<\xi_bh_0=0.53\times1197\text{mm}=634.4\text{mm}$$

又 $\rho=\dfrac{A_s}{bh_0}=\dfrac{5730}{200\times1197}=0.024>\rho_{min}=0.002$，故为适筋梁。

5. 求正截面抗弯承载力 M_u

$$M_u=f_{cd}b_f'x\left(h_0-\frac{x}{2}\right)=[13.8\times1520\times90\times(1197-90/2)]\text{N}\cdot\text{mm}$$

$$=2175\times10^6\text{N}\cdot\text{mm}=2175\text{kN}\cdot\text{m}>\gamma_0M_d=2100\text{kN}\cdot\text{m}$$

故截面承载力满足要求。

4.3 斜截面承载力计算

4.3.1 斜截面受剪破坏形态

4.3.1.1 受弯构件斜截面的受力特点

钢筋混凝土梁内设置的箍筋和弯起（斜）钢筋都起抗剪作用。**箍筋、弯起钢筋统称腹筋或剪力钢筋。有箍筋、弯起钢筋、纵筋的梁，称为有腹筋梁；无箍筋、弯起钢筋，但有纵筋的梁，称为无腹筋梁。**

当梁上荷载较小时，裂缝尚未出现，钢筋和混凝土的应力-应变关系都处在弹性阶段，所以，把梁近似看作匀质弹性体，可用材料力学分析它的应力状态。在剪弯区段截面上任一点都有切应力和正应力存在，由材料力学方法分析可知，它们的共同作用将产生主拉应力和主压应力，从而可得无腹筋梁的主应力轨迹线，如图4-28所示。

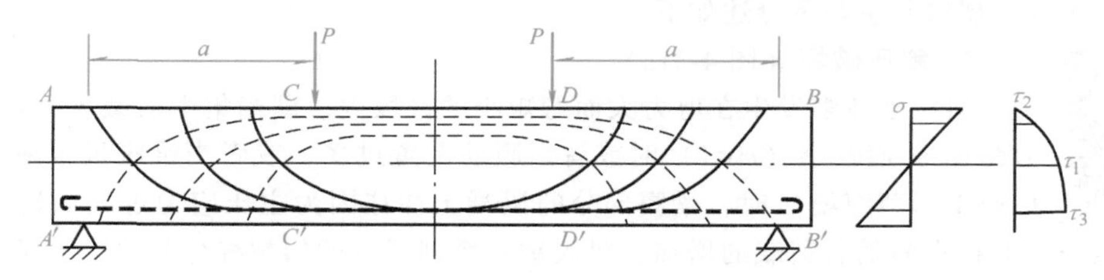

图4-28 匀质弹性材料无腹筋梁的主应力轨迹线

从主应力轨迹线可看出，在剪弯区段（*AC*段、*DB*段），梁腹部主拉应力方向是倾斜的，与梁轴线的交角约45°，而在梁的下边缘主拉应力方向接近于水平。

混凝土的抗压强度较高，但抗拉强度较低，在梁的剪弯段中，当主拉应力超过混凝土的抗拉强度时，则出现斜裂缝。

对于钢筋混凝土梁，当荷载不大而梁处于弹性阶段时，梁内应力基本上和上述匀质弹性材料梁相似，但随着外荷载的增加，由于混凝土材料抵抗主拉应力的能力远较抵抗主压应力的能力差，所以，首先出现的就是截面主拉应力逐渐接近以致超过混凝土的抗拉强度，梁底出现裂缝并向上延伸，从而形成了大体与主拉应力轨迹垂直的弯剪斜裂缝，如图4-29所示。这样，当垂直截面的抗弯强度得到保证时，梁最后有可能由于斜截面承载力不足而破坏。这种**由于斜裂缝出现而导致钢筋混凝土梁的破坏，称为斜截面破坏**。斜截面破坏是一种剪切破坏。

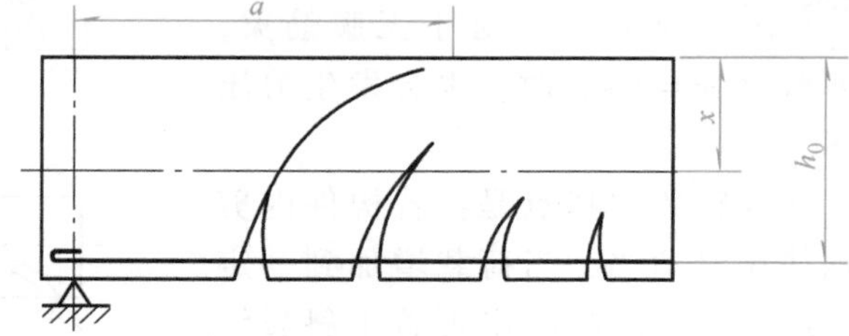

图4-29 钢筋混凝土梁中弯剪斜裂缝

为了防止梁沿斜裂缝截面的剪切破坏，除应使梁具有一个合理的截面尺寸外，梁中还需设置腹筋（包括箍筋、弯起钢筋、斜筋）。抗剪钢筋常以梁正截面承载力所不需要的纵筋弯起而成（即弯起钢筋）。斜筋、箍筋与纵筋构成受弯构件的钢筋骨架。

荷载作用下钢筋混凝土受弯构件的斜截面破坏与弯矩和剪力的组合情况有关，这种关系通常用剪跨比来表示。**对于承受集中荷载的梁，集中荷载作用点到支点的距离 a，一般称为剪跨，剪跨 a 与截面有效高度 h_0 的比值，称为剪跨比**（图 4-30），用 m 表示。剪跨比 m 可表示为

$$m=\frac{a}{h_0}=\frac{Pa}{Ph_0}=\frac{M_c}{V_c h_0} \tag{4-44}$$

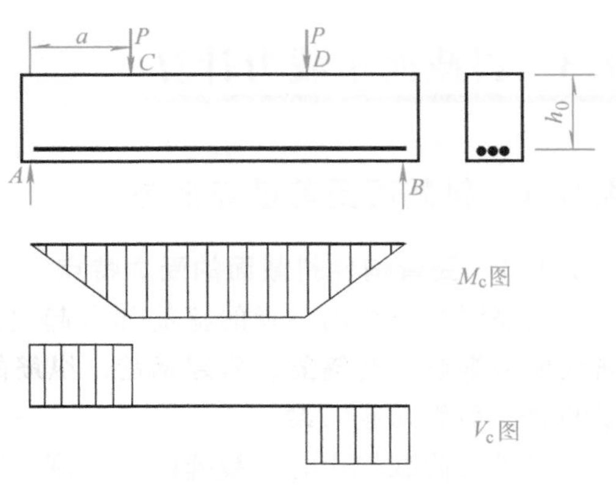

图 4-30　剪跨比示意图（在集中荷载作用下）

此处，M_c、V_c 分别为剪切破坏截面的弯矩与剪力。对于其他荷载作用情况，亦可用 $m=\frac{M_c}{V_c h_0}$ 表示。此式又称为**广义剪跨比**。

4.3.1.2　几种常见的斜截面受剪破坏形态

试验研究表明，由于各种因素的影响，梁的斜裂缝的出现和发展以及梁沿斜截面破坏的形态有许多种，现将其主要者分述如下。

1. 斜压破坏（图 4-31a）

斜压破坏多发生在剪力大而弯矩小的区段内。即当集中荷载十分接近支座、剪跨比 m 值较小（$m<1$）时或者当腹筋配置过多，或者当梁腹板很薄（例如 T 形或 I 形薄腹梁）时，梁腹部分的混凝土往往因为主压应力过大而造成斜向压坏。斜压破坏的特点是随着荷载的增加，梁腹被一系列平行的斜裂缝分割成许多倾斜的受压柱体，这些柱体最后在弯矩和剪力的复合作用下被压碎，因此斜压破坏又称腹板压坏。破坏时箍筋往往并未屈服。

剪压破坏过程

2. 剪压破坏（图 4-31b）

对于有腹筋梁，剪压破坏是最常见的斜截面破坏形式。对于无腹筋梁，如剪跨比 $m=1\sim3$ 时，也会发生剪压破坏。

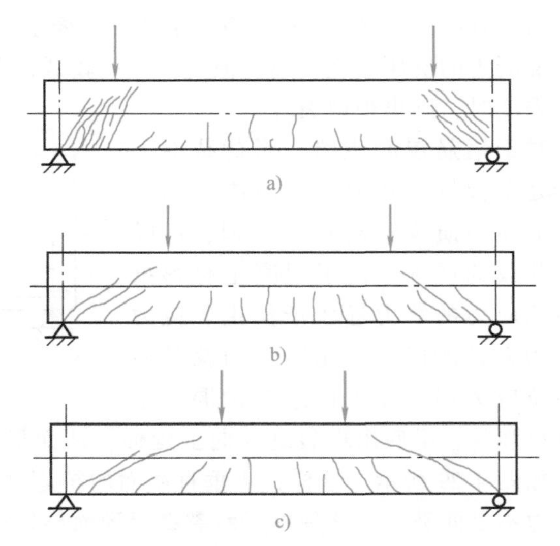

图 4-31　斜截面的剪切破坏形态
a）斜压破坏　b）剪压破坏　c）斜拉破坏

剪压破坏的特点是：若构件内剪力钢筋用量适当，当荷载增加到一定程度后，构件上陆续出现若干斜裂缝（其中延伸较长，扩展较宽的一条裂缝，称为**临界斜裂缝**）。斜裂缝末端混凝土截面既受剪、又受压（称之为**剪压区**）。荷载继续增加，斜裂缝向上伸展，直到与斜裂缝相交的箍筋达到屈服强度，同时剪压区的混凝土在切应力与压应力共同作用下达到复合受力时的极限强度而破坏，梁也失去了承载能力。试验结果表明，剪压破坏时荷载一般明显大于斜裂缝出现时的荷载。

3. 斜拉破坏（图4-31c）

斜拉破坏多发生在无腹筋梁或腹筋配置较少的有腹筋梁，且剪跨比较大（$m>3$）的情况。斜拉破坏的特点是斜裂缝一出现，就很快形成临界斜裂缝，并迅速延伸到集中荷载作用点处，使梁斜向被拉断而破坏。这种破坏的脆性性质比剪压破坏更为明显，破坏来得突然，危险性较大，应尽量避免。试验结果表明，斜拉破坏时的荷载一般仅稍高于裂缝出现时的荷载。

斜拉破坏过程

斜截面除了以上三种主要破坏形态外，在不同的条件下，还可能出现其他的破坏形态，如局部挤压破坏、纵筋的锚固破坏等。

对于上述几种不同的破坏形态，设计时可以采用不同的方法进行处理，以保证构件在正常工作情况下具有足够的抗剪安全度。

一般用限制截面最小尺寸的办法，防止梁发生斜压破坏；用满足箍筋最大间距等构造要求和限制箍筋最小配筋率的办法，防止梁发生斜拉破坏。剪压破坏是斜截面抗剪承载力计算公式建立的依据。

4.3.1.3 影响受弯构件斜截面抗剪能力的主要因素

影响斜截面抗剪能力的主要因素是剪跨比、混凝土强度、纵向受拉钢筋配筋率和腹筋数量及强度等。

影响受弯构件斜截面抗剪能力的主要因素

1. 剪跨比

当混凝土强度等级、截面尺寸及纵向钢筋配筋率均相同的情况下，剪跨比愈大，梁的抗剪能力愈小；反之亦然。$m>3$ 以后，剪跨比对抗剪能力的影响就很小了。

2. 混凝土强度

混凝土的强度等级愈高，梁的抗剪能力也愈高，呈抛物线变化。混凝土强度等级较低时，其抗剪能力增长较快。

3. 纵向钢筋配筋率

纵向钢筋可以制约斜裂缝的开展，阻止中性轴的上升，增大剪压区混凝土的抗剪能力。与斜裂缝相交的纵向钢筋本身还可以起到“销栓作用”，直接承受一部分剪力，因此，纵向钢筋的配筋率愈大，梁的抗剪能力也愈大。

4. 腹筋的强度和数量

腹筋的强度和数量对梁的抗剪能力有着显著的影响。构件中箍筋数量一般用“配箍率”表示，即

$$\rho_{sv}=\frac{A_{sv}}{s_v b} \tag{4-45}$$

式中 ρ_{sv}——配箍率；

A_{sv}——配置在同一截面的箍筋各肢的总截面面积；

b——梁的腹板宽度；

s_v——箍筋的间距。

梁的抗剪能力与 $\rho_{sv}f_{sv}$ 之间的关系接近于直线变化。理论上，弯起钢筋与主拉应力方向平行，弯起钢筋的强度高、数量多，抵抗主拉应力的效果较好。但实际上，箍筋抗剪作用比弯起钢筋好，原因是：

1）弯起钢筋的承载范围较大，对约束斜裂缝的作用较差。

2）弯起钢筋在混凝土的剪压区不如箍筋能套牢混凝土而提高抗剪强度。

3）弯起钢筋会使弯起点处的混凝土压碎，或产生水平撕裂裂缝，而箍筋能箍紧纵筋，防止撕裂。

4）弯起钢筋连接受压区与梁腹共同作用效果不如箍筋好。

4.3.2 斜截面抗剪承载力计算

4.3.2.1 基本公式及适用条件

1. 基本公式

图 4-32 为斜截面发生剪压破坏时的受力情况。此时斜截面上的剪力，由裂缝顶端剪压区混凝土以及与斜裂缝相交的箍筋和弯起钢筋三者共同承担，故梁的斜截面抗剪承载力计算公式可表达为

$$\gamma_0 V_d \leqslant V_u = V_{cs} + V_{sb} \tag{4-46}$$

式中　V_d——斜截面受压端上由作用（或荷载）效应所产生的最大剪力组合设计值（kN）；

V_{cs}——斜截面内混凝土和箍筋共同的抗剪承载力设计值（kN），按式（4-47）计算；

V_{sb}——与斜截面相交的弯起钢筋的抗剪承载力设计值（kN），按式（4-48）计算。

$$V_{cs} = \alpha_1 \alpha_3 0.45 \times 10^{-3} b h_0 \sqrt{(2+0.6P)\sqrt{f_{cu,k}}\rho_{sv} f_{sv}} \tag{4-47}$$

式中　α_1——异号弯矩影响系数，计算简支梁的抗剪承载力时，$\alpha_1 = 1.0$；

α_3——受压翼缘的影响系数，取 $\alpha_3 = 1.1$；

b——斜截面受压端正截面处，矩形截面宽度或 T 形、I 形截面腹板宽度（mm）；

h_0——斜截面受压端正截面的有效高度，自纵向受拉钢筋合力点至受压边缘的距离（mm）；

P——斜截面内纵向受拉钢筋的配筋百分率，$P = 100\rho$，$\rho = \dfrac{A_s}{b h_0}$，当 $P > 2.5$ 时，取 $P = 2.5$；

$f_{cu,k}$——边长为 150mm 的混凝土立方体抗压强度标准值（MPa），即为混凝土强度等级；

ρ_{sv}——斜截面内箍筋配筋率；

f_{sv}——箍筋抗拉强度设计值。

$$V_{sb} = 0.75 \times 10^{-3} f_{sd} \Sigma A_{sb} \sin\theta_s \tag{4-48}$$

式中　θ_s——普通弯起钢筋的切线与水平线的夹角。

进行斜截面承载能力验算时，斜截面水平投影长度 c（图 4-32）应按下式计算。

$$c = 0.6 m h_0 \tag{4-49}$$

式中　m——斜截面受压端正截面处的广义剪跨比，$m = \dfrac{M_d}{V_d h_0}$，当 $m > 3.0$ 时取 $m = 3.0$；其中，M_d 为相应于最大剪力组合值的弯矩组合设计值。

若梁中仅配置箍筋，斜截面抗剪承载力计算公式为

$$\gamma_0 V_d \leqslant V_{cs} = \alpha_1 \alpha_3 \times 0.45 \times 10^{-3} b h_0 \sqrt{(2+0.6P)\sqrt{f_{cu,k}}\rho_{sv} f_{sv}} \tag{4-50}$$

2. 公式的适用条件

（1）斜截面承载力上限值与最小截面尺寸　为了防止斜压破坏或斜裂缝开展过宽，矩

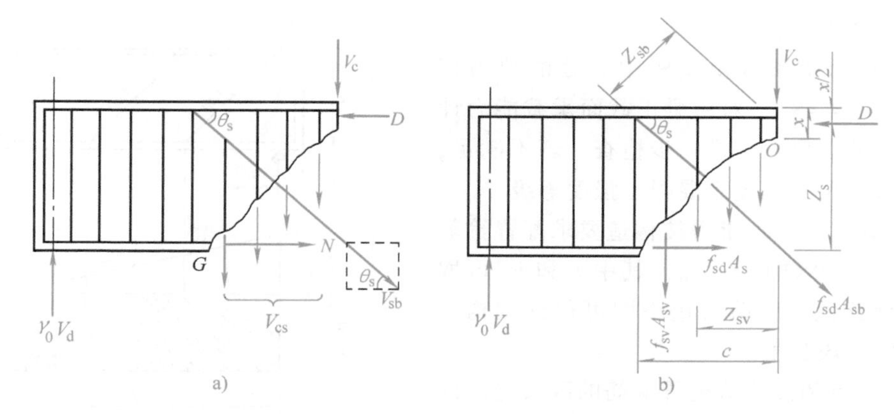

图 4-32 斜截面抗剪承载力计算示意图

a）隔离体 b）计算图式

注：图中 D 为剪压区混凝土的极限压力。

形、T 形和 I 形截面的受弯构件的抗剪截面应符合下列要求。

$$\gamma_0 V_d \leqslant 0.51\times 10^{-3}\sqrt{f_{cu,k}}\,bh_0 \tag{4-51}$$

式中 V_d——验算截面处由作用（或荷载）产生的剪力组合的设计值（kN）；

b——相应于剪力组合的设计值处的矩形截面宽度或 T 形和 I 形截面腹板宽度（mm）；

h_0——相应于剪力组合的设计值处的截面有效高度，即自纵向受拉钢筋合力点至受压边缘的距离（mm）。

当不能满足式（4-51）时，应考虑加大截面尺寸或提高混凝土强度等级。

（2）斜截面承载力下限值与最小配箍率 为了防止发生斜拉破坏，梁内箍筋的配箍率不得小于最小配箍率，且箍筋间距不能过大。《混凝土桥涵规范》规定的箍筋最小配箍率为：HPB300 钢筋 0.14%，HRB400 钢筋 0.11%。

矩形、T 形和 I 形截面受弯构件如符合式（4-52）要求，则不需进行斜截面抗剪承载能力的验算，而仅按构造要求配置箍筋。

$$\gamma_0 V_d \leqslant 0.50\times 10^{-3} f_{td}\,bh_0 \tag{4-52}$$

式中 f_{td}——混凝土抗拉强度设计值。

对于板式受弯构件，式（4-52）右边计算值可乘以 1.25 提高系数。

在使用上面公式时，要注意下列两点：

1）上述计算公式仅适用于直接支承的等高度简支梁。

2）上述基本公式已经考虑过各符号的计量单位，使用时，只需按各公式符号意义说明中所列计量单位相对应的数值代入有关公式计算即可。

4.3.2.2 等高简支梁的腹筋初步设计

已知梁的计算跨径 l 及截面尺寸、混凝土强度等级、纵向受拉钢筋及箍筋强度、跨中截面纵向受拉钢筋布置，梁的剪力包络图，如图 4-33 所示，求腹筋数量及弯起钢筋的初步位置。

计算步骤如下：

1）根据已知条件及支座中心处的剪力值 V_d^0，按照式（4-48），对由梁正截面承载能力计算已决定的截面尺寸作进一步检查。若不满足，必须修改截面尺寸或提高混凝土强度等级。

2）由式（4-52）求得按构造要求配置箍筋的剪力 $V_d=0.50\times10^{-3}f_{td}bh_0$，其中 b 和 h_0 可取跨中截面计算值，由剪力包络图可得到按构造配置箍筋的区段长度。

3）在支点和按构造配置箍筋的区段之间的剪力包络图中的计算剪力应该由混凝土、箍筋和弯起钢筋来共同承担。《混凝土桥涵规范》规定：简支梁最大剪力取距支点 $\frac{h}{2}$ 处的剪力设计值 V_d'（图4-33）。V_d'应按“不少于60%由混凝土和箍筋共同承担，不超过40%部分由弯起钢筋承担”的原则分配，并且用水平线将剪力设计值包络图分割为两部分。

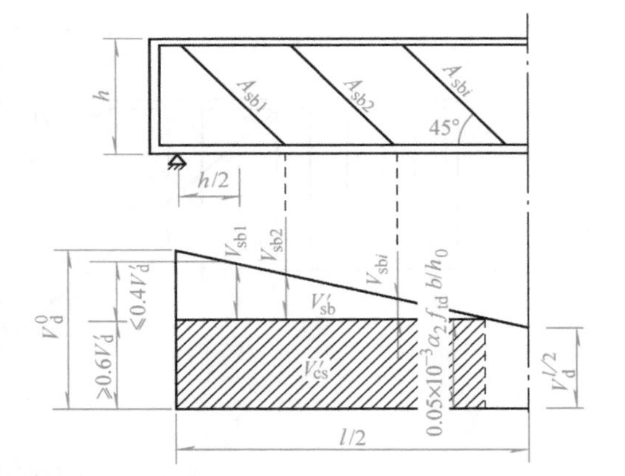

图4-33　斜截面抗剪承载力配筋设计计算图

V_d^0——由作用（或荷载）引起的剪力剪力组合设计值；V_d'——用于配筋设计的剪力组合设计值，对简支梁，取用距支座中心 $h/2$ 处的值；$V_d^{l/2}$——跨中截面剪力组合设计值；V_{cs}'——由混凝土和箍筋共同承担的总剪力设计值（图中阴影部分）；V_{sb}'——由弯起钢筋承担的总剪力设计值；V_{sb1}、V_{sb2}、V_{sbi}——对简支梁，分别为第一排、第二排、第 i 排钢筋弯起点处由弯起钢筋承担的剪力设计值；A_{sb1}、A_{sb2}、A_{sbi}——对简支梁，从支点算起的第一排、第二排、第 i 排弯起钢筋截面面积；h——等高度梁的梁高；l——梁的计算跨径。

4）箍筋设计。根据剪力的取值规定及式（4-47），可得混凝土与箍筋所承担的剪力公式为

$$V_{cs}=\alpha_1\alpha_3 0.45\times10^{-3}bh_0\sqrt{(2+0.6P)\sqrt{f_{cu,k}}\rho_{sv}f_{sv}}\geqslant0.6V_d' \tag{4-53}$$

预先选定箍筋种类和直径，可按下式计算箍筋间距 s_v

$$s_v=\frac{\alpha_1^2\alpha_3^2 0.2\times10^{-6}\times(2+0.6P)\sqrt{f_{cu,k}}A_{sv}f_{sv}bh_0^2}{(\xi\gamma_0 V_d)^2} \tag{4-54}$$

式中　ξ——用于抗剪配筋设计的最大剪力设计值分配于混凝土和箍筋共同承担的分配系数，取 $\xi\geqslant0.6$。

对简支梁，取 $\xi=0.6$，$\gamma_0=1$，则式（4-54）变为

$$s_v=\frac{\alpha_1^2\alpha_3^2 0.5556\times10^{-6}\times(2+0.6P)\sqrt{f_{cu,k}}A_{sv}f_{sv}bh_0^2}{V_d^2} \tag{4-55}$$

5）弯起钢筋的数量及初步的弯起位置。每排弯起钢筋的截面面积按下式计算。

$$A_{sbi}=\frac{\gamma_0 V_{sbi}}{0.75\times10^{-3}f_{sd}\sin\theta_s} \tag{4-56}$$

式中　V_{sbi}——由某排弯起钢筋承担的剪力设计值(kN)，即为图4-33中的 V_{sb1}、V_{sb2}、V_{sbi} 等；

A_{sbi}——某排弯起钢筋的总截面面积，即为图4-33中的 A_{sb1}、A_{sb2}、A_{sbi} 等。

计算各排弯起钢筋时，剪力设计值的取值应符合下列规定：

① 计算第一排（对支座而言）弯起钢筋 V_{sb1} 时，取用距支座中心 $h/2$ 由弯起钢筋承担的那部分剪力值；

② 计算第一排弯起钢筋以后的每一排弯起钢筋 A_{sb2}，…，A_{sbi} 时，取用前一排弯起钢筋

弯起点处由弯起钢筋承担的那部分剪力 V_{sb2}，…，V_{sbi}。

同时，《混凝土桥涵规范》对弯起钢筋的弯起角及弯筋之间的位置关系有以下要求：

① 钢筋混凝土梁的弯起钢筋一般与梁纵轴成45°角，弯起钢筋以圆弧弯折，圆弧半径不宜小于10倍钢筋直径。

② 简支梁第一排（对支座而言）弯起钢筋的末端弯折点应位于支座中心截面处（图4-33），以后各排弯起钢筋的末端弯折点应落在或超过前一排弯起钢筋弯起点截面。

根据《混凝土桥涵规范》上述要求及规定，可以初步确定弯起钢筋的位置、需要承担的计算剪力 V_{sbi}，从而计算得到所需的每排弯起钢筋的位置。

4.3.3　全梁承载能力校核与构造要求

全梁承载力校核的目的，是使所设计的钢筋混凝土受弯构件沿长度任一截面都要保证在最不利荷载作用下，不会出现正截面和斜截面承载力破坏。

如前所述，受弯构件的斜截面抗剪钢筋设计中，在任一截面上都可保证 $\gamma_0 V_d \leqslant V_{cs}+V_{sb}$ 的条件。然而对受弯构件的正截面承载力计算，只是对发生最大荷载效应的一个控制截面进行的，对其他截面都未曾涉及，而受弯构件的弯矩值又是沿跨长而变化的。所以，实际上纵向受拉钢筋常在跨径间不同位置弯起以满足斜截面抗剪承载力要求，或者在适当位置截断。因此，纵向钢筋的弯起或截断既要满足正截面抗弯承载力的要求，同时又要适应斜截面抗剪承载力的要求。

在实际工程中，钢筋混凝土受弯构件正截面承载力通常只需对若干控制截面进行承载力计算，至于其他截面的承载能力能否满足要求，可通过图解法来校核，即用弯矩包络图与抵抗弯矩图进行校核。

4.3.3.1　抵抗弯矩图的概念

抵抗弯矩图

抵抗弯矩图（又称材料图）**就是沿梁长各个正截面按实际配置的纵向受拉钢筋面积能产生的抵抗弯矩图形**，即表示各正截面所具有的抗弯承载力。下面具体地讨论钢筋混凝土梁的抵抗弯矩图。

设一简支梁计算跨径为 l，跨中截面经设计有6根纵向受拉钢筋（2N1+2N2+2N3），其正截面抗弯承载力为 $M_{um}>M_{jm}$，简支梁的弯矩包络图及抵抗弯矩图如图4-34所示。

假定2N1钢筋的面积 A_{s1} 大于20%的全部纵向受拉钢筋面积 A_s，按照《混凝土桥涵规范》规定，它们必须伸过支座中心线，不得在梁跨间弯起。而2N2和2N3钢筋考虑在梁跨间弯起。

由于部分纵向受拉钢筋弯起，因而正截面抗弯承载力发生变化。在跨中截面，设全部钢筋提供的抗弯承载力为 M_{um}；弯起2N3钢筋后，剩余2N1+2N2钢筋面积为 A_{s12}，提供的抗弯承载力为 M_{u12}；弯起2N2钢筋后，剩余2N1钢筋面积为 A_{s1}，提供的抗弯承载力为 M_{u1}。分别用计算式表达为

$$M_{um}=f_{sd}A_sZ \qquad M_{u12}=f_{sd}A_{s12}Z_{12} \qquad M_{u1}=f_{sd}A_{s1}Z_1$$

这样可以作出抵抗弯矩图。抵抗弯矩图中 M_{u12}、M_{u1} 水平线与弯矩包络图的交点，即为**理论弯起点**。

由图4-34可见，在跨中 i 点处，所有的钢筋的强度被充分利用；在 j 点处N1和N2钢筋的强度被充分利用，而N3钢筋在 j 点以外（向支座方向）就不再需要了；同样，在 k 点处

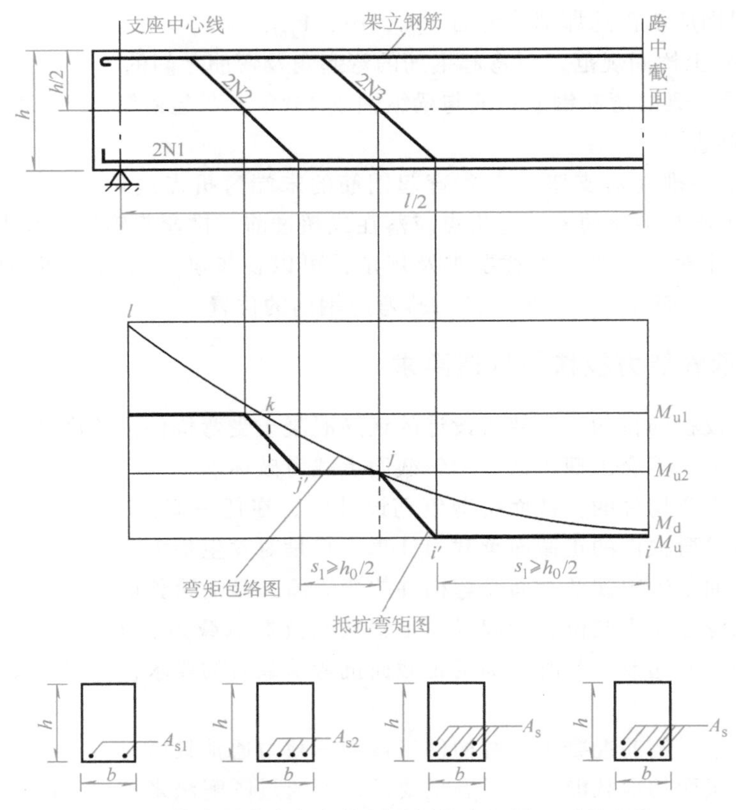

图 4-34　简支梁的弯矩包络图及抵抗弯矩图（对称半跨）

N1 钢筋的强度被充分利用，N2 钢筋在 k 点以外就不再需要了。通常可以把 i、j、k 三个点分别称为 N3、N2、N1 钢筋的**充分利用点**，而把 j、k、l 三个点分别称为 N3、N2、N1 钢筋的**不需要点**。

为了保证斜截面抗弯承载力，N3 钢筋只能在距其充分利用点 i' 的距离 $s_1 \geq \dfrac{h_0}{2}$ 处 i' 点弯起。为了保证弯起钢筋的受拉作用，N3 钢筋与梁中轴线的交点必须在其不需要点 j 以外，这是由于弯起钢筋的内力臂是逐渐减小的，故抗弯承载力值也逐渐减小，当弯筋 N3 穿过中轴线基本上进入受压区后，它的正截面抗弯作用才认为完全消失。

N2 钢筋的弯起位置的确定原则，与 N3 钢筋相同。

这样获得的抵抗弯矩图，外包了弯矩包络图，保证了梁段内任一截面均不会发生正截面破坏和斜截面受弯破坏，而图 4-34 中 N2 和 N3 钢筋的弯起位置就被确定在 i' 和 j' 点处。

在钢筋混凝土梁的设计中，实际上考虑梁斜截面抗弯承载力时，已初步确定了各弯起钢筋的弯起位置。因而，可以按弯矩包络图和抵抗弯矩图来检查已定的弯起钢筋初步弯起位置，若满足前述的各项要求，则确认为设计弯起位置合理，否则要进行调整，必要时可加设斜筋或附加弯起钢筋，最终使得梁中各弯筋（斜筋）的水平投影能相互有重叠部分，至少相接。

4.3.3.2　构造要求

1. 纵向受力钢筋的弯起

钢筋混凝土受弯构件斜截面抗弯承载能力一般通过构造措施，即控制弯起点和弯终点的位置来保证。

《混凝土桥涵规范》规定，在受拉区，弯起钢筋的弯起点可设在按正截面受弯承载力计算不需要该钢筋的截面之前（充分利用点和不需要点之间）；但弯起钢筋与梁中心线的交点，应在不需要该钢筋的截面之外；受拉区弯起钢筋的弯起点应设在根据正截面抗弯承载力计算充分利用该根钢筋强度的截面（即充分利用点）以外不小于 $h_0/2$ 处；同时，弯起钢筋与梁纵轴线的交点应位于根据正截面承载力计算不需要该钢筋的截面（即理论断点）以外。

2. 纵向钢筋在支座处的锚固

在简支梁近支座处出现斜裂缝时，斜裂缝处纵向钢筋应力增大，支座边缘附近纵筋应力的大小与伸入支座纵筋的数量有关。这时，梁的承载力取决于纵向钢筋在支座处的锚固。若锚固长度不足，钢筋与混凝土的相对滑移将导致斜裂缝宽度显著增大（图 4-35a），甚至会发生黏结锚固破坏。为了防止钢筋被拔出而破坏，《混凝土桥涵规范》规定：

1）在钢筋混凝土梁的支点处，至少应有 2 根并不少于 20%的主筋通过。

2）梁底两侧的受拉主钢筋应伸出端支点截面以外，并弯成直角且顺梁高延伸至顶部。图 4-35b 为焊接钢筋骨架常采用的形式。

3）两侧之间不向上弯曲的受拉主钢筋伸出支点截面的长度，对光圆钢筋应不小于 $10d$ 并带半圆钩；对螺纹钢筋应不小于 $10d$，d 为钢筋直径。图 4-35c 为绑扎骨架 HPB300 钢筋在支座锚固的示意图。

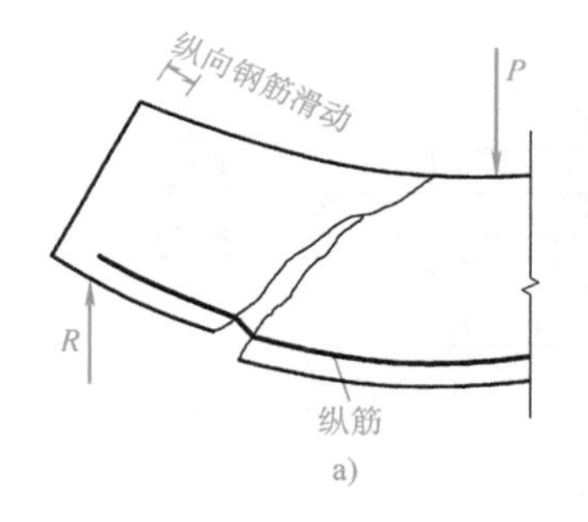

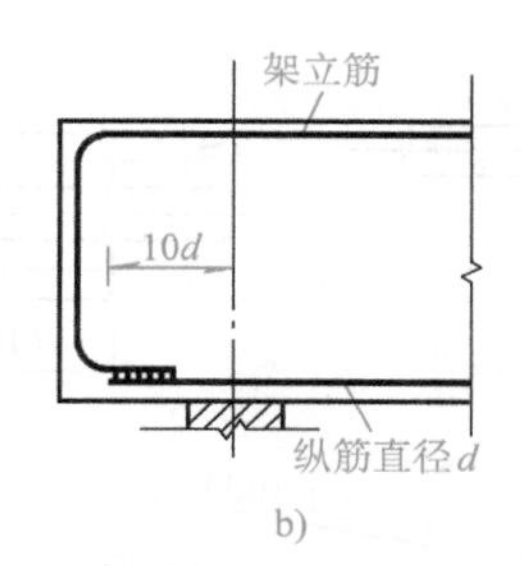

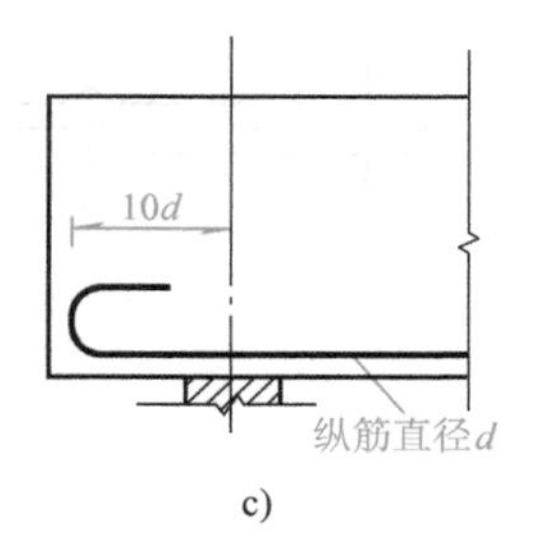

图 4-35　主钢筋在支座处的锚固

3. 纵向钢筋在梁跨间的截断与锚固

（1）纵筋的截断　构件受拉区纵筋截断处钢筋截面积骤减，混凝土拉应力骤增，往往在截面处过早出现弯剪斜裂缝，甚至可能降低构件的承载能力，所以对于承受较大剪力的构件一般不宜在受拉区截断钢筋，如必须截断时，截断点应伸至按计算不需要该钢筋的截面以外一个锚固长度 l_a，以满足截面抗弯承载力的要求。

《混凝土桥涵规范》规定了不同情况下钢筋最小锚固长度，见表 3-11。

（2）钢筋的接头　当梁内钢筋需要接长时，可以采用绑扎搭接接头或焊接接头。

受拉钢筋的绑扎搭接接头（图 4-36），其

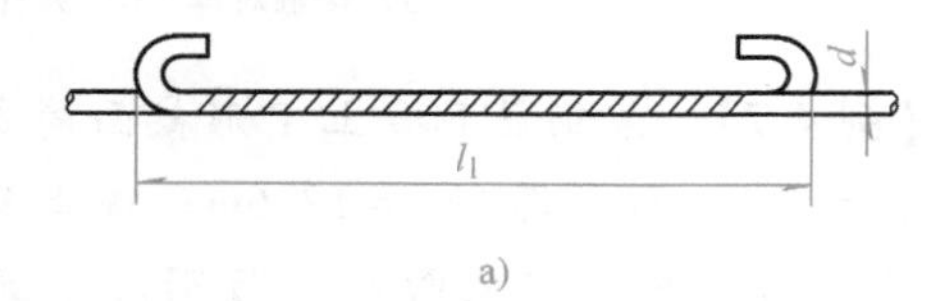

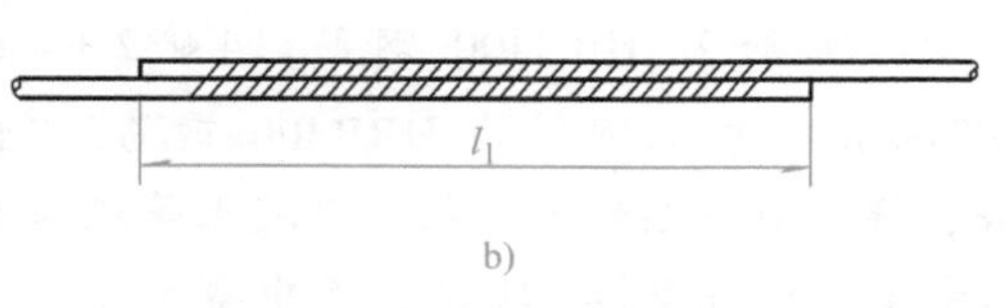

图 4-36　钢筋的绑扎搭接接头
a）光面钢筋　b）变形钢筋

拉力由一根钢筋通过混凝土的黏结应力再传递给另一根钢筋。破坏是沿钢筋方向上混凝土被相对剪切而发生劈裂，导致纵筋的滑移甚至被拔出。对于绑扎钢筋搭接长度，《混凝土桥涵规范》规定，当钢筋直径不大于28mm时，应不小于表3-13的规定。

同时，《混凝土桥涵规范》还规定：受力钢筋接头应设置在内力较小处，在任一搭接长度的区段内，有接头的受力钢筋截面积积占总截面面积的百分率应符合表4-5的要求。

表4-5　搭接长度区段内受力钢筋接头面积的最大百分率

接头形式	接头面积的最大百分率(%)	
	受拉区	受压区
主钢筋绑扎接头	25	50
主钢筋焊接接头	50	不限制
预应力钢筋对焊接头	25	不限制

注：1. 在同一根钢筋上应尽量少设接头。

2. 装配式构件连接处的受力钢筋焊接接头和预应力混凝土构件的螺纹端杆接头，可不受本表限制。

当采用焊接接头时，《混凝土桥涵规范》也有相应的构造要求。如采用夹杆式电弧焊接时（图4-37b），夹杆的总面积应不小于被焊钢筋的截面积。夹杆长度，若用双面焊缝时应不小于$5d$，用单面焊缝时应不小于$10d$（d为钢筋的直径）；采用搭叠式电弧焊时（图4-37c），钢筋端段应预先折向一侧，使两根接长的钢筋轴线一致。搭接时，双面焊缝的长度不小于$5d$，用单面焊缝时应不小于$10d$（d为钢筋的直径）。

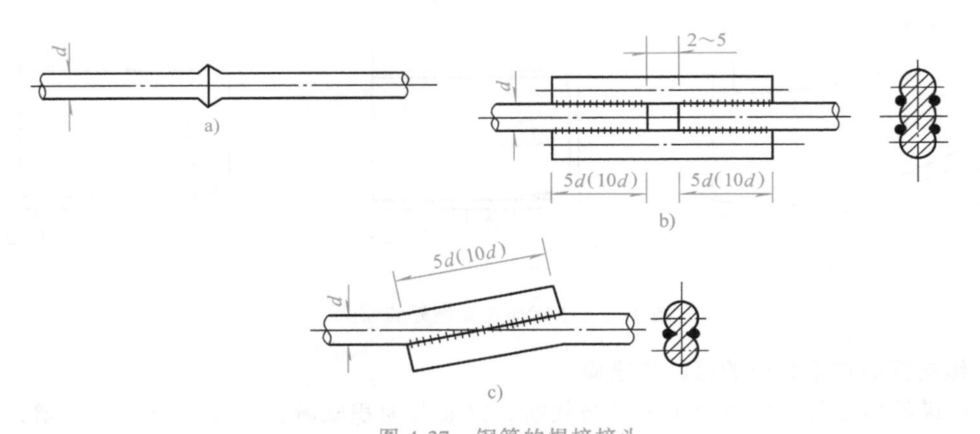

图4-37　钢筋的焊接接头

a）接触对焊　b）夹杆式、电弧焊　c）搭叠式电弧焊

【例4-7】　某钢筋混凝土T形截面简支梁，标准跨径$l_b=13m$，计算跨径$l=12.6m$。按正截面承载能力计算所确定的跨中截面尺寸与钢筋布置如图4-38所示，主筋为HRB400钢筋，4⌀32+4⌀16，$A_s=4021mm^2$，架立钢筋为HRB400钢筋，2⌀22，箍筋ϕ8，焊接成多层钢筋骨架，混凝土等级为C30。该梁承受支点剪力$V_d^0=310kN$，跨中剪力$V_d^{l/2}=65kN$，支点弯矩$M_d^0=0$，跨中弯矩$M_d^{l/2}=1100kN\cdot m$，$\gamma_0=1$。

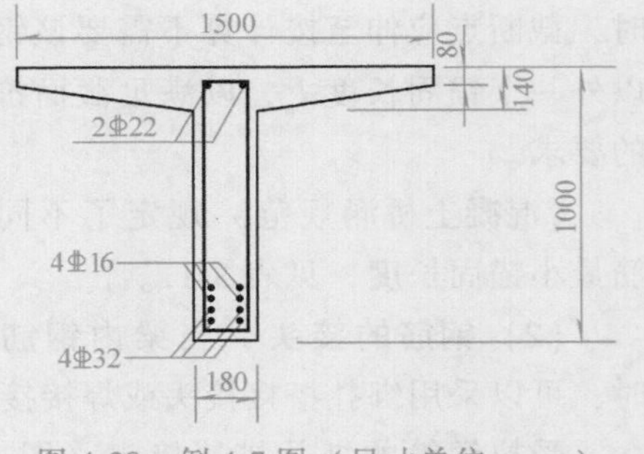

图4-38　例4-7图（尺寸单位：mm）

试按梁斜截面抗剪配筋设计方法配置该梁的箍筋和弯起钢筋。

【解】 1. 计算各截面的有效高度

（1）主筋为4⌀32+4⌀16，主筋合力作用点至梁截面下边缘的距离为

$$a_s=\frac{(20+8+35.8)\times3217+(20+8+35.8\times2+18.4)\times804}{3217+804}\text{mm}=75\text{mm}$$

截面有效高度为

$$h_0=h-a_s=(1000-75)\text{mm}=925\text{mm}$$

（2）主筋为4⌀32+2⌀16，主筋合力作用点至梁截面下边缘的距离为

$$a_s=\frac{(20+8+35.8)\times3217+(20+8+35.8\times2+9.2)\times402}{3217+402}\text{mm}=69\text{mm}$$

截面有效高度为

$$h_0=h-a_s=(1000-69)\text{mm}=931\text{mm}$$

（3）主筋为4⌀32，主筋合力作用点至梁截面下边缘的距离为

$$a_s=(20+8+35.8)\text{mm}=63.8\text{mm}$$

截面有效高度为

$$h_0=h-a_s=(1000-64)\text{mm}=936\text{mm}$$

（4）主筋为2⌀32，主筋合力作用点至梁截面下边缘的距离为

$$a_s=\left(20+8+\frac{35.8}{2}\right)\text{mm}=45.9\text{mm}$$

截面有效高度为

$$h_0=h-a_s=(1000-46)\text{mm}=954\text{mm}$$

2. 核算梁的截面尺寸

（1）支点截面

$$0.51\times10^{-3}\sqrt{f_{cu,k}}bh_0=(0.51\times10^{-3}\times\sqrt{30}\times180\times954)\text{kN}=479.7\text{kN}>\gamma_0V_d^0=310\text{kN}$$

（2）跨中截面

$$0.51\times10^{-3}\sqrt{f_{cu,k}}bh_0=(0.51\times10^{-3}\times\sqrt{30}\times180\times925)\text{kN}=465.1\text{kN}>\gamma_0V_d^{l/2}=65\text{kN}$$

故按正截面承载能力计算所确定的截面尺寸满足抗剪方面的构造要求。

3. 判断梁内是否需按计算配置剪力钢筋

$$0.50\times10^{-3}f_{td}bh_0=(0.5\times10^{-3}\times1.39\times180\times954)\text{kN}=119.3\text{kN}<\gamma_0V_d^0=310\text{kN}$$

故梁内需要按计算配置剪力钢筋。

4. 确定计算剪力

（1）绘制此梁半跨剪力包络图（图4-39），并计算不需要设置剪力钢筋的区段长度

跨中截面

$$0.50\times10^{-3}f_{td}bh_0=(0.5\times10^{-3}\times1.39\times180\times925)\text{kN}=116\text{kN}>\gamma_0V_d^{l/2}=65\text{kN}$$

不需要设置剪力钢筋的区段长度为

$$x_h=\frac{(116-65)\times6300}{310-65}\text{mm}=1311\text{mm}$$

（2）按比例关系，依剪力包络图求距支座中心$\frac{h}{2}$处截面的最大剪力值为

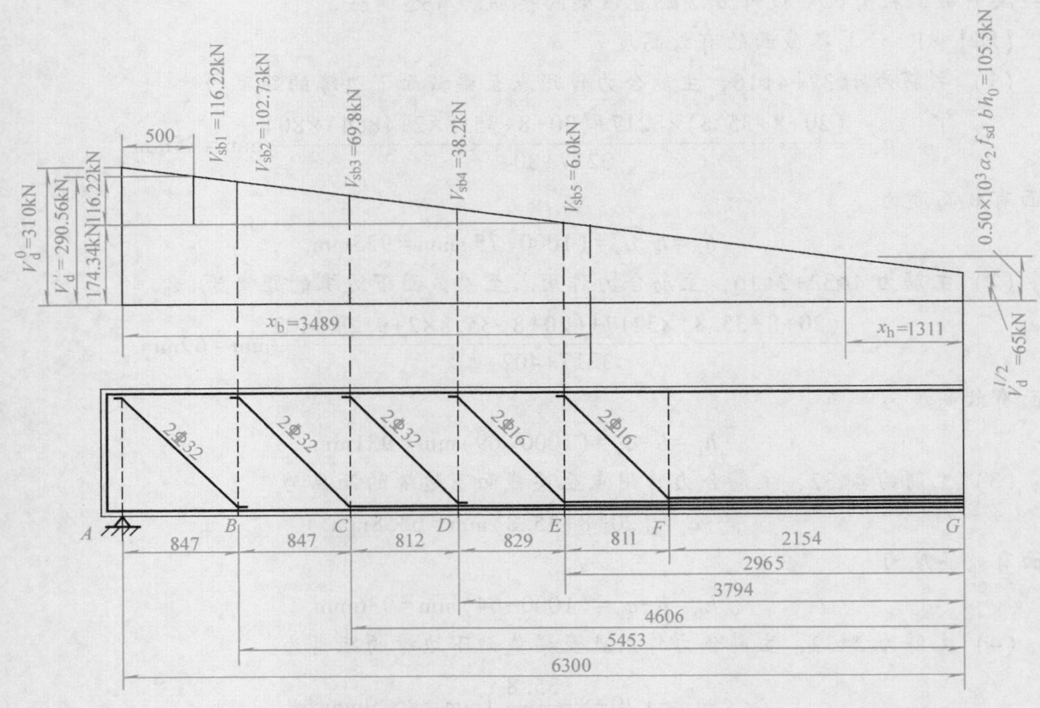

图 4-39　按抗剪承载力要求计算各排弯起钢筋的用量（尺寸单位：mm）

$$V_d'=\left[65+\frac{(310-65)\times(630-50)}{630}\right]\text{kN}=290.56\text{kN}$$

（3）最大剪力的分配

由混凝土与箍筋共同承担最大剪力 V_d'不少于 60%，即

$$V_{cs}'=0.6V_d'=0.6\times290.56\text{kN}=174.34\text{kN}$$

由弯起钢筋承担最大剪力 V_d'的 40%，即

$$V_{sb}'=0.4V_d'=0.4\times290.56\text{kN}=116.22\text{kN}$$

5. 配置弯起钢筋

（1）按比例关系，依剪力包络图计算需设置弯起钢筋的区段长度

$$x_b=\frac{(310-174.34)\times500}{310-290.56}\text{mm}=3489\text{mm}$$

（2）计算各排弯起钢筋截面积 A_{sb1}

1）计算第一排（对支座而言）弯起钢筋截面积。

$$V_{sb1}=V_{sb}'=116.22\text{kN}$$

梁内第一排弯起钢筋拟用补充斜筋 2⌀32，$f_{sd}=330\text{MPa}$，该排弯起钢筋截面面积需要量为

$$A_{sb1}=\frac{\gamma_0V_{sb1}}{0.75\times10^{-3}f_{sd}\sin\theta_s}=\frac{1\times116.22}{0.75\times10^{-3}\times330\times\sin45^\circ}\text{mm}^2=664.1\text{mm}^2$$

而 2⌀32 钢筋实际截面积 $A_{sb1}=1608\text{mm}^2>A_{sb1}=664.1\text{mm}^2$，满足抗剪要求。其弯起点为

B，弯终点落在支座中心 A 截面处，弯起钢筋与主钢筋的夹角 $\theta_s=45°$，弯起点 B 至点 A 的距离为

$$AB=1000\text{mm}-\left(20+8+25.1+\frac{35.8}{2}+20+8+35.8+\frac{35.8}{2}\right)\text{mm}=847\text{mm}$$

2）计算第二排弯起钢筋截面积 A_{sb2}。按比例关系，依剪力包络图计算第一排弯起钢筋弯起点 B 处由第二排弯起钢筋承担的剪力值为

$$V_{sb2}=\frac{(348.9-84.7)\times116.22}{348.9-50}\text{kN}=102.73\text{kN}$$

第二排弯起钢筋拟由主筋 2⌀32，$f_{sd}=330\text{MPa}$，该排弯起钢筋截面面积需要量为

$$A_{sb2}=\frac{\gamma_0 V_{sb2}}{0.75\times10^{-3}f_{sd}\sin\theta_s}=\frac{1\times102.73}{0.75\times10^{-3}\times330\times\sin45°}\text{mm}^2=587.0\text{mm}^2$$

而 2⌀32 钢筋实际截面积 $A_{sb2}=1608\text{mm}^2$ 大于需要面积 587.0mm^2，满足抗剪要求。其弯起点为 C，弯终点落在第一排弯起钢筋弯起点 B 截面处，弯起钢筋与主钢筋的夹角 $\theta_s=45°$，弯起 C 至点 B 的距离为

$$BC=AB=847\text{mm}$$

3）计算第三排弯起钢筋截面积 A_{sb3}。按比例关系，依剪力包络图计算第二排弯起钢筋弯起点 C 处由第三排弯起钢筋承担的剪力值

$$V_{sb3}=\frac{(348.9-84.7-84.7)\times116.22}{348.9-50}\text{kN}=69.8\text{kN}$$

第三排弯起钢筋拟用补充斜筋 2⌀32（$f_{sd}=330\text{MPa}$），该排弯起钢筋截面面积需要量为

$$A_{sb3}=\frac{\gamma_0 V_{sb3}}{0.75\times10^{-3}f_{sd}\sin\theta_s}=\frac{1\times69.8}{0.75\times10^{-3}\times330\times\sin45°}\text{mm}^2=398.8\text{mm}^2$$

而 2⌀32 钢筋实际截面积 $A_{sb3}=1608\text{mm}^2>A_{sb3}=398.8\text{mm}^2$，满足抗剪要求。其弯起点为 D，弯终点落在第二排弯起钢筋弯起点 C 截面处，弯起钢筋与主钢筋的夹角 $\theta_s=45°$，弯起点 D 至点 C 的距离为

$$CD=1000\text{mm}-\left(20+8+25.1+\frac{35.8}{2}+20+8+35.8+35.8+\frac{35.8}{2}\right)\text{mm}=812\text{mm}$$

4）计算第四排弯起钢筋截面积 A_{sb4}。按比例关系，依剪力包络图计算第三排弯起钢筋弯起点 D 处由第四排弯起钢筋承担的剪力值

$$V_{sb4}=\frac{(348.9-84.7-84.7-81.2)\times116.22}{348.9-50}\text{kN}=38.2\text{kN}$$

第四排弯起钢筋拟用补充斜筋 2⌀16（$f_{sd}=330\text{MPa}$），该排弯起钢筋截面面积需要量为

$$A_{sb4}=\frac{\gamma_0 V_{sb4}}{0.75\times10^{-3}f_{sd}\sin\theta_s}=\frac{1\times38.2}{0.75\times10^{-3}\times330\times\sin45°}\text{mm}^2=218.3\text{mm}^2$$

而 2⌀16 钢筋实际截面积 $A_{sb4}=402\text{mm}^2>218.3\text{mm}^2$，满足抗剪要求。其弯起点为 E，弯终点落在第三排弯起钢筋弯起点 D 截面处，弯起钢筋与主钢筋的夹角 $\theta_s=45°$，弯起点 E 至点 D 的距离为

$$DE=1000\text{mm}-\left(20+8+25.1+\frac{18.4}{2}+20+8+35.8+35.8+\frac{18.4}{2}\right)\text{mm}=829\text{mm}$$

5）计算第五排弯起钢筋截面积 A_{sb5}。按比例关系，依剪力包络图计算第四排弯起钢筋弯起点 E 处由第五排弯起钢筋承担的剪力值为

$$V_{sb5}=\frac{(348.9-84.7-84.7-81.2-82.9)\times116.22}{348.9-50}\text{kN}=6.0\text{kN}$$

第四排弯起钢筋拟用主筋 2⌀16（$f_{sd}=330\text{MPa}$），该排弯起钢筋截面面积需要量为

$$V_{sb5}=\frac{\gamma_0 V_{sb5}}{0.75\times10^{-3}f_{sd}\sin\theta_s}=\frac{1\times6.0}{0.75\times10^{-3}\times330\times\sin45°}\text{mm}^2=34.3\text{mm}^2$$

而 2⌀16 钢筋实际截面积 $A_{sb5}=402\text{mm}^2>34.3\text{mm}^2$，满足抗剪要求。其弯起点为 F，弯终点落在第三排弯起钢筋弯起点 E 截面处，弯起钢筋与主钢筋的夹角 $\theta_s=45°$，弯起点 F 至点 E 的距离为

$$EF=1000\text{mm}-\left(20+8+25.1+\frac{18.4}{2}+20+8+35.8+35.8+18.4+\frac{18.4}{2}\right)\text{mm}=811\text{mm}$$

第五排弯起钢筋弯起点 F 至支座中心 A 的距离为

$$\begin{aligned}AF&=AB+BC+CD+DE+EF=(847+847+812+829+811)\text{mm}\\&=4146\text{mm}>x_b=3489\text{mm}\end{aligned}$$

这说明第五排弯起钢筋弯起点 F 已超过需设置弯起钢筋的区段长 x_b 以外 657mm。弯起钢筋数量已满足抗剪承载力要求。

各排弯起钢筋弯起点至跨中截面 G 的距离如图 4-40 所示。

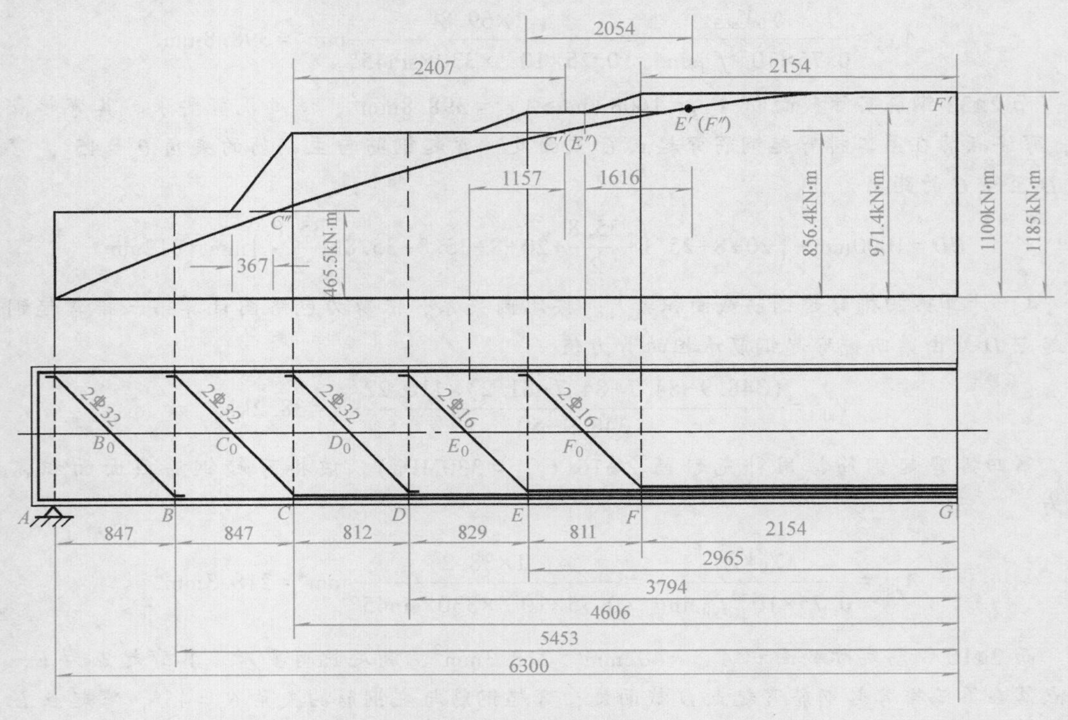

图 4-40　按抗弯承载能力要求检验各排弯起钢筋弯起点的位置（尺寸单位：mm）

$$x_B = BG = l/2 - AB = (6300-847)\,\text{mm} = 5453\text{mm}$$
$$x_C = CG = BG - BC = (5453-847)\,\text{mm} = 4606\text{mm}$$
$$x_D = DG = CG - CD = (4606-812)\,\text{mm} = 3794\text{mm}$$
$$x_E = EG = DG - DE = (3794-829)\,\text{mm} = 2965\text{mm}$$
$$x_F = FG = EG - EF = (2965-811)\,\text{mm} = 2154\text{mm}$$

6. 检验各排弯起钢筋的弯起点是否符合构造要求

（1）保证斜截面抗剪强度方面 从图 4-40 可以看出，对支座而言，梁内第一排弯起钢筋的弯终点已落在支座中心截面处以后，各排弯起钢筋的弯终点均落在前一排弯起钢筋的弯起点截面上，这些都符合《混凝土桥涵规范》的有关规定，即能满足斜截面抗剪承载力方面的构造要求。

（2）保证正截面抗剪承载力方面

1）支点弯矩 $M_d^0=0$，跨中弯矩 $M_a^{l/2}=1100\text{kN}\cdot\text{m}$，其他截面的设计弯矩可按二次抛物线公式 $M_x = M_d^{l/2}\left(1-\dfrac{4x^2}{l^2}\right)$ 计算，见表 4-6。

表 4-6 各排弯起钢筋弯起点的设计弯矩计算表

弯起钢筋序号	弯起点符号	弯起点至跨中截面距离 x_i/mm	各弯起点的设计弯矩/(kN·m) $M_x=\gamma_0 M_d^{l/2}\left(1-\dfrac{4x^2}{l^2}\right)$
跨中截面			$M_G=\gamma_0 M_d^{l/2}=1100$
5	F	$x_F=2154$	$M_F=1100\times\left(1-\dfrac{4\times215.4^2}{1260^2}\right)=971.4$
4	E	$x_E=2965$	$M_E=1100\times\left(1-\dfrac{4\times296.5^2}{1260^2}\right)=856.4$
3	D	$x_D=3794$	$M_D=1100\times\left(1-\dfrac{4\times379.4^2}{1260^2}\right)=701.1$
2	C	$x_C=4606$	$M_C=1100\times\left(1-\dfrac{4\times460.6^2}{1260^2}\right)=512.0$
1	B	$x_B=5453$	$M_B=1100\times\left(1-\dfrac{4\times545.3^2}{1260^2}\right)=275.9$

2）根据 M_x 值绘制设计弯矩图（图 4-40）。

3）计算各排弯起钢筋弯起点和跨中截面的抵抗弯矩。首先判别 T 形截面类型。

$$f_{sd}A_s = (330\times4021)\,\text{N} = 1326930\text{N}$$
$$f_{cd}b_f'h_f' = (13.8\times1500\times110)\,\text{N} = 2277000\text{N}$$

$f_{cd}b_f'h_f' > f_{sd}A_s$，说明跨中截面属于第一种 T 形截面，即可按单筋矩形截面 $b_f'\times h$ 计算。

其他截面的主筋截面面积均小于跨中截面的主筋截面面积，故各截面均属第一种 T 形截面，均可按单筋矩形截面 $b_f'\times h$ 计算。

随后计算各梁段抵抗弯矩，见表 4-7 中所列。

表 4-7　各梁段抵抗弯矩

梁段	主筋截面积 A_s/mm^2	截面有效高度 h_0/mm	混凝土受压区高度 x/mm $x=\frac{f_{sd}A_s}{f_{cd}b_f'}$	各梁段抵抗弯矩 $M_u/(kN \cdot m)$ $M_{ui}=A_sf_{sd}(h_0-0.5x)$
FG	4⏀32+4⏀16 $A_{s,\frac{1}{2}}=4021$	925	$x=\frac{330\times4021}{13.8\times1500}=64.1$	$M_{ui}=4021\times330\times(925-0.5\times64.1)\times10^{-6}=1185$
EF	4⏀32+2⏀16 $A_{s,EF}=3619$	931	$x=\frac{330\times3619}{13.8\times1500}=57.7$	$M_{ui}=3619\times330\times(931-0.5\times57.7)\times10^{-6}=1077$
CE	4⏀32 $A_{s,CE}=3217$	936	$x=\frac{330\times3217}{13.8\times1500}=51.3$	$M_{ui}=3217\times330\times(936-0.5\times51.3)\times10^{-6}=966$
AC	2⏀32 $A_{s,AC}=1608$	954	$x=\frac{330\times1608}{13.8\times1500}=25.6$	$M_{ui}=1608\times330\times(954-0.5\times25.6)\times10^{-6}=499$

根据 M_{ui} 值绘制抵抗弯矩图（图 4-40），可以看出设计弯矩图完全被包含在抵抗弯矩图之内，即每一截面满足 $\gamma_0 M_d<M_u$，这表明正截面抗弯承载力能得到保证。

（3）保证斜截面抗弯强度方面　各层纵向钢筋的充分利用点和不需要点位置计算，见表 4-8。

表 4-8　各层纵向钢筋的充分利用点和不需要点位置计算表　　（单位：mm）

各层纵向钢筋序号	对应充分利用点号	各充分利用点至跨中截面距离 x_i $x_i=\frac{L}{2}\sqrt{1-\frac{M_{ui}}{M_j^{L/2}}}$	对应不需要点号	各不需要点至跨中截面距离 x_i
5	F'	$x_{F'}=0$	F''	$x_{F''}=x_{E'}=911$
4	E'	$x_{E'}=6300\times\sqrt{1-\frac{1077}{1100}}=911$	E''	$x_{E''}=x_{C'}=2199$
2	C'	$x_C=6300\times\sqrt{1-\frac{966}{1100}}=2199$	C''	$x_{C''}=6300\times\sqrt{1-\frac{499}{1100}}=4657$

计算各排弯起钢筋与梁中心线的交点 C_0、E_0、F_0 的位置。

$$x_{C_0}=4606\text{mm}+[500-(20+8+35.8+35.8/2)]\text{mm}=5024\text{mm}$$

$$x_{E_0}=2965\text{mm}+[500-(20+8+2\times35.8+18.4/2)]\text{mm}=3356\text{mm}$$

$$x_{F_0}=2154\text{mm}+[500-(20+8+2\times35.8+18.4+18.4/2)]\text{mm}=2527\text{mm}$$

计算各排弯起钢筋弯起点至对应的充分利用点的距离、各排弯起钢筋与梁中心线交点至对应不需要点的距离，见表 4-9。

表 4-9　各排弯起钢筋弯起点至对应的充分利用点的距离　　（单位：mm）

各排纵向钢筋序号	弯起点至充分利用点距离	$\frac{h_0}{2}$	$(x_i-x_p)-\frac{h_0}{2}$	弯起钢筋与梁中心线交点至不需要点距离
5	$x_F-x_{F'}=2154-0=2154$	$\frac{925}{2}=462.5$	1691.5	$x_{F_0}-x_{F''}=2527-911=1616$

（续）

各排纵向钢筋序号	弯起点至充分利用点距离	$\frac{h_0}{2}$	$(x_i-x_p)-\frac{h_0}{2}$	弯起钢筋与梁中心线交点至不需要点距离
4	$x_E-x_{E'}=2965-911=2054$	$\frac{931}{2}=465.5$	1588.5	$x_{E_0}-x_{E''}=3356-2199=1157$
2	$x_C-x_{C'}=4606-2199=2407$	$\frac{936}{2}=468$	1939	$x_{C_0}-x_{C''}=5024-4657=367$

从表4-8可以看出，各排弯起钢筋弯起点均在该层钢筋充分利用点以外不小于$\frac{h_0}{2}$处，而且各排弯起钢筋与梁中心线的交点均在该层钢筋不需要点以外。

另外，如图4-40所示，在梁底，两侧有2根Φ32主筋不弯起，通过支座中心A，这两根主筋截面面积为1608mm^2，与主筋4Φ32+4Φ16，总截面积4021mm^2之比为0.4，大于20%，符合构造要求。

7. 配置箍筋

根据《混凝土桥涵规范》关于“钢筋混凝土梁应设置直径不小于8mm及1/4主筋直径的箍筋”的规定，本设计采用封闭式双肢箍筋，HPB300钢筋（$f_{sv}=250\text{MPa}$），直径为8mm，则$A_{sv}=2\times50.3=101\text{mm}^2$。

《混凝土桥涵规范》中又规定：“支承截面处，支座中心两侧各相当梁高1/2（即$h/2$）的长度范围内，箍筋间距不应大于100mm，直径不小于8mm”。本设计按照这些规定，各梁段箍筋最大间距不超过计算结果（表4-10）。对梁端，第1～9组箍筋间距取100mm，其他箍筋间距均取200mm。相应的最小配箍率：$\rho_{sv}=\frac{A_{sv}}{s_v b}=\frac{1.01}{20\times18}=0.0028>0.0018$，也符合构造要求。

表4-10　箍筋间距计算表

梁段	主筋截面积 A_s/mm^2	截面有效高度 h_0/mm	主筋配筋率P(%) $P=100\times\frac{A_s}{bh_0}$	箍筋最大间距s_v/mm $s_v=\frac{\alpha_1^2\alpha_3^2 0.2\times10^{-6}(2+0.6P)\sqrt{f_{cu,k}}A_{sv}f_{sv}bh_0^2}{(\xi\gamma_0V_d)^2}$
FG	4Φ32+4Φ16 $A_{s,\frac{1}{2}}=4021$	925	$P=\frac{100\times40.21}{18\times92.5}=2.415$	$s_v=\frac{1^2\times1.1^2\times0.2\times10^{-6}(2+0.6\times2.415)\sqrt{30}\times101\times250\times180\times925^2}{(0.6\times1\times290.6)^2}=585$
EF	4Φ32+2Φ16 $A_{s,EF}=3619$	931	$P=\frac{100\times36.19}{18\times93.1}=2.160$	$s_v=\frac{1^2\times1.1^2\times0.2\times10^{-6}(2+0.6\times2.160)\sqrt{30}\times101\times250\times180\times931^2}{(0.6\times1\times290.6)^2}=566$
CE	4Φ32 $A_{s,CE}=3217$	936	$P=\frac{100\times32.17}{18\times93.6}=1.909$	$s_v=\frac{1^2\times1.1^2\times0.2\times10^{-6}(2+0.6\times1.909)\sqrt{30}\times101\times250\times180\times936^2}{(0.6\times1\times290.6)^2}=546$
AC	2Φ32 $A_{s,AC}=1608$	954	$P=\frac{100\times16.09}{18\times95.4}=0.936$	$s_v=\frac{1^2\times1.1^2\times0.2\times10^{-6}(2+0.6\times0.936)\sqrt{30}\times101\times250\times180\times954^2}{(0.6\times1\times290.6)^2}=462$

4.4 应力、裂缝及变形计算

4.4.1 换算截面

4.4.1.1 换算截面的概念

由于钢筋混凝土是由钢筋和混凝土两种受力性能完全不同的材料组成，因此，钢筋混凝土受弯构件的应力计算就不能直接采用材料力学的方法。而需要通过换算截面的计算手段，把钢筋混凝土转换成均质弹性材料，即可以借助材料力学的方法进行计算。

根据钢筋混凝土受弯构件在施工阶段及正常使用荷载作用下的主要特征，可作如下的假定：

1）平截面假定。即假定梁在发生变形时，各截面仍保持为平面。

2）弹性体假定。钢筋混凝土受弯构件在第二工作阶段时，混凝土受压区的应力图形是平缓的曲线，但此时曲线并不丰满，与直线形相差不大，可以近似地看作直线分布，即受压区的应力与平均应变成正比。

3）受拉区出现裂缝后，受拉区的混凝土不参加工作，拉应力全部由钢筋承担。

4）每一种强度等级的混凝土，其拉、压弹性模量视为同一常数，不随应力大小而变，从而钢筋的弹性模量 E_s 和混凝土的弹性模量 E_c 之比为一常数值 α_{Es}，即 $\alpha_{Es}=\dfrac{E_s}{E_c}$。

根据上述基本假定，可得到钢筋混凝土单筋矩形受弯构件在第Ⅱ工作阶段的应力计算简图，如图 4-41 所示。

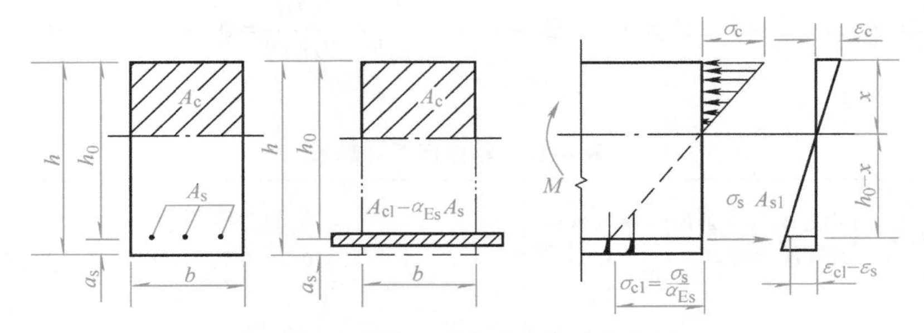

图 4-41 单筋矩形截面应力计算简图

分析表明，在钢筋与混凝土具有相同应变时，钢筋的应力为同位置混凝土应力的 α_{Es} 倍，即截面面积为 A_s 的受拉钢筋相当于截面面积为 $\alpha_{Es}A_s$ 的受拉混凝土的作用，$\alpha_{Es}A_s$ 即称为钢筋 A_s 的换算截面面积。

4.4.1.2 换算截面的几何特征表达式

1. 单筋矩形截面（图 4-41）

（1）换算截面面积 A_0

$$A_0=A_c+\alpha_{Es}A_s=bx+\alpha_{Es}A_s \tag{4-57}$$

式中 A_0——换算截面面积；

A_c——受压区混凝土面积；

b——矩形截面高度；

x——受压区高度。

(2) 换算截面内对中性轴的静矩 S_0

受压区

$$S_{0a}=\frac{1}{2}bx^2 \tag{4-58}$$

受拉区

$$S_{01}=\alpha_{Es}A_s(h_0-x) \tag{4-59}$$

式中　S_{0a}——受压区混凝土面积对中性轴的静矩；

S_{01}——受拉区混凝土面积对中性轴的静矩；

h_0——截面的有效高度，$h_0=h-a_s$，a_s 为钢筋重心至截面下边缘的距离。

(3) 换算截面惯性矩 I_0

$$I_0=\frac{1}{3}bx^3+\alpha_{Es}A_s(h_0-x)^2 \tag{4-60}$$

(4) 换算截面抵抗矩 W_0

对混凝土受压边缘

$$W_{0a}=\frac{I_0}{x} \tag{4-61}$$

对受拉钢筋重心处

$$W_{0g}=\frac{I_0}{h_0-x} \tag{4-62}$$

(5) 受压区高度 x　由受压区中性轴的静矩与受拉区对中性轴的静矩之代数和等于零，得

$$\frac{1}{2}bx^2-\alpha_{Es}A_s(h_0-x)=0 \tag{4-63}$$

解得

$$x=\frac{\alpha_{Es}A_s}{b}\left(\sqrt{1+\frac{2bh_0}{\alpha_{Es}A_s}}-1\right) \tag{4-64}$$

2. 双筋矩形截面

对于双筋矩形截面，截面变换的方法就是将受拉钢筋的截面 A_s 和受压钢筋截面 A_s'分别用两个假想的混凝土块代替，形成换算截面。它跟单筋矩形截面的不同之处，仅仅是受压区配置有受压钢筋，因此，双筋矩形截面的换算截面几何特性值的表达式可在单筋矩形截面的基础上，计入受压区钢筋换算截面 $\alpha_{Es}A_s'$即可。

3. 单筋 T 形截面（图 4-42）

(1) $x\leq h_f'$　表明中性轴位于翼缘内，此时，单筋 T 形截面可以按受压区翼缘宽度为 b_i' 的单筋矩形截面的有关公式进行计算。

(2) $x>h_f'$　表明中性轴位于翼缘之外的梁肋内，此时，梁肋有一部分在受压区，计算公式如下：

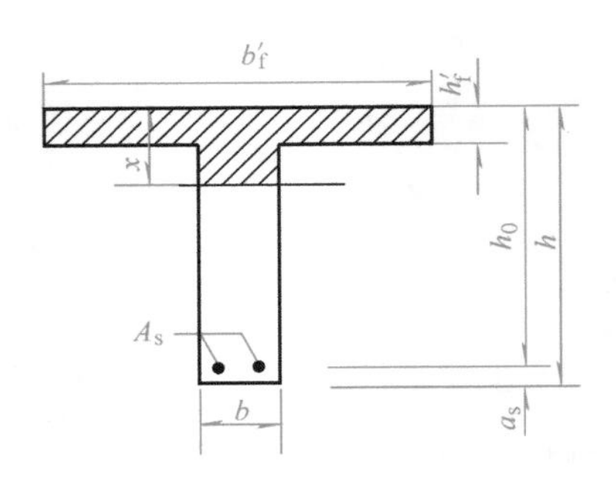

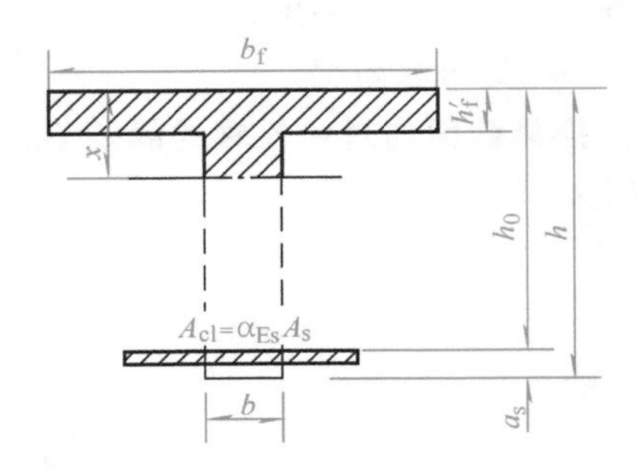

图 4-42 单筋 T 形截面

1）换算截面面积 A_0。

$$A_0 = bx + (b_f' - b)h_f' + \alpha_{Es}A_s \tag{4-65}$$

式中 b——T 形截面腹板高度；

b_f'——T 形截面受压区翼缘计算宽度；

h_f'——T 形截面受压区翼缘厚度。

2）换算截面内对中性轴的静矩 S_0。

受压区

$$S_{0a} = \frac{1}{2}bx^2 + (b_f' - b)h_f' \times \left(x - \frac{1}{2}h_f'\right) \tag{4-66}$$

受拉区

$$S_{01} = \alpha_{Es}A_s(h_0 - x) \tag{4-67}$$

3）换算截面惯性矩 I_0。

$$I_0 = \frac{1}{3}b_f'x^3 - \frac{1}{3}(b_f' - b)(x - h_f')^3 + \alpha_{Es}A_s(h_0 + x)^2 \tag{4-68}$$

4）换算截面抵抗矩 W_0。

对混凝土受压边缘

$$W_{0a} = \frac{I_0}{x} \tag{4-69}$$

对受拉钢筋重心处

$$W_{01} = \frac{I_0}{h_0 - x} \tag{4-70}$$

5）受压区高度 x。由 $S_{0a} - S_{01} = 0$，得

$$\frac{1}{2}bx^2 + (b_f' - b)h_f' \times \left(x - \frac{1}{2}h_f'\right) = \alpha_{Es}A_s(h_0 - x) \tag{4-71}$$

解此一元二次方程即可得到 x。

4.4.2 短暂状况构件的应力计算

对于钢筋混凝土受弯构件，《混凝土桥涵规范》要求进行短暂状况（施工阶段）的应力计算。

桥梁构件按短暂状况设计时，应计算其在制作、运输及安装等施工阶段由自重、施工荷

载等引起的正截面和斜截面的应力，并不应超过规定的限值。施工荷载除有特别规定外均采用标准值，当有组合时不考虑荷载组合系数。

当用吊机（车）行驶于桥梁进行安装时，应对已安装就位的构件进行验算，吊机（车）应乘以 1.15 的荷载系数，但当由吊机（车）产生的效应设计计算值小于按持久状况承载能力极限状态计算的荷载效应组合设计值时，则可不必验算。

钢筋混凝土受弯构件，在施工阶段，可以利用前述方法把构件正截面变换成换算截面，也就变成了材料力学所研究的均质弹性材料，即可用材料力学的方法进行计算。

需要注意的是，进行施工阶段的应力计算时，其支承条件可能与使用阶段不同。如图 4-43a 所示简支梁，当采用双吊点起吊时，其支承情况如图 4-43b 所示。

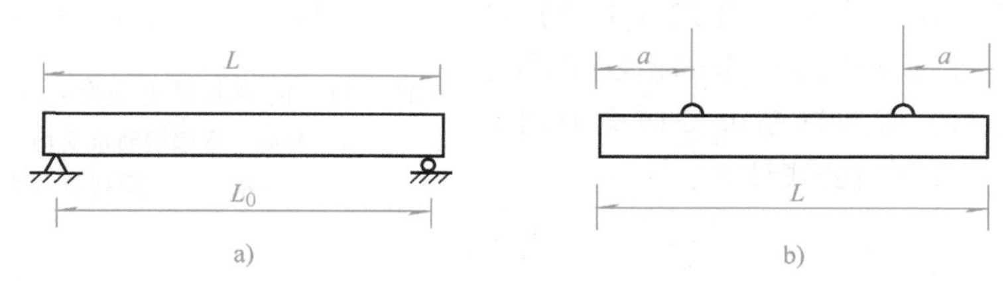

图 4-43 构件吊装

1. 正应力计算

(1) 受压区混凝土边缘的压应力

$$\sigma_{cc}^{t}=\frac{M_{k}^{t}x_{0}}{I_{cr}}\leqslant 0.80f'_{ck} \tag{4-72}$$

(2) 受拉钢筋的应力

$$\sigma_{si}^{t}=\alpha_{Es}\frac{M_{k}^{t}(h_{0i}-x_{0})}{I_{cr}}\leqslant 0.75f_{sk} \tag{4-73}$$

式中 M_{k}^{t}——由临时施工荷载标准值产生的弯矩值；

x_0——换算截面的受压区高度，按换算截面受压区和受拉区对中性轴面积矩相等的原则求得；

I_{cr}——开裂截面换算截面的惯性矩，根据已求得的受压区高度 x_0，按开裂截面换算截面对中性轴惯性矩之和求得；

f'_{ck}——施工阶段相应于混凝土立方体抗压强度 f'_{cu} 的混凝土轴心抗压强度标准值，按规范以直线内插取用；

σ_{si}^{t}——按短暂状况计算时受拉区第 i 层钢筋的应力；

h_{0i}——受压区边缘至受拉区第 i 层钢筋截面重心的距离；

f_{sk}——普通钢筋抗拉强度标准值。

由于多层钢筋布置时最外一层钢筋的应力最大，工程中，一般仅需验算最外一层受拉钢筋的应力。

2. 主应力计算

钢筋混凝土受弯构件中性轴处的主拉应力（切应力）σ_{tp}^{t} 应符合下式规定。

$$\sigma_{tp}^{t}=\frac{V_{k}^{t}}{bZ_{0}}\leqslant f'_{tk} \tag{4-74}$$

V_k^t——由施工荷载标准值产生的剪力值；

b——矩形截面宽度、T形或I形截面腹板宽度；

Z_0——受压区合力点至受拉钢筋合力点的距离，按受压区应力图形为三角形确定；

f'_{tk}——施工阶段相应龄期混凝土轴心抗拉强度标准值。

当钢筋混凝土受弯构件中性轴处的主拉应力符合下式条件时，该区段的主拉应力全部由混凝土承受，此时抗剪钢筋按构造要求配置。

$$\sigma_{tp}^t \leqslant 0.25 f'_{tk} \tag{4-75}$$

中性轴处的主拉应力不符合式（4-75）的区段，则主拉应力（切应力）全部由箍筋和弯起钢筋承担。箍筋、弯起钢筋可按切应力图配置（图4-44），并按下列公式计算：

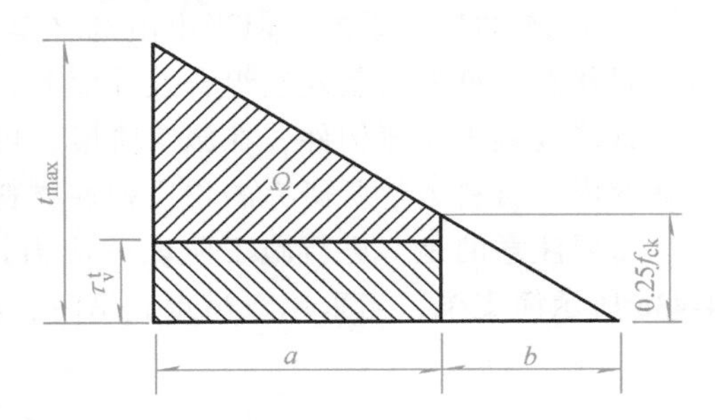

图4-44　钢筋混凝土受弯构件切应力图分配
a—箍筋、弯起钢筋承受切应力的区段
b—混凝土承受切应力的区段

（1）箍筋

$$\tau_v^t = \frac{nA_{sv1}[\sigma_s^t]}{bs_v} \tag{4-76}$$

（2）弯起钢筋

$$A_{sb} \geqslant \frac{b\Omega}{[\sigma_s^t]\sqrt{2}} \tag{4-77}$$

式中　τ_v^t——由箍筋承受的主拉应力（切应力）值；

n——同一截面内箍筋的肢数；

A_{sv1}——一肢箍筋的截面面积；

$[\sigma_s^t]$——短暂状况时钢筋应力的限值，取$0.75f_{sk}$；

s_v——箍筋的间距；

A_{sb}——弯起钢筋的总截面面积；

Ω——相应于由弯起钢筋承受的切应力图的面积。

【例4-8】　某装配式钢筋混凝土简支T形梁，计算截面及配筋如图4-45所示。在构件重力作用下所产生的弯矩$M_{1Gd}=169\text{kN}\cdot\text{m}$，采用C30混凝土、HRB400钢筋，焊接钢筋骨架，箍筋ϕ8，试校核此梁截面在施工阶段的强度。

【解】　如图4-45所示，$a_s=75\text{mm}$，$h_0=h-a_s=(1000-75)\text{mm}=925\text{mm}$，$A_s=4021\text{mm}^2$。

$$\alpha_{Es}=\frac{E_s}{E_1}=\frac{2\times10^5}{3.0\times10^4}=6.67$$

1. 截面几何特征的计算

换算截面面积为

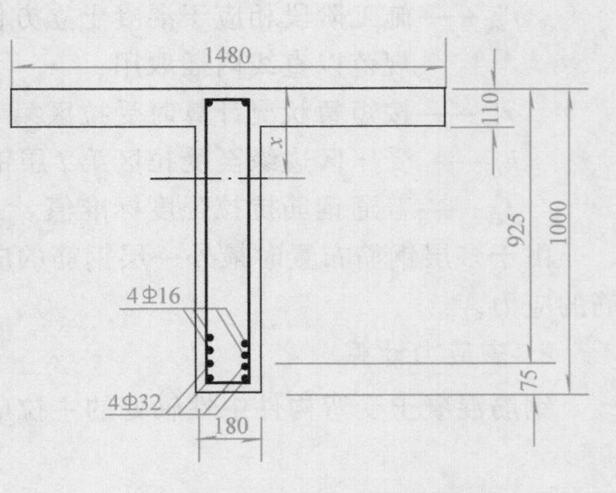

图4-45　T形梁计算截面

$$A_0=bx+(b_f'-b)h_f'+\alpha_{Es}A_s=180x+(1480-180)\times110+6.67\times4021=169820+180x$$

2. 求 x

由于 $S_{0a}=S_{0l}$，即

$$\frac{1}{2}bx^2+(b_f'-b)h_f'\times\left(x-\frac{1}{2}h_f'\right)=\alpha_{Es}A_s(h_0-x)$$

$$\frac{1}{2}\times180x^2+(1480-180)\times110\times\left(x-\frac{1}{2}\times110\right)=6.67\times4021\times(925-x)$$

解此一元二次方程，可得 $x=176\text{mm}$。

$x=176\text{mm}>h_f'=110\text{mm}$，说明此T形截面属于第二种T形截面。

换算截面对中性轴的惯性矩

$$I_0=\frac{1}{3}b_f'x^3-\frac{1}{3}(b_f'-b)(x-h_f')^3+\alpha_{Es}A_s(h_0-x)^2$$

$$=\left[\frac{1}{3}\times1480\times176^3-\frac{1}{3}\times(1480-180)\times(176-110)^3+6.67\times4021\times(925-176)^2\right]\text{mm}^4$$

$$=1.49\times10^{10}\text{mm}^4$$

3. 施工阶段构件截面应力验算

受压区混凝土边缘的压应力（取 $f_{ck}'=0.80f_{ck}$）

$$\sigma_{cc}^t=\frac{M_k^t x_0}{I_{cr}}=\frac{1.69\times10^8\times176}{1.49\times10^{10}}\text{MPa}=2.00\text{MPa}\leqslant0.80f_{ck}'=0.80\times20.1\text{MPa}=16.08\text{MPa}$$

最外一层受拉钢筋的应力

$$\sigma_{si}^t=\alpha_{Es}\frac{M_k^t(h_{0i}-x_0)}{I_{cr}}$$

$$=6.67\times\frac{1.69\times10^8\times\left(1000-20-8-\frac{35.8}{2}-176\right)}{1.49\times10^{10}}\text{MPa}$$

$$=57.5\text{MPa}\leqslant0.75f_{sk}=0.75\times400\text{MPa}=300\text{MPa}$$

混凝土与钢筋应力均小于限值，符合要求。

4.4.3 裂缝计算

混凝土的抗拉强度很低，在不大的拉应力作用下就可能出现裂缝。

1. 裂缝产生的原因及裂缝的种类

钢筋混凝土结构的裂缝按其产生的原因可分为以下几类：

（1）由荷在效应（如弯矩、剪力等）引起的裂缝 这类裂缝是由于构件下缘拉应力超过混凝土抗拉强度而使受拉区混凝土产生的裂缝。

（2）由外加变形或约束变形引起的裂缝 外加变形或约束变形一般有地基的不均匀沉降、混凝土的收缩及温度差等。约束变形越大，裂缝宽度越大。

（3）钢筋锈蚀裂缝 由于保护层混凝土炭化或冬季施工中掺氯盐过多导致钢筋锈蚀，锈蚀产物的体积比钢筋被侵蚀前的体积大2~3倍，这种体积膨胀使外围混凝土产生相当大的拉应力，引起混凝土的开裂，甚至是混凝土保护层的剥落。

第一类裂缝总是要产生的，习惯上称之为正常裂缝；后两类称为非正常裂缝。过多的裂缝或过大的裂缝宽度会影响结构的外观，造成使用者的不安。同时，某些裂缝的发生或发展，将会影响结构的使用寿命。为了保证钢筋混凝土构件的耐久性，必须在设计、施工等方面控制裂缝。对于非正常裂缝，只要在设计与施工中采取相应的措施，大部分是可以限制并被克服的，而正常裂缝则需要进行裂缝宽度的验算。

2. 钢筋混凝土裂缝宽度的计算公式

对矩形、T 形和 I 形截面钢筋混凝土受弯构件，其最大裂缝宽度 W_{fk} 可按下列公式计算：

$$W_{fk}=C_1C_2C_3\frac{\sigma_{ss}}{E_s}\left(\frac{c+d}{0.30+1.4\rho_{te}}\right) \tag{4-78}$$

$$\rho=\frac{A_s}{bh_0+(b_f-b)h_f} \tag{4-79}$$

式中　C_1——钢筋表面形状系数，对光面钢筋 $C_1=1.4$，对带肋钢筋 $C_1=1.0$；

C_2——作用（或荷载）长期效应影响系数，$C_2=1+0.5\frac{M_l}{M_s}$，其中 M_l 和 M_s 分别为按作用（或荷载）准永久组合和频遇组合计算的弯矩设计值；

C_3——与构件受力性质有关的系数，当为钢筋混凝土板式受弯构件时，$C_3=1.15$，其他受弯构件 $C_3=1.0$；

σ_{ss}——钢筋应力，$\sigma_{ss}=\frac{M_s}{0.87A_sh_0}$，$M_s$ 为按作用频遇组合计算的弯矩值；

c——最外排纵向受拉钢筋的混凝土保护层厚度（mm），当 $c>50$mm 时，取 50mm；

d——纵向受拉钢筋直径（mm），当用不同直径的钢筋时，d 改用换算直径 d_e，$d_e=\frac{\sum n_id_i^2}{\sum n_id_i}$，$n_i$ 为受拉区第 i 种普通钢筋的根数，d_i 为受拉区第 i 种普通钢筋的公称直径，对焊接钢筋骨架，其钢筋直径应乘以 1.3 的系数；

b_f——构件受拉翼缘宽度；

h_f——构件受拉翼缘厚度；

ρ——纵向受拉钢筋配筋率，当 $\rho>0.02$ 时，取 $\rho=0.02$；当 $\rho<0.006$ 时，取 $\rho=0.006$；

ρ_{te}——纵向受拉钢筋的有效配筋率，$\rho_{te}=\frac{A_s}{A_{te}}$，对钢筋混凝土构件，当 $\rho_{te}>0.1$ 时，取 $\rho_{te}=0.1$；当 $\rho_{te}<0.01$ 时，取 $\rho_{te}=0.01$。式中 A_{te} 为有效受拉混凝土截面面积（单位：mm^2），对受弯构件 $A_{te}=2a_sb$，其中 a_s 为受拉钢筋重心至受拉边缘的距离；对矩形截面，b 为截面宽度，对有受拉翼缘的倒 T 形、I形截面，b 为受拉边有效翼缘宽度。

钢筋混凝受弯构件，在正常使用极限状态下的裂缝宽度，应按作用（或荷载）频遇组合并考虑长期效应影响进行验算。其计算的最大裂缝宽度不应超过下列规定的限值：

(1) **Ⅰ类、Ⅱ类和Ⅶ类环境**　0.20mm。

(2) **Ⅲ类、Ⅳ类和Ⅵ类环境**　0.15mm。

(3) **Ⅴ类环境**　0.10mm。

【例 4-9】 某装配式钢筋混凝土简支 T 形梁桥，其跨中截面尺寸 $b=180\text{mm}$，$h=1300\text{mm}$，$b_f'=1500\text{mm}$，$h_f'=120\text{mm}$，配置纵向受拉钢筋 8⌀32+2⌀16（$A_s=6836\text{mm}^2$），$a_s=104\text{mm}$；主梁按作用准永久组合计算的弯矩为 $M_1=596.04\text{kN}\cdot\text{m}$（未计入汽车冲击系数），按作用频遇组合计算的弯矩 $M_s=751\text{kN}\cdot\text{m}$。主梁处于一般Ⅱ类使用环境中，其容许裂缝宽度 $[W_{f,\max}]=0.2\text{mm}$。

【解】 根据题意，$h_0=1300-104=1196\text{mm}$。

系数取用：$C_1=1.0$，$C_3=1.0$，$C_2=1+0.5\dfrac{M_1}{M_s}=1+0.5\times\dfrac{596.04}{751}=1.397$。

钢筋重心处拉应力为

$$\sigma_{ss}=\frac{M_s}{0.87A_sh_0}=\frac{751\times10^6}{0.87\times6836\times1196}=105.58\text{MPa}$$

换算直径为

$$d_e=\frac{\Sigma n_id_i^2}{\Sigma n_id_i}=\frac{8\times32^2+2\times16^2}{8\times32+2\times16}\text{mm}=30.22\text{mm}$$

有效受拉混凝土截面面积为 $A_{te}=2a_sb=2\times104\times180=37440\text{mm}^2$

纵向受拉钢筋的有效配筋率 ρ_{te} 为 $\rho_{te}=\dfrac{A_s}{A_{te}}=\dfrac{6836}{37440}=0.183$，取 $\rho_{te}=0.1$

钢筋弹性模量 $E_s=2.0\times10^5$

跨中截面最大裂缝宽度为

$$W_{fk}=C_1C_2C_3\frac{\sigma_{ss}}{E_s}\left(\frac{c+d}{0.30+1.4\rho_{te}}\right)=1\times1.397\times1\times\frac{105.58}{2.0\times10^5}\times\left(\frac{20+8+1.3\times30.22}{0.30+1.4\times0.1}\right)\text{mm}$$

$$=0.11\text{mm}<0.2\text{mm}$$

满足要求。

4.4.4 变形计算

在荷载作用下的受弯构件，如果变形过大，将会影响结构的正常使用。如桥梁上部结构的挠度过大，梁端的转角亦大，车辆通过时，不仅要发生冲击，而且要破坏伸缩缝两侧的桥面，影响结构的耐久性。桥面铺装的过大变形将会引起车辆的颠簸和冲击，起着对桥梁结构不利的加载作用。所以在设计这些构件时，必须根据不同要求，把它们的弯曲变形控制在规范规定的容许值以内。

1. 钢筋混凝土受弯构件的刚度

对于普通的匀质弹性梁在不同荷载作用下的变形（挠度）计算，可用材料力学中的相应公式求解。如在均布荷载作用下，简支梁的最大挠度为

$$f=\frac{5}{384}\times\frac{ql^4}{EI} \tag{4-80}$$

当集中荷载作用在简支梁跨中时，梁的最大挠度为

$$f=\frac{1}{48}\times\frac{Pl^3}{EI} \tag{4-81}$$

由上述公式可以看出，不论荷载形式和大小如何，梁的挠度 f 总是与 EI 值成反比。EI 值愈大，挠度 f 就愈小；反之，挠度 f 就加大。EI 值反映了梁的抵抗弯曲变形的能力，故 EI 称为**受弯构件的抗弯刚度**。

钢筋混凝土受弯构件在使用荷载作用下的变形（挠曲）计算，可按式（4-80）、式（4-81）进行。但是，在应用时，还需要认真考虑和正确反映钢筋混凝土材料的特殊本质，这就是钢筋混凝土是由两种不同性质的材料所组成。混凝土是一种非匀质弹塑性体，受力后除弹性变形外，还有塑性变形。钢筋混凝土受弯构件在使用荷载作用下会产生裂缝，其受拉区成为非连续体，这就决定了钢筋混凝土受弯构件的变形（挠度）计算中涉及的抗弯刚度不能直接采用匀质弹性梁的抗弯刚度 EI。

钢筋混凝土受弯构件的抗弯刚度通常用 B 表示，计算公式如下。

$$B=\frac{B_0}{\left(\frac{M_{cr}}{M_s}\right)^2+\left[1-\left(\frac{M_{cr}}{M_s}\right)^2\right]\frac{B_0}{B_{cr}}} \tag{4-82}$$

式中 B——开裂构件等效截面的抗弯刚度；

B_0——全截面的抗弯刚度，$B_0=0.95E_cI_0$，I_0 为全截面的换算截面惯性矩；

B_{cr}——开裂截面的抗弯刚度，$B_{cr}=E_cI_{cr}$，I_{cr} 为开裂截面的换算截面惯性矩；

M_{cr}——开裂弯矩，按式（4-83）计算。

$$M_{cr}=\gamma f_{tk}W_0 \tag{4-83}$$

式中 γ——构件受拉区混凝土塑性影响系数，按式（4-84）计算；

f_{tk}——混凝土轴心抗拉强度标准值；

W_0——开裂前换算截面抗裂边缘的弹性抵抗矩。

$$\gamma=\frac{2S_0}{W_0} \tag{4-84}$$

式中 S_0——全截面换算截面重心轴以上（或以下）部分面积对重心轴的面积矩。

2. 钢筋混凝土受弯构件的挠度计算

确定了钢筋混凝土梁的刚度之后，即可采用材料力学公式进行挠度计算，但须将 EI 用 B 代替，即

$$f=\frac{5}{384}\times\frac{ql^4}{B} \tag{4-85}$$

$$f=\frac{1}{48}\times\frac{Pl^3}{B} \tag{4-86}$$

但是，钢筋混凝土受弯构件各截面承受的弯矩和配筋都不相同，刚度沿梁长度是变化的，严格按变刚度来计算梁的挠度，将使计算工作复杂化。为了简化计算，可偏于安全的认为，在弯矩符号相同的区段内刚度是相等的，计算时取区段中弯矩最大处的刚度，这一计算原则称为“最小刚度原则”。这一原则对于连续梁的挠度计算仍然适用。

理论分析表明，在计算跨度内的支座截面刚度不大于跨中截面刚度的 2 倍或不小于跨中截面刚度 1/2 的情况下，若按该跨为等刚度，且构件刚度取跨中最大弯矩截面刚度（即跨中区段的最小刚度），则计算结果与按上述“最小刚度原则”的计算结果相比，其误差不会大于 5%。因此，《混凝土桥涵规范》规定，当计算跨度内的支座截面刚度不大于跨中截面

刚度的 2 倍或不小于跨中截面刚度的 1/2 时，该跨也可按等刚度构件进行计算，其构件刚度可取跨中最大弯矩截面刚度。

以上主要介绍了荷载频遇组合下的刚度和挠度计算问题。在荷载长期效应组合下，构件挠度会因受压混凝土的徐变而增大。因此，受弯构件在使用阶段的挠度应考虑荷载长期效应的影响，即按荷载频遇组合计算的挠度值，乘以挠度长期增长系数 η_θ。挠度长期增长系数可按下列规定取用：当采用 C40 以下混凝土时，$\eta_\theta=1.60$；当采用 C40~C80 以下混凝土时，$\eta_\theta=1.45\sim1.35$，中间强度等级可按直线内插取用。

钢筋混凝土和预应力混凝土受弯构件按上述计算的长期挠度值，在消除结构自重产生的长期挠度后，梁式主梁的最大挠度处不应超过计算跨径的 1/600；梁式桥主梁的悬臂端不应超过悬臂长度的 1/300。

3. 预拱度的设置

对于钢筋混凝土梁式桥，梁的变形是由结构重力和可变荷载两部分荷载作用产生的。《混凝土桥涵规范》对受弯构件主要计称汽车荷载（不计冲击力）和人群荷载频遇组合并考虑长期效应影响的挠度值，且应满足限值。对结构重力引起的挠度，一般通过在施工时设置预拱度的办法来消除。

当由荷载频遇组合并考虑荷载长期效应影响产生的长期挠度不超过计算跨径的 1/1600 时，可不设预拱度，反之，则要设预拱度。预拱度的值按结构自重和 1/2 可变荷载频遇值计算的长期挠度值之和采用，并做成平顺曲线。汽车荷载频遇值为汽车荷载标准值的 0.7 倍。

【例 4-10】 某装配式钢筋混凝土简支 T 形梁，其计算跨径为 19.5m，截面尺寸为 $b=180\text{mm}$，$h=1350\text{mm}$，$b_f'=1500\text{mm}$，$h_f'=110\text{mm}$，采用 C30 混凝土（$f_{cd}=13.8\text{MPa}$）、HRB400 钢筋（8⌀32，$A_s=64.34\text{cm}^2$，$f_{sd}=330\text{MPa}$，$a_s=99\text{mm}$）。焊接钢筋骨架。由结构自重引起的跨中弯矩值：$M_{G1k}=766\text{kN}\cdot\text{m}$，由汽车引起的跨中弯矩值：$M_{Q1k}=555.3\text{kN}\cdot\text{m}$。试计算在使用荷载作用下此 T 形梁的跨中挠度。

【解】 1. 确定基本数据

C30 混凝土弹性模量 $E_c=3.0\times10^4\text{MPa}$；弹性模量比 $\alpha_{Es}=6.67$；翼缘平均厚度 $h_f'=\frac{10+80}{2}\text{mm}=110\text{mm}$；截面有效高度：$h_0=h-a_s=(1350-99)\text{mm}=1251\text{mm}$。

2. 确定换算截面的几何特征值

换算截面面积为

$$A_0=bx+(b_f'-b)h_f'+\alpha_{Es}A_s=180x+(1500-180)\times110+6.67\times6434=188115+180x$$

由于 $S_{0a}=S_{01}$，即

$$\frac{1}{2}bx^2+(b_f'-b)h_f'\times\left(x-\frac{1}{2}h_f'\right)=\alpha_{Es}A_s(h_0-x)$$

$$\frac{1}{2}\times180x^2+(1500-180)\times110\times\left(x-\frac{1}{2}\times110\right)=6.67\times6434\times(1251-x)$$

解此一元二次方程，可得 $x=288\text{mm}$。

$x=288\text{mm}>h_f'=110\text{mm}$，说明此 T 形截面属于第二种 T 形截面。

全截面的换算惯性矩为

$$I_0=\frac{1}{3}b_f'x^3-\frac{1}{3}(b_f'-b)(x-h_f')^3+\frac{1}{3}b(h-x)^3+\alpha_{Es}A_s(h_0-x)^2$$

$$=\left[\frac{1}{3}\times1500\times288^3-\frac{1}{3}\times(1500-180)\times(288-110)^3+\frac{1}{3}\times180\times(1350-288)^3+6.67\times6434\times(1251-288)^2\right]\mathrm{mm}^4=1.211\times10^{11}\mathrm{mm}^4$$

开裂截面的换算惯性矩为

$$I_{Cr}=\frac{1}{3}b_f'x^3-\frac{1}{3}(b_f'-b)(x-h_f')^3+\alpha_{Es}A_s(h_0-x)^2$$

$$=\left[\frac{1}{3}\times1500\times288^3-\frac{1}{3}\times(1500-180)\times(288-110)^3+6.67\times6434\times(1251-288)^2\right]\mathrm{mm}^4$$

$$=4.926\times10^{10}\mathrm{mm}^4$$

换算截面对中性轴的面积矩为

$$S_0=2\times\frac{1}{2}bx^2+2\times(b_f'-b)h_f'\times\left(x-\frac{1}{2}h_f'\right)$$

$$=\left[180\times288^2+2\times(1500-180)\times110\times\left(288-\frac{1}{2}\times110\right)\right]\mathrm{mm}^3$$

$$=82.59\times10^6\mathrm{mm}^3$$

换算截面抗裂边缘的弹性抵抗矩为

$$W_0=\frac{I_0}{(h_0-x)}=\frac{1.211\times10^{11}}{1251-288}\mathrm{mm}^3=1.258\times10^8\mathrm{mm}^3$$

3. 计算抗弯刚度

$$\gamma=\frac{2S_0}{W_0}=\frac{2\times82.59\times10^6}{1.258\times10^8}=1.313$$

对 C30 混凝土，$f_{tk}=2.01\mathrm{MPa}$。

$$M_{cr}=\gamma f_{tk}W_0=(1.313\times2.01\times1.258\times10^8)\mathrm{N\cdot mm}=332.0\times10^6\mathrm{N\cdot mm}=332.0\mathrm{kN\cdot m}$$

全截面的抗弯刚度为

$$B_0=0.95E_cI_0=0.95\times3.0\times10^4\times1.211\times10^{11}\mathrm{N\cdot mm^2}=3.451\times10^{15}\mathrm{N\cdot mm^2}$$

开裂截面的抗弯刚度为

$$B_{cr}=E_cI_{cr}=3.0\times10^4\times4.926\times10^{10}\mathrm{N\cdot mm^2}=1.478\times10^{15}\mathrm{N\cdot mm^2}$$

正常使用极限状态的作用频遇组合 M_s 为

$$M_s=M_{G1k}+0.7\times M_{Q1k}=(766+0.7\times555.3)\ \mathrm{kN\cdot m}=1154.7\mathrm{kN\cdot m}$$

$$B=\frac{B_0}{\left(\frac{M_{cr}}{M_s}\right)^2+\left[1-\left(\frac{M_{cr}}{M_s}\right)^2\right]\frac{B_0}{B_{cr}}}$$

$$=\frac{3.451\times10^{15}}{\left(\frac{332.0}{1154.7}\right)^2+\left[1-\left(\frac{332.0}{1154.7}\right)^2\right]\times\frac{3.451\times10^{15}}{1.478\times10^{15}}}\mathrm{N\cdot mm^2}$$

$$=1.42\times10^{15}\text{N}\cdot\text{mm}^2$$

4. 跨中挠度的计算

(1) 作用频遇组合引起的跨中挠度

$$f_s=\frac{5}{48}\times M_s\times\frac{l^2}{B}=\frac{5}{48}\times1154.7\times10^6\times\frac{19500^2}{1.42\times10^{14}}\text{mm}=32.2\text{mm}$$

结构自重产生的长期挠度

$$f_Q=\frac{5}{48}\times M_G\times\frac{l^2}{B}\times\eta_\theta=\frac{5}{48}\times766\times10^6\times\frac{19500^2}{1.42\times10^{15}}\times1.6=34.2\text{mm}$$

由汽车荷载(不计冲击力)频遇组合计算的长期挠度为

$$f_Q=f_l-f_G=32.2\times1.6-34.2=17.3\text{mm}<\frac{l}{600}=\frac{19500}{600}\text{mm}=32.5\text{mm}$$

(2) 作用准永久组合引起的跨中挠度 C40 以下混凝土时,$\eta_\theta=1.60$。

$$f_l=\eta_\theta f_s=1.6\times32.2\text{mm}=51.52\text{mm}>\frac{L}{1600}=\frac{19500}{1600}\text{mm}=12.2\text{mm}$$

汽车荷载的频遇值系数为 0.7,故跨中应设置预拱度值

$$f=\left[1.6\times\frac{5}{48}\left(766\times10^6+\frac{1}{2}0.7\times555.3\times10^6\right)\times\frac{19500^2}{1.42\times10^{15}}\right]\text{mm}=42.9\text{mm}$$

警示园地——大连某工程大梁断裂塌落事故

工程概况:

大连某工程是建筑面积为 137m^2 的单层砖混结构,屋盖结构为 1.5m×6m 大型屋面板,搁置在 250mm×650mm×7800mm 的现浇钢筋混凝土屋面大梁上,如图 4-46 所示。

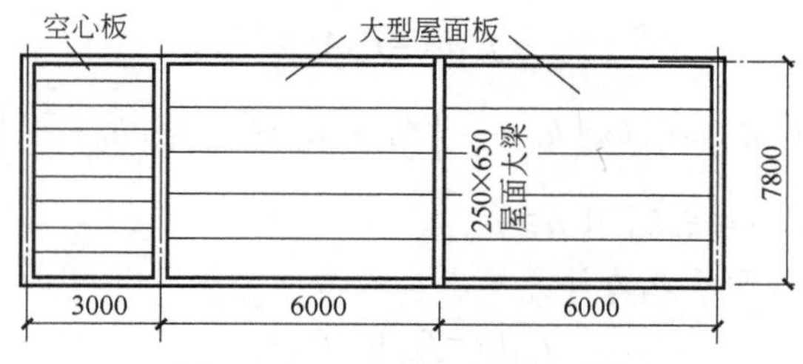

图 4-46 大连某工程屋盖结构

事故描述:

该工程于 2000 年 11 月 20 日开工,在 2001 年 1 月发现裂缝,裂缝多为斜向,裂缝方向与轴线的夹角很小,裂缝很平,裂缝宽度在梁端附近约 0.5~1.2mm,近跨中约 0.1~0.5mm,裂缝如图 4-47 所示。2001 年 2 月 14 日上午 12 时突然发生大梁断裂塌落事故,造成梁下 5 名施工人员伤亡(其中 2 人死亡)。

图 4-47　梁的裂缝

事故原因：

(1) 材料不合格。梁设计时为 C30 混凝土，事后鉴定强度等级只有 C12.5 左右。在梁的断口处可清楚地看出骨料中混有鸽蛋大小的黏土块、石灰颗粒和树叶等杂质。

(2) 箍筋间距过大。混凝土结构设计规范规定“当梁高为 500mm 时，梁中箍筋的最大间距为 200mm”。而本工程箍筋间距却为 300mm，这就是斜裂缝多发生在箍筋之间的原因。

(3) 纵筋在梁跨中间截断。混凝土结构设计规范规定“纵向受拉钢筋不宜在受拉区截断”。而本工程梁中部分纵向受拉钢筋在跨中截断，截断处都出现斜裂缝，这说明受拉纵筋对梁截面的抗剪能力能起到一定作用，也说明规范的规定是适宜的。

小　结

1. 按照配筋率的不同，钢筋混凝土受弯构件正截面破坏的形态分为三种：适筋梁、超筋梁和少筋梁。适筋梁的破坏特点是破坏始于受拉钢筋屈服而后导致受压区混凝土被压碎。实际工程中的受弯构件都应设计成适筋梁。

2. 单筋矩形截面正截面承载力计算基本公式为

$$f_{cd}bx=f_{sd}A_s$$

$$\gamma_0 M_d \leqslant f_{cd}bx\left(h_0-\frac{x}{2}\right) \text{或} \ \gamma_0 M_d \leqslant f_{sd}A_s\left(h_0-\frac{x}{2}\right)$$

基本公式适用条件为 $x \leqslant \xi_b h_0$ 且 $\rho \geqslant \rho_{min}$。

3. 双筋矩形截面正截面承载力计算基本公式为

$$f_{cd}bx=f_{sd}A_s-f'_{sd}A'_s$$

$$\gamma_0 M_d \leqslant f_{cd}bx(h_0-x)+f'_{sd}A'_s(h_0-a'_s)$$

双筋矩形截面一般用于采用单筋截面无法满足 $x \leqslant \xi_b h_0$ 的条件，或当截面既承受正向弯矩又可能承受负向弯矩时。

4. 单筋 T 形截面的计算可分为两类：第一种 T 形截面和第二种 T 形截面。第一种 T 形截面的计算同单筋矩形截面。第二种 T 形截面正截面承载力的计算公式为

$$f_{sd}A_s=f_{cd}bx+f_{cd}(b'_f-b)h'_f$$

$$\gamma_0 M_d \leqslant f_{cd} bx \left(h_0 - \frac{x}{2}\right) + f_{cd}(b_f' - b) h_f' \left(h_0 - \frac{h_f'}{2}\right)$$

5. 钢筋混凝土受弯构件斜截面的破坏形态有三种：斜压破坏、剪压破坏和斜拉破坏。工程上一般按剪压破坏设计。

钢筋混凝土受弯构件斜截面受剪承载力计算的基本公式为

$$\gamma_0 V_d \leqslant V_u = V_{cs} + V_{sb}$$

$$V_{cs} = \alpha_1 \alpha_3 \times 0.45 \times 10^{-3} b h_0 \sqrt{(2+0.6P)\sqrt{f_{cu,k}}\rho_{sv} f_{sv}}$$

$$V_{sb} = 0.75 \times 10^{-3} f_{sd} \Sigma A_{sb} \sin\theta_s$$

梁中仅配置箍筋时，斜截面抗剪承载力计算公式为

$$\gamma_0 V_d \leqslant V_{cs} = \alpha_1 \alpha_3 \times 0.45 \times 10^{-3} b h_0 \sqrt{(2+0.6P)\sqrt{f_{cu,k}}\rho_{sv} f_{sv}}$$

6. 全梁承载能力的校核即校核全梁正截面承载力。为了保证梁的正截面承载力，抵抗弯矩图必须包住设计弯矩图。为了保证梁承载力，还应采取保证正截面抗弯承载力、保证斜截面抗剪承载力、保证斜截面抗弯承载力的构造措施。

7. 钢筋混凝土受弯构件施工阶段的应力验算，须将其换算成相当单一材料组成的截面，然后按弹性材料力学的方法计算。

8. 钢筋混凝土受弯构件的裂缝分为正常裂缝和非正常裂缝。为了保证钢筋混凝土构件的耐久性，必须在设计、施工等方面控制裂缝。对于非正常裂缝，应在设计与施工中采取相应的措施，而正常裂缝则需要进行裂缝宽度的验算。

9. 钢筋混凝土梁的挠度即可用材料力学公式计算，但须将 EI 用 B 代替。钢筋混凝土受弯构件的刚度沿梁长度是变化的，计算时按“最小刚度原则”处理。

在荷载长期效应组合下，构件挠度会因受压混凝土的徐变而增大。因此，受弯构件在使用阶段的挠度应考虑荷载长期效应的影响。

当由荷载频遇组合并考虑荷载长期效应影响产生的长期挠度超过计算跨径的 1/1600 时，应设预拱度。预拱度的值按结构自重和 1/2 可变荷载频遇值计算的长期挠度值之和采用，并做成平顺曲线。

思考题

4-1　受弯构件有何受力特点？

4-2　板内主钢筋及分布钢筋的布置有何特点？

4-3　何谓混凝土保护层厚度？如何计算 a_s？

4-4　梁内通常设置哪些钢筋？它们分别具有什么作用？

4-5　梁内的主钢筋排列应符合什么原则？梁内的主钢筋间距及保护层厚度有哪些规定？

4-6　梁的正截面破坏形式有哪几种？它们分别具有什么破坏特征？

4-7　何谓界限破坏？何谓最小配筋率？

4-8　写出单筋矩形正截面抗弯承载力计算的基本公式和适用条件。

4-9　单筋矩形正截面承载力设计的步骤是什么？

4-10　单筋矩形正截面承载力复核的步骤是什么？

4-11　何谓双筋矩形截面？适用条件是什么？

4-12　双筋矩形正截面承载力计算公式的两个适用条件是什么？各具有什么意义？

4-13　T形截面具有什么特点？哪些截面应按T形截面计算？如何计算T形截面受压区的翼缘有效宽度？

4-14　梁的斜截面破坏形式有哪几种？它们分别具有什么破坏特征？

4-15　斜截面抗剪承载力计算公式的上限值和下限值分别具有什么含义？

4-16　梁的最大剪力如何取值？《混凝土桥涵规范》中对弯起钢筋的位置有何规定？

4-17　何谓设计弯矩图？何谓抵抗弯矩图？如何进行全梁承载能力的校核？

4-18　纵向钢筋的弯起应满足哪些构造要求？纵向钢筋的截断应满足哪些构造要求？

4-19　如何验算钢筋混凝土受弯构件在施工阶段的应力？

4-20　引起钢筋混凝土构件裂缝的原因有哪些？

4-21　影响裂缝宽度的原因有哪些？

4-22　影响钢筋混凝土受弯构件的抗弯刚度有哪些？

4-23　何谓预拱度？为什么要设置？如何设置？

习　题

4-1　某钢筋混凝土矩形板，截面尺寸 $b=1200\text{mm}$，$h=1500\text{mm}$ 采用C25混凝土，HPB300钢筋，承受弯矩设计值 $M_d=60\text{kN}\cdot\text{m}$，构件的重要性系数 $\gamma_0=1$。求受拉钢筋截面积 A_s。

4-2　某钢筋混凝土矩形截面梁的截面尺寸 $b=250\text{mm}$，$h=500\text{mm}$，采用C30混凝土，HRB400钢筋，承受弯矩设计值 $M_d=1360\text{kN}\cdot\text{m}$，构件的重要性系数 $\gamma_0=1$。求受拉钢筋截面积 A_s。

4-3　某单筋矩形截面梁，截面尺寸 $b=250\text{mm}$，$h=550\text{mm}$，采用C25混凝土，HPB300钢筋，$A_s=1256\text{mm}^2$，$h_0=40\text{mm}$，构件的重要性系数 $\gamma_0=1$。试问该梁正截面破坏形态属于哪一种？

4-4　某单筋矩形截面梁，截面尺寸 $b=400\text{mm}$，$h=900\text{mm}$，采用C30混凝土，HRB400钢筋，梁承受的弯矩设计值 $M_d=900\text{kN}\cdot\text{m}$，构件的重要性系数 $\gamma_0=1$，求受拉钢筋截面积 A_s。

4-5　某钢筋混凝土矩形截面梁，截面尺寸 $b=200\text{mm}$，$h=500\text{mm}$，采用C30混凝土，HRB400钢筋，跨中截面荷载效应不利组合设计值 $M_d=200\text{kN}\cdot\text{m}$，构件的重要性系数 $\gamma_0=1$，受拉钢筋截面积 $A_s=2281\text{mm}^2$，$a_s=70\text{mm}$，受压钢筋截面积 $A_s'=308\text{mm}^2$，$a_s'=40\text{mm}$，试复核此梁抗弯承载力。

4-6　某T形截面梁，截面尺寸 $b=300\text{mm}$，$h=650\text{mm}$，$b_f'=800\text{mm}$，$h_f'=120\text{mm}$，采用C30混凝土，HRB400钢筋，梁承受的弯矩设计值 $M_d=426\text{kN}\cdot\text{m}$，构件的重要性系数 $\gamma_0=1$。若 $a_s=70\text{mm}$，求受拉钢筋截面积 A_s。

4-7　某钢筋混凝土简支T形截面梁，截面尺寸 $b=180\text{mm}$，$h=1000\text{mm}$，$b_f'=1500\text{mm}$，$h_f'=110\text{mm}$，采用C30混凝土，HRB400钢筋，若跨中 $a_s=70\text{mm}$，支点 $a_s=47.25\text{mm}$，支点剪力 $V_d^0=310\text{kN}$，跨中剪力 $V_d^{\frac{L}{2}}=65\text{kN}$，试核算梁的截面尺寸是否符合要求及此梁是否需配置剪力钢筋。

4-8　某钢筋混凝土单筋矩形截面梁，截面尺寸 $b=400\text{mm}$，$h=800\text{mm}$，采用C30混凝土，HRB400钢筋，梁承受的弯矩设计值 $M_d=150\text{kN}\cdot\text{m}$，若 $A_s=1256\text{mm}^2$，$a_s=40\text{mm}$。试计算受压区混凝土边缘的纤维应力。

4-9　某装配式钢筋混凝土T形截面梁，截面尺寸 $b=160\text{mm}$，$h=100\text{mm}$，$b_f'=1600\text{mm}$，$h_f'=110\text{mm}$，采用C30混凝土，HRB400钢筋，梁承受的弯矩设计值 $M_d=630\text{kN}\cdot\text{m}$，$A_s=3217\text{mm}^2$，$a_s=75\text{mm}$，$M_s=751\text{kN}\cdot\text{m}$。$C_1=C_2=C_3=1.0$，主梁处于一般Ⅱ类使用环境中，其最大裂缝宽度限值为0.2mm。试验算此梁跨中截面裂缝宽度。

4-10　某装配式钢筋混凝土简支T形梁，其计算跨径为19.5m，截面尺寸 $b=180\text{mm}$，$h=1300\text{mm}$，$b_f'=1600\text{mm}$，$h_f'=110\text{mm}$，采用C30混凝土（$f_{cd}=13.8\text{MPa}$）、HRB400钢筋（8Φ32，$a_s=99\text{mm}$，$f_{sd}=330\text{MPa}$），焊接钢筋骨架，由结构自重引起的跨中弯矩值 $M_{G1k}=560\text{kN}\cdot\text{m}$，由汽车引起的跨中弯矩值 $M_{Q1k}=760\text{kN}\cdot\text{m}$。试计算在使用荷载作用下此T形梁的跨中挠度和预拱度。

单元5

钢筋混凝土受压构件

- 学习目标

1. 重点掌握矩形截面轴心受压、偏心受压构件承载力计算方法。
2. 掌握受压构件主要构造要求和间接钢筋柱承载力计算方法。
3. 了解圆形截面偏心受压构件承载力计算方法。

- 本单元重点

矩形截面轴心受压、偏心受压构件承载力计算。

- 本单元难点

1. 小偏心受压构件承载力计算。
2. 间接钢筋柱的承载力计算。
3. 圆形截面偏心受压构件承载力计算。

以承受轴向压力为主的构件称为受压构件，有时称之为柱。其中，**轴向力作用线与构件轴线重合的构件称为轴心受压构件，否则为偏心受力构件**。偏心受压构件又可分为单向偏心受压构件和双向偏心受压构件。受压构件是桥涵结构中最常见的承重构件之一，如钢筋混凝土拱桥的主拱圈、刚架桥的支柱、桥墩（台）等都属于受压构件。

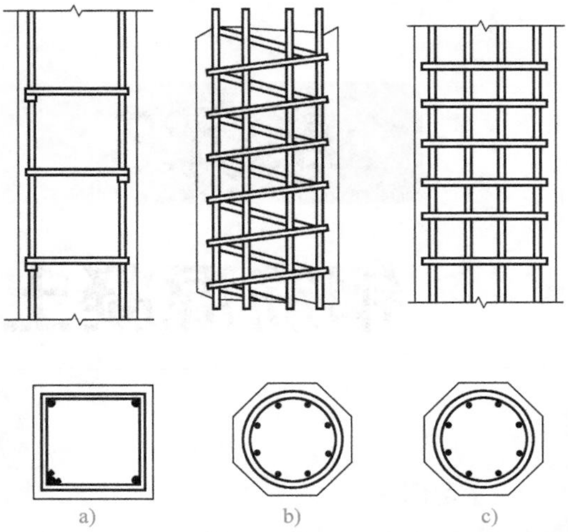

按照箍筋配置方式不同，钢筋混凝土轴心受压柱可分为两种：一种是**配置纵向钢筋和普通箍筋的柱**（图 5-1a），**称为普通箍筋柱**；一种是**配置纵向钢筋和螺旋筋**（图 5-1b）**或焊接环筋**（图 5-1c）**的柱，称为螺旋箍筋柱或间接箍筋柱**。

a)　b)　c)

图 5-1　轴心受压柱的类型

a）普通箍筋柱　b）、c）螺旋箍筋柱

需要指出的是，在实际结构中，几乎不存在真正的轴心受压构件。通常由于混凝土材料组成不均匀、荷载作用位置偏差、配筋不对称，以及施工误差等原因，总是或多或少存在初始偏心距。但当这种偏心距很小时，为计算方便，可近似按轴心受压构件计算。

5.1　构造要求

5.1.1　材料强度

受压构件的承载力主要取决于混凝土强度。提高混凝土强度等级，可以减小构件截面尺寸，节省钢材，故受压构件宜采用较高强度等级的混凝土，如 C30、C40、C50 或更高。

但是，受压构件不宜采用高强度钢筋。其原因是受压钢筋要与混凝土共同工作，钢筋应变受到混凝土极限压应变的限制，而混凝土极限压应变很小，若钢筋强度过高，则其抗压强度不能充分利用。

5.1.2　截面形式及尺寸

为了便于制作模板和梁柱连接，现浇钢筋混凝土轴心受压构件常设计成正方形、矩形和圆形等截面形式。偏心受压构件一般采用矩形截面，有时也设计成圆形截面，如柱式桥墩、钻孔灌注桩等。对于装配式柱，为了减轻自重，并使运输、安装时有较大的刚度，常采用 I 形、T 形、箱形等截面。

为了充分利用材料强度，避免构件过于细长而过多降低承载力，柱截面尺寸不宜过小。对于矩形截面，截面最小边长不宜小于 250mm，一般应符合 $l_0/h \leqslant 25$ 及 $l_0/b \leqslant 30$（其中 l_0 为柱的计算长度，h 和 b 分别为截面的高度和宽度）。为了便于模板尺寸模数化，柱截面边长宜取 50mm 的倍数。

5.1.3 配筋构造

1. 纵向受力钢筋

轴心受压构件的荷载主要由混凝土承担，设置纵向受力钢筋的目的，一是协助混凝土承受压力，以减小构件尺寸；二是承受可能出现的意外弯矩，以及混凝土收缩和温度变形引起的拉应力；三是防止构件突然的脆性破坏。

轴心受压构件的纵向受力钢筋应沿截面四周均匀对称布置，偏心受压柱的纵向受力钢筋放置在弯矩作用方向的两对边，圆柱中纵向受力钢筋沿周边均匀布置，如图 5-2 所示。

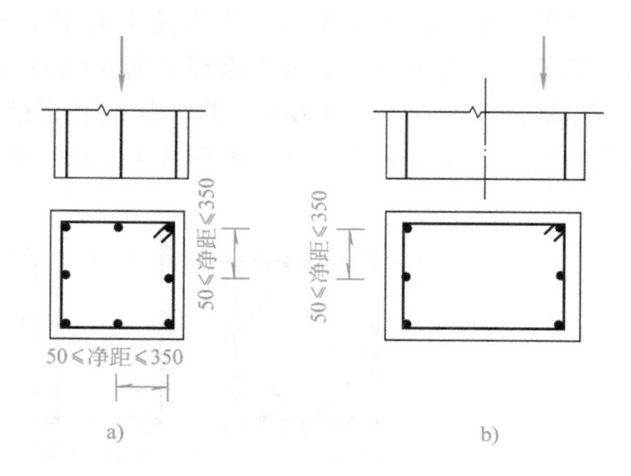

图 5-2 柱纵筋的布置
a）轴心受压柱 b）偏心受压柱

纵向受力钢筋直径 d 不应小于 12mm，以保证钢筋骨架的刚度。纵向受力钢筋的净距不应小于 50mm，也不应大于 350mm。对水平浇筑的预制构件，其纵向钢筋的最小净距可按受弯构件的有关规定采用。柱内纵向受力钢筋不应少于 4 根，圆形截面不少于 6 根。

轴心受压构件、偏心受压构件全部纵向钢筋的配筋率不应小于 0.5%，当混凝土强度等级为 C50 及以上时不应小于 0.6%；同时，一侧钢筋的配筋率不应小于 0.2%。但为使钢筋不至过多而影响混凝土浇筑质量，构件的全部纵向钢筋的配筋率也不宜超过 5%[⊖]。

偏心受压构件的纵向钢筋配置方式有两种：一种是对称配筋，即在柱弯矩作用方向的两对边对称配置相同的纵向受力钢筋；另一种是非对称配筋，即在柱弯矩作用方向的两对边配置数量不同的纵向受力钢筋。对称配筋构造简单，施工方便，不易出错，但用钢量较大。非对称配筋的优缺点与对称配筋相反。在桥梁结构中，常由于可变荷载作用位置的不同，使截面中产生数值相等或接近，而方向相反的弯矩，故多采用对称配筋。但当截面中两个方向的弯矩数值相差较大时，为节约钢筋，应采用非对称配筋。

2. 箍筋

受压构件中箍筋的作用是保证纵向钢筋的位置正确，防止纵向钢筋压屈，从而提高柱的承载能力。

为了有效地约束纵向受压钢筋，受压构件的箍筋末端应做成弯钩，弯钩角度可取 135°，其平直段长度不应小于箍筋直径的 5 倍。箍筋应做成封闭式。箍筋直径不应小于 $d/4$（d 为纵向钢筋的最大直径），且不应小于 8mm。

箍筋间距应不大于 $15d$（d 为纵向受力钢筋的直径）、不大于构件截面的短边尺寸（圆

⊖ 轴心受压构件、偏心受压构件全部纵向钢筋的配筋率和一侧纵向钢筋的配筋率应按构件的毛截面面积计算。当钢筋沿构件截面周边布置时，“一侧的受压钢筋”或“一侧的受拉钢筋”系指受力方向两个对边中的一边布置的纵向钢筋。

形截面采用0.8倍直径)，并不大于400mm。纵向受力钢筋搭接范围的箍筋间距，当绑扎搭接钢筋受拉时不应大于主钢筋直径的5倍，且不大于100mm；当搭接钢筋受压时不应大于主钢筋直径的10倍，且不大于100mm。纵向钢筋截面面积大于混凝土截面面积3%时，箍筋间距不应大于10d（d为纵向钢筋的直径)，且不应大于200mm。

箍筋主要靠其内折角点（内折角不大于135°）来约束纵向钢筋。纵向钢筋离折角点越远，箍筋对其约束越弱。为了保证箍筋对纵向钢筋的有效约束，构件内纵向受力钢筋应设置于离角筋间距s不大于150mm或15倍箍筋直径（取较大者）范围内，如超过此范围设置纵向受力钢筋，应设复合箍筋，如图5-3所示。相邻箍筋的弯钩接头，在纵向应错开布置。

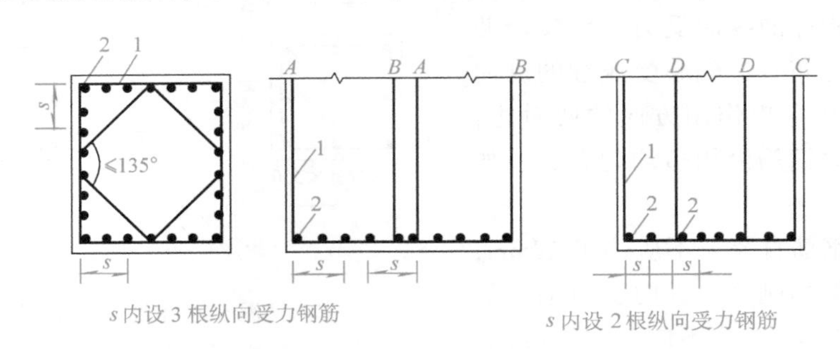

图5-3 柱内复合箍筋布置

1—箍筋 2—角筋 A、B、C、D—箍筋编号

注：图中A、B与C、D两组设置方式可根据实际情况选用。

对偏心受压构件，当构件截面宽度$b\leqslant400$mm及每侧钢筋不多于4根时，箍筋可采用图5-4a的形式；当柱截面宽度$b>400$mm时，则可采用图5-4b的形式。当偏心受压构件的截面高度$h\geqslant600$mm时，在构件的侧面应设置直径为10~16mm的纵向构造钢筋，必要时相应设置复合箍筋。

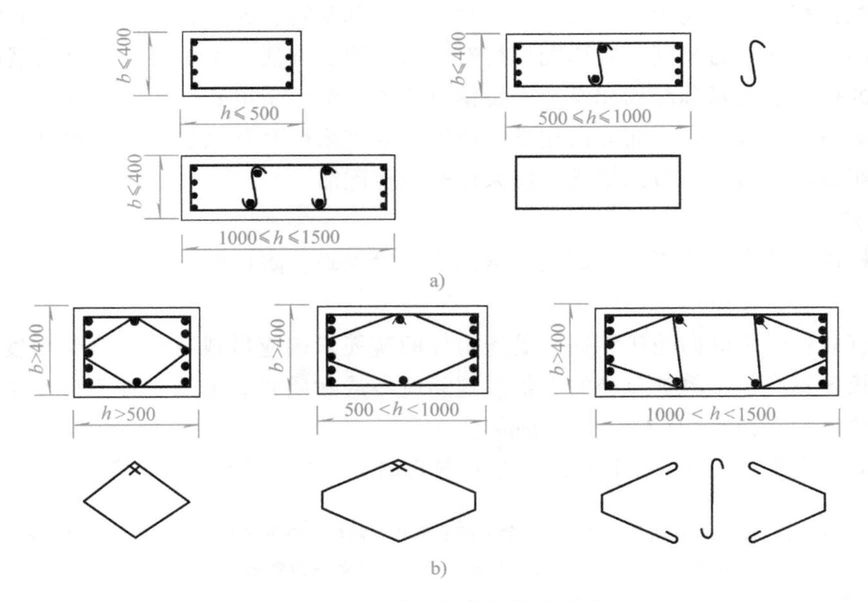

图5-4 偏心受压构件的箍筋形式

对于截面形状复杂的构件，不可采用具有内折角的箍筋（图 5-5）。其原因是，内折角处受拉箍筋的合力向外，可能使该处混凝土保护层崩裂。

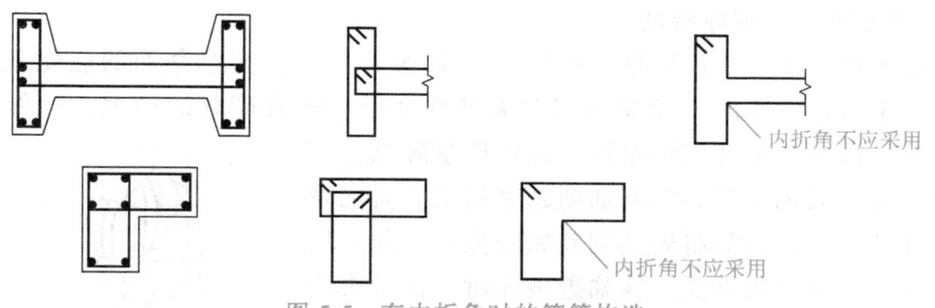

图 5-5　有内折角时的箍筋构造

5.1.4　螺旋箍筋柱的构造

1. 截面形式及尺寸

螺旋箍筋柱截面形式一般多做成圆形或多边形，仅在特殊情况下才采用矩形或方形。

螺旋箍筋柱的长细比 l_0/d 不宜大于 12。

2. 纵向受力钢筋

为了能抵抗偶然出现的弯矩，螺旋箍筋柱的纵向受力钢筋的配筋率 ρ 不应小于箍筋圈内核心混凝土截面面积的 0.5%，构件的核心截面面积应不小于构件整个截面面积的 2/3。螺旋箍筋柱的配筋率 ρ 也不宜大于 5%，一般为核心面积的 0.8%～1.2%。

纵向受力钢筋的直径要求同普通箍筋柱。纵向受力钢筋的根数不应少于 6 根，并沿圆周作等距离布置。

3. 间接钢筋（箍筋）

箍筋不宜太细，也不宜太粗。箍筋太细有可能引起混凝土承压时的局部损坏，太粗则会增加钢筋弯制的困难。规范规定，间接钢筋的直径不应小于纵向钢筋直径的 1/4，且不小于 8mm。

间接钢筋的螺距（或间距）s 不应大于混凝土核心直径 d_{cor} 的 1/5，也不应大于 80mm。为了保证混凝土的浇筑质量，其间距也不应小于 40mm。

纵向受力钢筋及配置的螺旋式或焊接式间接钢筋，应伸入与受压构件连接的上下构件内，其长度不应小于受压构件的直径且不小于纵向受力钢筋的锚固长度。

为了能有效地约束构件混凝土的侧向变形，螺旋箍筋或焊环的最小换算面积应不小于纵筋面积的 25%。常用的螺旋钢筋配筋率不宜小于 0.8%，也不宜大于 3%。

螺旋筋外侧保护层不应小于 20mm（Ⅰ类环境条件）。

5.2　轴心受压构件承载力计算

5.2.1　普通箍筋柱

5.2.1.1　破坏特征

按照长细比的大小，轴心受压柱可分为短柱和长柱两类。当矩形截面 $l_0/b\leqslant 8$，一般截

面 $l_0/i\leqslant28$，圆形截面 $l_0/d\leqslant7$ 时属于短柱，否则为长柱。其中 l_0 为柱的计算长度，b 为矩形截面的短边尺寸，i 为截面的最小回转半径，d 为圆形截面的直径。

1. 轴心受压短柱的破坏特征

配有普通箍筋的矩形截面短柱，在轴向压力 N 作用下，整个截面的应变基本上是均匀分布的。N 较小时，构件的压缩变形主要为弹性变形。随着荷载的增大，构件变形迅速增大。与此同时，混凝土塑性变形增加，弹性模量降低，应力增长逐渐变慢，而钢筋应力的增加则越来越快。对配置一般强度钢筋的构件，钢筋将先达到其屈服强度，此后增加的荷载全部由混凝土来承受。在临近破坏时，柱子表面出现纵向裂缝，混凝土保护层开始剥落，最后，箍筋之间的纵向钢筋压屈而向外凸出，混凝土被压碎崩裂而破坏（图 5-6）。破坏时混凝土的应力达到轴心抗压强度 f_{ck}，应变达到极限压应变（一般取 $\varepsilon_{cu}=0.002$）。相应地，纵向钢筋的应力值最大可达到 $\sigma_s'=E_s\varepsilon_{cu}=2\times10^5\times0.002\text{MPa}=400\text{MPa}$。因此，当纵筋为高强度钢筋时，构件破坏时纵筋可能达不到屈服点。设计中对于屈服点超过 400MPa 的钢筋，其抗压强度设计值 f_{sd}' 只能取 400MPa。显然，在受压构件内配置高强度钢筋是不经济的。

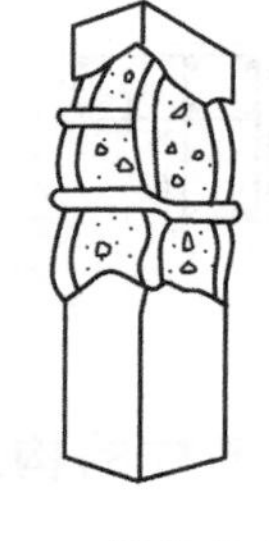

图 5-6　短柱的破坏

2. 轴心受压长柱的破坏特征

对于长柱，由于各种偶然因素造成的初始偏心距的影响是不可忽略的。在轴心压力 N 作用下，由于初始偏心距将产生附加弯矩，而这个附加弯矩产生的水平挠度又加大了原来的初始偏心距，这样相互影响的结果，促使了构件截面材料破坏较早到来，导致承载能力的降低。轴心受压长柱破坏时，首先在凹边出现大致平行于纵轴的纵向裂缝，接着混凝土被压碎，纵向钢筋被压弯、向外凸出，侧向挠度急速发展，最终柱子失去平衡并将凸边混凝土拉裂而破坏（图 5-7）。试验表明，柱的长细比愈大，其承载力愈低。对于长细比很大的长柱，还有可能发生“失稳破坏”的现象。

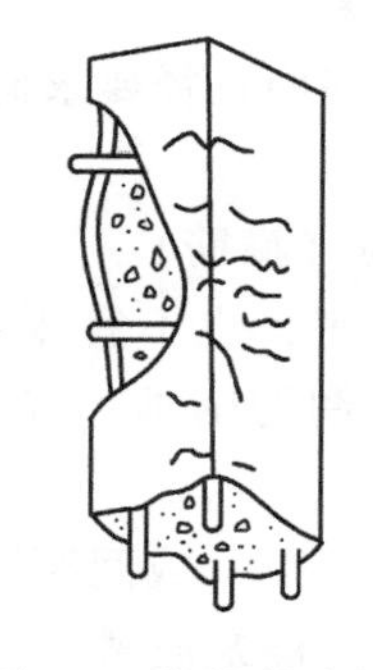

图 5-7　长柱的破坏

由试验可知，在同等条件下，即截面相同、配筋相同、材料相同的条件下，长柱承载力低于短柱承载力。在确定轴心受压构件承载力计算公式时，规范采用构件的稳定系数 φ 来表示长柱承载力降低的程度。试验的实测结果表明，稳定系数主要和构件的长细比有关。对矩形截面，长细比 l_0/b 越大，φ 值越小；当 $l_0/b\leqslant8$ 时，$\varphi=1$，说明承载力的降低可忽略。

钢筋混凝土轴心受压构件的稳定系数 φ 可按表 5-1 查取。

表 5-1　钢筋混凝土轴心受压构件的稳定系数 φ

l_0/b	≤8	10	12	14	16	18	20	22	24	26	28
l_0/d	≤7	8.5	10.5	12	14	15.5	17	19	21	22.5	24
l_0/i	≤28	35	42	48	55	62	69	76	83	90	97
φ	1.0	0.98	0.95	0.92	0.87	0.81	0.75	0.70	0.65	0.60	0.56

（续）

l_0/b	30	32	34	36	38	40	42	44	46	48	50
l_0/d	26	28	29.5	31	33	34.5	36.5	38	40	41.5	43
l_0/i	104	111	118	125	132	139	146	153	160	167	174
φ	0.52	0.48	0.44	0.40	0.36	0.32	0.29	0.26	0.23	0.21	0.19

注：表中 l_0 为柱的计算长度；b 为矩形截面的短边尺寸；d 为圆形截面直径；i 为任意截面最小回转半径。

构件的计算长度 l_0 与构件两端支承情况有关。在实际工程中，由于构件支承情况并非完全符合理想条件，应结合具体情况按《混凝土桥涵规范》的规定取用。

5.2.1.2　承载力计算公式

1. 基本公式

钢筋混凝土轴心受压柱的正截面承载力由混凝土承载力及钢筋承载力两部分组成，如图 5-8 所示。根据力的平衡条件，得短柱和长柱的承载力计算公式为

$$\gamma_0 N_d \leqslant 0.9\varphi(f_{cd}A+f'_{sd}A'_s) \tag{5-1}$$

式中　N_d——轴向压力组合设计值；

γ_0——结构的重要性系数；

φ——轴压构件稳定系数，按表 5-1 采用；

f_{cd}——混凝土轴心抗压强度设计值；

A——构件毛截面面积，当纵向钢筋配筋率大于 3%时，A 应改用 $A_n=A-A'_s$；

f'_{sd}——纵向钢筋的抗压强度设计值；

A'_s——全部纵向钢筋的截面面积。

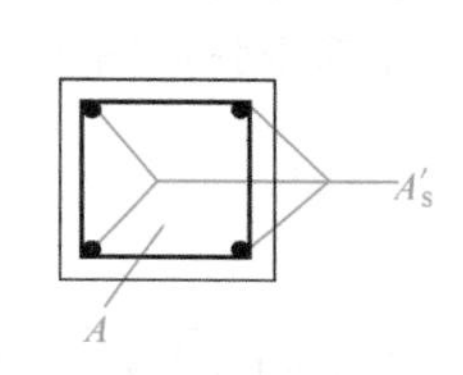

图 5-8　普通箍筋柱正截面承载力计算简图

2. 计算方法

实际工程中，轴心受压构件的承载力计算问题可归纳为截面设计和截面承载力复核两大类。

（1）截面设计

已知：构件截面尺寸 $b\times h$，轴向力组合设计值，构件的计算长度，材料强度等级。

求：纵向钢筋截面面积 A'_s。

计算步骤如图 5-9 所示。

若构件截面尺寸 $b\times h$ 为未知，则可先假定 φ 和 ρ 的值，由式（5-2）计算出所需构件截面面积，进而得出截面尺寸。ρ 的适宜范围为 0.5%~1.5%。设计中常假设 $\varphi=1$，$\rho=1\%$。

$$A \geqslant \frac{\gamma_0 N_d}{0.9\varphi(f_{cd}+\rho f'_{sd})} \tag{5-2}$$

式中　ρ——配筋率，$\rho=\dfrac{A'_s}{A}$。

（2）截面承载力复核

已知：柱截面尺寸 $b\times h$，计算长度 l_0，纵筋数量及级别，混凝土强度等级。

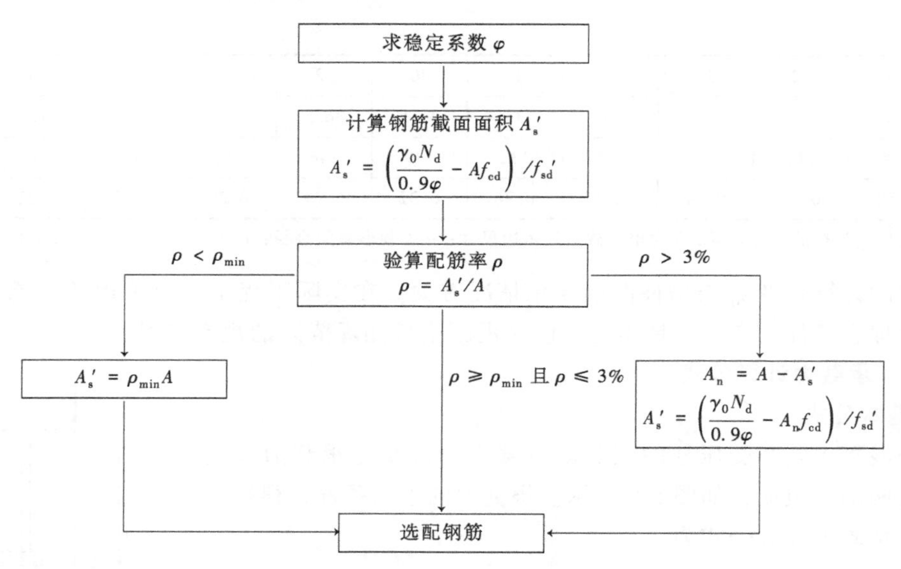

图 5-9　轴心受压构件截面设计步骤

求：柱的受压承载力 N_u，或已知轴向力组合设计值 N_d，判断截面是否安全。

计算步骤如图 5-10 所示。

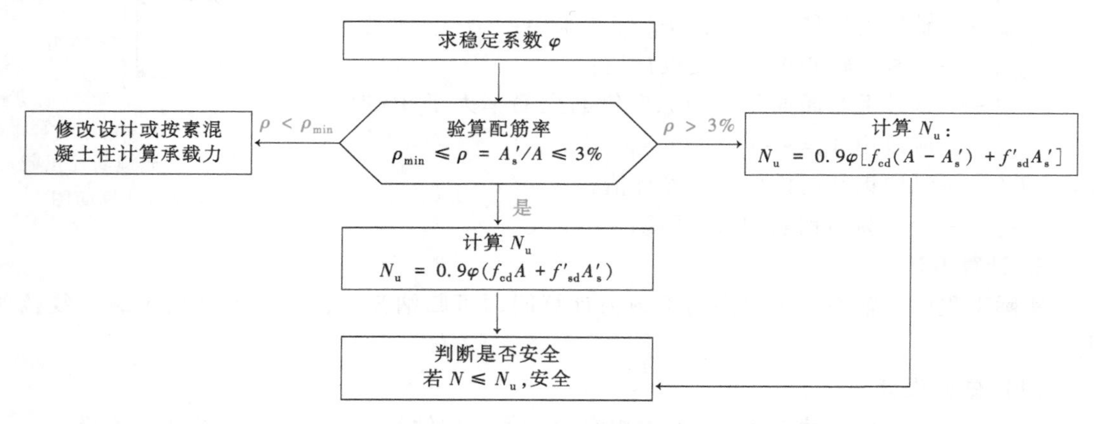

图 5-10　轴心受压构件截面承载力复核步骤

【例 5-1】　某现浇钢筋混凝土轴心受压柱，安全等级为二级，轴向压力组合设计值 N_d = 1650kN，计算长度 l_0 = 5m，纵向钢筋采用 HRB400 钢筋，混凝土强度等级为 C30。试确定该柱截面尺寸及纵筋截面面积。

【解】　查得 $f_{cd} = 13.8\text{MPa}$，$f'_{sd} = 330\text{MPa}$，$\gamma_0 = 1.0$。

1. 初步确定柱截面尺寸

设 $\rho = \frac{A_s'}{A} = 1\%$，$\varphi = 1$，则

$$A \geqslant \frac{\gamma_0 N_d}{0.9\varphi(f_{cd} + \rho f'_{sd})} = \frac{1650\times10^3}{0.9\times1\times(13.8+1\%\times330)}\text{mm}^2 = 90968.2\text{mm}^2$$

选用正方形截面，则 $b = h = \sqrt{90968.2} = 301.6\text{mm}$，取 $b = h = 350\text{mm}$。

2. 计算稳定系数 φ

$l_0/b=5000/350=14.29$，由表 5-1 查得 $\varphi=0.92+\dfrac{0.92-0.87}{14-16}\times(14.29-14)=0.913$

3. 计算钢筋截面面积 A_s'

$$A_s'=\frac{\dfrac{\gamma_0 N_d}{0.9\varphi}-f_{cd}A}{f_{sd}'}=\frac{\dfrac{1650\times10^3}{0.9\times0.913}-13.8\times350^2}{330}\text{mm}^2=962\text{mm}^2$$

4. 验算配筋率

$$\rho=\frac{A_s'}{A}=\frac{962}{350\times350}=0.78\%$$

$\rho>\rho_{min}=0.5\%$，满足最小配筋率要求。$\rho<3\%$，不需重算。

纵向受力钢筋选用 4⌀18（$A_s'=1018\text{mm}^2$）。

箍筋按构造要求配置。箍筋间距 s 应满足：$s\leqslant15d=15\times18\text{mm}=270\text{mm}$，$s\leqslant b=350\text{mm}$，$s\leqslant400\text{mm}$，故取 $s=270\text{mm}$；箍筋直径选用 8mm，即箍筋配置 ϕ8@270。柱子钢筋布置如图 5-11 所示。

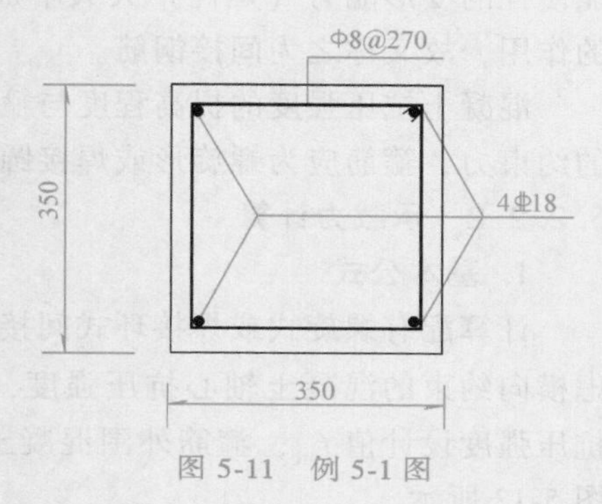

图 5-11 例 5-1 图

【例 5-2】 某现浇钢筋混凝土轴心受压柱，安全等级为二级，截面尺寸 $b\times h=300\text{mm}\times300\text{mm}$，采用 4⌀20 的 HRB400 钢筋，C30 混凝土，计算长度 $l_0=4.5\text{m}$，承受轴向力组合设计值 1200kN。试校核此柱是否安全。

【解】 查得 $f_{sd}'=330\text{MPa}$，$f_{cd}=13.8\text{MPa}$，$A_s'=1256\text{mm}^2$，$\gamma_0=1.0$。

1. 确定稳定系数 φ

$l_0/b=4500/300=15$，查得 $\varphi=0.895$

2. 验算配筋率

$$\rho_{min}=0.5\%<\rho=\frac{A_s'}{A}=\frac{1256}{300\times300}=1.4\%<3\%$$

满足最小配筋率要求，A 不必扣除 A_s'。

3. 确定柱截面承载力

$$\begin{aligned}N_u&=0.9\varphi(f_{cd}A+f_{sd}'A_s')=0.9\times0.895\times(13.8\times300\times300+330\times1256)\text{N}\\&=1334.29\times10^3\text{N}=1334.29\text{kN}>\gamma_0 N_d=1200\text{kN}\end{aligned}$$

此柱截面安全。

5.2.2 螺旋箍筋柱

5.2.2.1 破坏特征

在普通箍筋柱中，箍筋是构造钢筋。柱破坏时，混凝土处于单向受压状态。而螺旋箍筋柱的箍筋既是构造钢筋又是受力钢筋。螺旋筋或焊接环筋的套箍作用可约束核心混凝土（螺旋筋或焊接环筋所包围的混凝土）的横向变形，当混凝土纵向压缩产生横向膨胀时，将受到密排螺旋筋或焊接环筋的约束，在

螺旋箍筋柱的破坏特征

箍筋中产生拉力而在混凝土中产生侧向压力，使核心混凝土处于三向受压状态，从而间接地提高混凝土的纵向抗压强度。

当混凝土的应力较小($\sigma_c<0.7f_{cd}$)时，螺旋箍筋柱的受力情况和普通箍筋柱一样。当纵向压力增加到一定数值时，混凝土保护层开始剥落。当构件的压应变超过无约束混凝土的极限应变后，箍筋以外的表层混凝土会开裂甚至剥落而退出工作，但核心混凝土尚能继续承担更大的压力，直至螺旋箍筋屈服，失去对混凝土的约束作用，最后导致混凝土被压碎而破坏。可见，螺旋箍筋不仅提高了构件的承载力，而且最重要的是在承载力不降低的情况下，能使柱的变形能力（延性）大大增加。由于螺旋筋或焊接环筋间接地起到了纵向受压钢筋的作用，故又称之为**间接钢筋**。

混凝土抗压强度的提高程度与箍筋的约束力的大小有关。为了使箍筋对混凝土有足够大的约束力，箍筋应为螺旋形或焊接圆环。

5.2.2.2　承载力计算

1. 基本公式

计算配有螺旋式或焊接环式间接钢筋的轴心受压构件承载力时，假定混凝土应力达到考虑横向约束的混凝土轴心抗压强度，纵向钢筋应力均达到钢筋抗压强度设计值f_{sd}，箍筋外围混凝土不起作用。其计算简图如图5-12所示。

$$\gamma_0 N_d \leqslant 0.9(f_{cd}A_{cor}+f'_{sd}A'_s+kf_{sd}A_{s0}) \tag{5-3}$$

式中　A_{cor}——构件的混凝土核心面积，按式(5-4)计算；

A_{s0}——螺旋式或焊接环式间接钢筋的换算截面面积，按式(5-5)计算；

k——间接钢筋影响系数，混凝土强度等级C50及以下时，取$k=2.0$；C50~C80时取$k=2.0\sim1.7$，中间值直线插入取用。

$$A_{cor}=\frac{\pi d_{cor}^2}{4} \tag{5-4}$$

式中　d_{cor}——构件核心截面的直径，$d_{cor}=d-2c$，其中d、c分别为构件直径和纵向钢筋保护层厚度。

$$A_{s0}=\frac{\pi d_{cor}A_{s01}}{s} \tag{5-5}$$

A_{s01}——单根间接钢筋的截面面积；

s——沿构件轴线方向间接钢筋的螺距或间距。

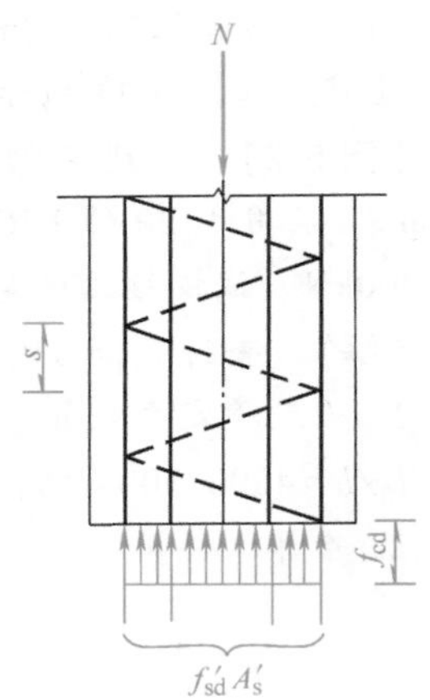

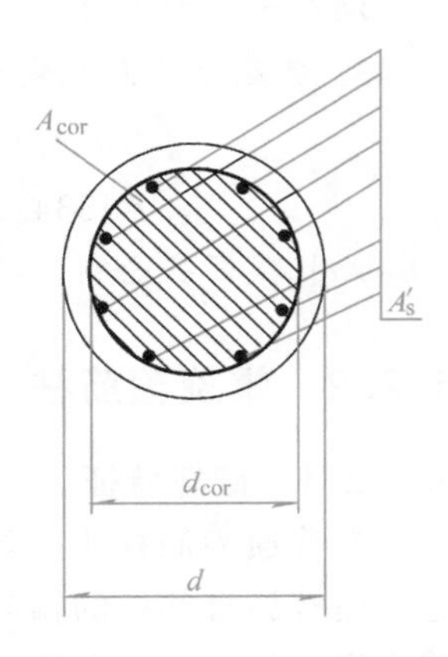

图5-12　螺旋箍筋柱受压承载力计算简图

为保证混凝土保护层在使用荷载作用下不致过早剥落，《混凝土桥涵规范》规定，按式（5-3）计算的螺旋箍筋柱抗压承载力设计值不应大于普通箍筋柱抗压承载能力设计值的1.5倍，即

$$0.9(f_{cd}A_{cor}+f'_{sd}A'_s+kf_{sd}A_{s0}) \leqslant 1.5[0.9\varphi(f_{cd}A+f'_{sd}A'_s)] \tag{5-6}$$

《混凝土桥涵规范》还规定，考虑间接钢筋作用时，必须同时满足下列条件，否则按普通箍筋柱计算。

1）满足式（5-7）~式（5-9）的条件。

$$A_{s0} \geqslant 0.25A_s' \tag{5-7}$$

$$l_0/d \leqslant 12 \tag{5-8}$$

$$0.9(f_{cd}A_{cor}+f'_{sd}A'_s+kf_{sd}A_{s0}) \geqslant 0.9\varphi(f_{cd}A+f'_{sd}A'_s) \tag{5-9}$$

2）间接钢筋的螺距（或间距）s 不应大于混凝土核心直径 d_{cor} 的 1/5，也不应大于 80mm。

式（5-7）是为了保证间接钢筋的换算面积不至太小，否则会失去间接钢筋的侧限作用；式（5-8）则是为控制构件长细比，保证其稳定性；式（5-9）是为了保证混凝土核心面积不至太小，否则其承载能力反而会小于普通箍筋柱，这种情况通常发生在间接钢筋外围的混凝土面积较大时。

2. 计算方法

间接钢筋柱的承载力计算有截面设计和承载力验算两类问题，下面介绍截面设计的方法。

螺旋箍筋柱的承载力计算方法

已知：轴向力组合设计值，构件计算长度，构件截面尺寸，混凝土和钢筋的强度等级。

求：间接钢筋和纵向钢筋截面面积。

计算步骤如下：

1）按式（5-8）验算构件长细比。

2）根据构造要求选定间接钢筋直径 d 和间距 s。

3）根据式（5-5）计算间接钢筋换算面积 A_{s0}。

4）由式（5-3）计算纵向钢筋截面面积 A_s'。

5）按式（5-6）、式（5-7）、式（5-9）验算是否满足要求。

当截面设计时，构件截面尺寸未知，可假设纵向受力钢筋的配筋率 ρ（适宜范围 0.8%~1.2%）和间接钢筋换算截面配筋率 ρ_1（适宜范围 1.0%~2.5%），按下式估算：

$$A_{cor} \geqslant \frac{\gamma_0 N_d}{0.9(f_{cd}+k\rho_1 f_{sd}+\rho f'_{sd})} \tag{5-10}$$

需要说明的是，螺旋箍筋柱虽可提高构件承载力，但施工复杂，用钢量较多，一般仅用于轴力很大，截面尺寸又受限制，采用普通箍筋柱会使纵筋配筋率过高，而混凝土强度等级又不宜再提高的情况。

【例 5-3】 一圆形截面螺旋箍筋柱，直径 450mm，计算高度 3m，安全等级为二级，承受轴向力设计值为 2680kN，混凝土强度等级为 C30，纵向受力钢筋选 HRB400 钢筋，螺旋箍筋采用 HPB300 钢筋，纵向受力钢筋混凝土保护层为 30mm。试确定螺旋箍筋和纵向钢筋截面面积。

【解】 查得 $f_{cd}=13.8\text{MPa}$，$f_{sd}=250\text{MPa}$，$f'_{sd}=330\text{MPa}$，$\gamma_0=1.0$，$d_{cor}=(450-2\times30)\text{mm}=390\text{mm}$。

1. 验算构件长细比

$$l_0/d=3000/450=6.67<12$$

构件长细比满足要求。

2. 选定间接钢筋直径 d 和间距 s

根据构造要求，间接钢筋的直径不应小于纵向钢筋直径的 1/4，且不小于 8mm。暂选螺旋钢筋直径 $d=10\text{mm}$，$A_{s01}=78.5\text{mm}^2$。

又根据构造要求，$s\leqslant d_{cor}/5=390\text{mm}/5=78\text{mm}$，取用 $s=80\text{mm}$。

3. 计算间接钢筋换算面积 A_{s0}

$$A_{s0}=\frac{\pi d_{cor}A_{s01}}{s}=\frac{\pi\times390\times78.5}{80}\text{mm}^2=1202\text{mm}^2$$

4. 计算纵向钢筋截面面积 A'_s

$$A_{cor}=\frac{\pi d_{cor}^2}{4}=\frac{\pi\times390^2}{4}\text{mm}^2=119459.06\text{mm}^2$$

取 $k=2.0$，由式（5-3）得

$$A'_s\geqslant\frac{\dfrac{\gamma_0N_d}{0.9}-f_{cd}A_{cor}-kf_{sd}A_{s0}}{f'_{sd}}=\frac{\dfrac{1.0\times2680\times10^3}{0.9}-13.8\times119459.06-2\times250\times1202}{330}\text{mm}^2$$

$$=2207\text{mm}^2$$

选配 6⌀22（$A'_s=2281\text{mm}^2$），满足间接钢筋的直径不应小于纵向钢筋直径的 1/4 的要求。

5. 验算有关条件是否满足

$l_0/d=6.67<7$，则 $\varphi=1.0$。

$$0.9(f_{cd}A_{cor}+f'_{sd}A'_s+kf_{sd}A_{s0})=0.9(13.8\times119459.06+330\times2281+2\times250\times1202)\text{N}$$
$$=2702038.5\text{N}$$

$$1.5[0.9\varphi(f_{cd}A+f'_{sd}A'_s)]=1.5\left[0.9\times1.0\times\left(13.8\times\frac{\pi\times450^2}{4}+330\times2281\right)\right]\text{N}$$
$$=3979158.9\text{N}>0.9(f_{cd}A_{cor}+f'_{sd}A'_s+kf_{sd}A_{s0})=2702038.5\text{N}$$

满足要求。

$0.25A'_s=0.25\times2281\text{mm}^2=570.25\text{mm}^2<A_{s0}=1233\text{mm}^2$，满足要求。

$$0.9\varphi(f_{cd}A+f'_{sd}A'_s)=0.9\times1.0\times\left(13.8\times\frac{\pi\times450^2}{4}+330\times2281\right)\text{N}$$

$$=2652772.6\text{N}<0.9(f_{cd}A_{cor}+f'_{sd}A'_s+kf_{sd}A_{s0})$$
$$=2702038.5\text{N}$$

满足要求。

经计算，纵向钢筋选配 6⌀22，螺旋钢筋选配⌀10@80，如图 5-13 所示。

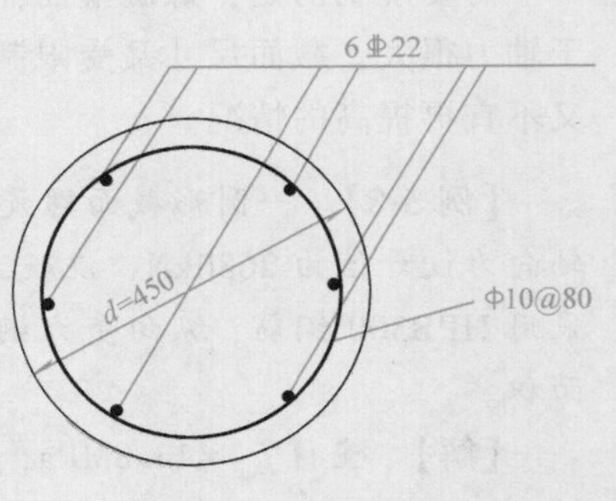

图 5-13　例 5-3 图

5.3 偏心受压构件承载力计算

5.3.1 偏心受压构件的破坏特征

偏心受压构件在承受轴向力 N 和弯矩 M 的共同作用时，等效于承受一个偏心距为 $e_0=M/N$ 的偏心力 N 的作用（图 5-14），当弯矩 M 相对较小时，M 和 N 的比值 e_0 就很小，构件接近于轴心受压；相反，当 N 相对较小时，M 和 N 的比值 e_0 就很大，构件接近于受弯，因此，随着 e_0 的改变，偏心受压构件的受力性能和破坏形态介于轴心受压和受弯之间。按照轴向力的偏心距和配筋情况的不同，偏心受压构件的破坏可分为受拉破坏和受压破坏两种情况。

大偏心受压构件的破坏过程

1. 受拉破坏——大偏心受压构件

当轴向压力偏心距 e_0 较大，且受拉钢筋配置不太多时，就发生这种类型的破坏。此时，离轴向压力 N 较远一侧的截面受拉，另一侧截面受压。当 N 增加到一定值时，首先在受拉区出现横向裂缝，随着荷载的增加，裂缝不断发展和加宽，裂缝截面处的拉力全部由钢筋承担。荷载继续加大，受拉钢筋首先达到屈服，并形成一条明显的主裂缝，随后主裂缝明显加宽并向受压一侧延伸，受压区高度迅速减小。最后，受压区边缘出现纵向裂缝，受压区混凝土被压碎而导致构件破坏（图 5-15）。此时，受压钢筋一般也能屈服。这种破坏是由于受拉钢筋首先屈服，而导致受压区混凝土压坏，构件承载力取决于受拉钢筋，故称为**受拉破坏**。受拉破坏有明显预兆，属于**延性破坏**。

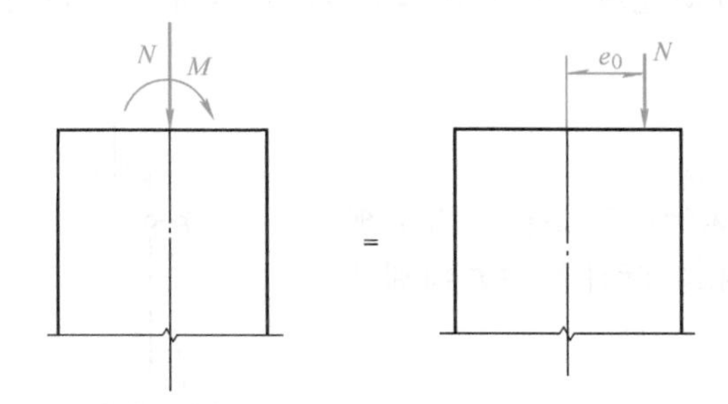

图 5-14 偏心受压构件的内力等效示意图

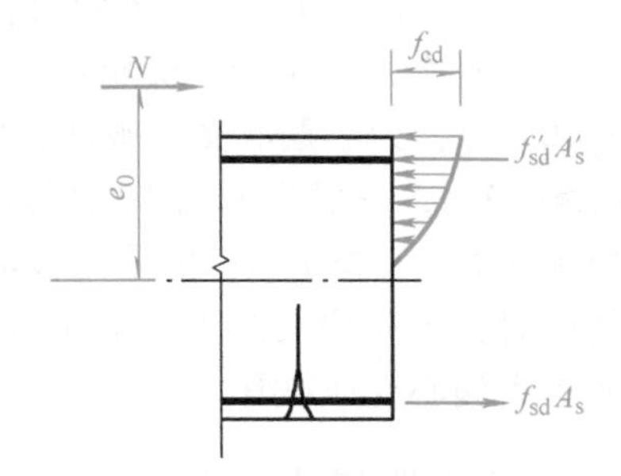

图 5-15 大偏心受压破坏形态

2. 受压破坏——小偏心受压构件

当构件的轴向压力的偏心距 e_0 较小，或偏心距 e_0 虽然较大但配置的受拉钢筋过多时，就发生这种类型的破坏。加荷后整个截面全部受压或大部分受压，靠近轴向压力 N 一侧的混凝土压应力较高，远离轴向压力一侧的压应力较小甚至受拉。随着荷载 N 逐渐增加，靠近轴向力 N 一侧的混凝土出现纵向裂缝，进而混凝土达到极限应变被压碎，纵向钢筋 A_s'屈服；远离 N 一侧的钢筋 A_s 可能受压，也可能受拉，但都达不到屈服强度（图 5-16）。由于这种构件的承载力取决于受压混凝土和受压钢筋，故称为**受压破坏**。受压破坏无明显预兆，属**脆性破坏**。

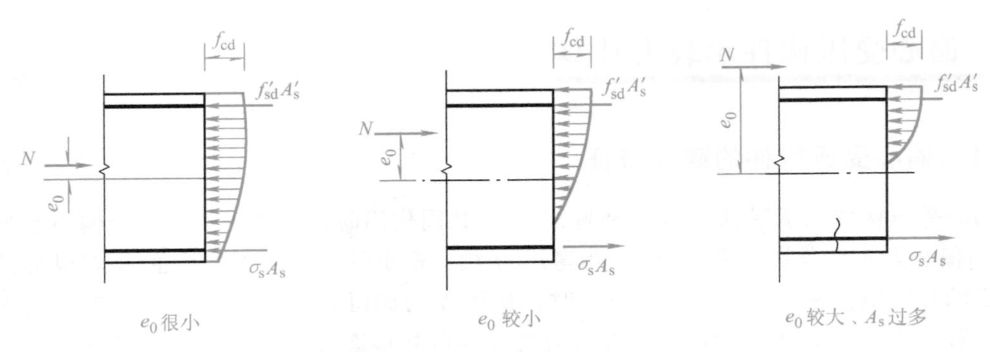

图 5-16　小偏心受压破坏形态

3. 受拉破坏与受压破坏的界限

综上可知，受拉破坏和受压破坏都属于“材料破坏”。其相同之处是，截面的最终破坏都是受压区边缘混凝土达到极限压应变而被压碎。不同之处在于截面破坏的起因不同，前者是受拉钢筋先屈服，后者是受压区混凝土先破坏。从小偏心受压破坏形态过渡到大偏心受压破坏形态，必定存在一种受压混凝土应力和受拉钢筋应力同时达到各自的强度极限的界限破坏形态，这一特征破坏称为**界限破坏**。受拉破坏与受压破坏可用相对界限受压区高度 ξ_b 作为界限（ξ_b 按表 4-2 采用），即

当 $\xi \leqslant \xi_b$ 时，为大偏心受压破坏；

当 $\xi > \xi_b$ 时，为小偏心受压破坏。

但在实际工程中，通常是已知偏心距的大小，而不是截面受压区的高度，因此用 ξ 来鉴别大、小偏心受压有时很不方便，最好用偏心距 e_0 来鉴别。根据分析，相应于 ξ_b 的界限状态偏心距 e_{0b} 的值在 $0.3h_0$ 上下变化，因此可近似地取平均值 $e_{0b}=0.3h_0$ 作为界限状态偏心距，并以此鉴别大、小偏心受压：

$e_0 < 0.3h_0$，为小偏心受压破坏；

$e_0 \geqslant 0.3h_0$，一般为大偏心受压破坏。

但须注意，$e_0 \geqslant 0.3h_0$ 仅是大偏心受压破坏的必要条件。当出现这种情况时，可先按大偏心受压计算，最后根据实际计算的 ξ 判别其是否属于大偏心受压破坏。

5.3.2　偏心距增大系数 η

钢筋混凝土受压构件在承受偏心荷载后，由于柱内存在初始弯矩 Ne_0（e_0 为纵向力对截面重心轴的偏心距），故要发生弯曲变形（图 5-17）。变形后柱内弯矩有一增量 $\Delta M = yN$（称为二阶弯矩，最大值为 fN）。y 随着荷载的增大而不断加大，因而弯矩的增长也就越来越快，结果致使柱的承载力降低。如 1/2 柱高处的初始偏心距将由 e_0 增大为（e_0+f），截面最大弯矩也将由 Ne_0 增大为 $N(e_0+f)$。引入偏心距增大系数 η，相当于用 ηe_0 代替（e_0+f）。

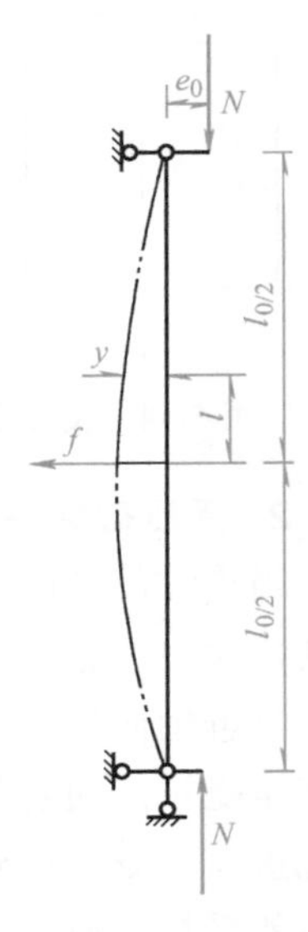

图 5-17　偏心受压构件的变形

对于短柱（矩形截面 $l_0/h \leqslant 5$），ΔM 很小，一般可不计其影响，取 $\eta = 1.0$。

对于长细比较大的长柱（矩形截面 $5<l_0/h\leqslant30$），必须考虑 ΔM 的影响，偏心距增大系数按下式计算：

$$\eta=1+\frac{1}{1400e_0/h_0}\left(\frac{l_0}{h}\right)^2\zeta_1\zeta_2 \tag{5-11}$$

$$\zeta_1=0.2+2.7\frac{e_0}{h_0}\leqslant1.0 \tag{5-12}$$

$$\zeta_2=1.15-0.01\frac{l_0}{h}\leqslant1.0 \tag{5-13}$$

式中 l_0——构件的计算长度；

e_0——轴向力对截面重心轴的偏心距；

h——矩形截面的高度；

h_0——截面的有效高度；

ζ_1——荷载偏心率对截面曲率的影响系数；

ζ_2——构件长细比对截面曲率的影响系数。

对于长细比很大的细长柱（矩形截面 $l_0/h>30$），构件达到最大承载力时其控制截面的材料强度还未充分达到极限强度，即此类破坏为失稳破坏，工程中不宜采用，其 η 应按专门方法确定。

5.3.3 矩形截面偏心受压构件承载力计算

5.3.3.1 基本计算公式

1. 大偏心受压（$\xi\leqslant\xi_b$）

(1) 计算简图 根据大偏心受压特征，作如下基本假定：

1) 截面应变保持为平面。

2) 不考虑混凝土的受拉作用。

3) 受压区混凝土应力采用等效矩形分布图，并达到混凝土轴心抗压强度设计值 f_{cd}，受拉区钢筋达到钢筋抗拉强度设计值 f_{sd}，受压区钢筋达到钢筋抗压强度设计值 f'_{sd}，并采用破坏时的偏心距 ηe_0。

大偏心受压构件承载力计算简图如图 5-18 所示。

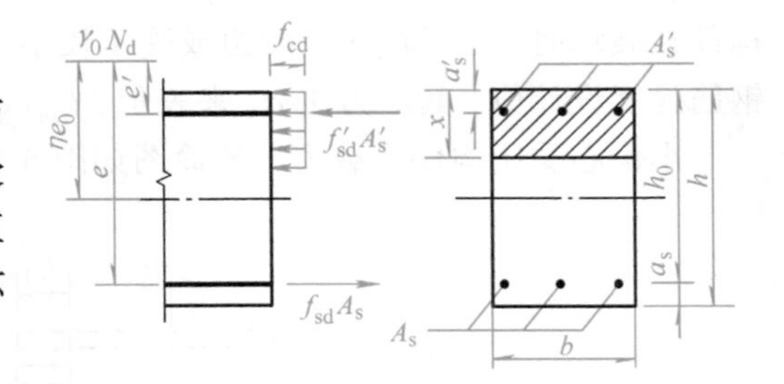

图 5-18 大偏心受压构件承载力计算简图

(2) 基本公式 根据计算简图，由静力平衡条件得

$$\gamma_0N_d\leqslant f_{cd}bx+f'_{sd}A'_s-f_{sd}A_s \tag{5-14}$$

$$\gamma_0N_de\leqslant f_{cd}bx\left(h_0-\frac{x}{2}\right)+f'_{sd}A'_s(h_0-a'_s) \tag{5-15}$$

式中 N_d——轴向压力组合设计值；

x——混凝土受压区高度；

e——轴向力 N_d 作用点至钢筋 A_s 合力作用点的距离，按式(5-16)计算。

$$e=\eta e_0+\frac{h}{2}-a_s \tag{5-16}$$

式中　η——偏心距增大系数。

(3)基本公式适用条件

1)为了保证构件在破坏时，受拉钢筋应力能达到抗拉强度设计值 f_{sd}，必须满足：

$$x\leqslant\xi_b h_0 \tag{5-17}$$

2)为了保证构件在破坏时，受压钢筋应力能达到抗压强度设计值 f'_{sd}，必须满足：

$$x\geqslant 2a_s' \tag{5-18}$$

当 $x<2a_s'$时，表示受压钢筋的应力可能达不到 f'_{sd}，此时，近似取 $x=2a_s'$，构件正截面承载力按下式计算：

$$\gamma_0 N_d e'\leqslant f_{sd}A_s(h_0-a_s') \tag{5-19}$$

式中　e'——轴向力 N_d 作用点至钢筋 A_s'合力作用点的距离，按式(5-20)计算。

$$e'=\eta e_0-\frac{h}{2}+a_s' \tag{5-20}$$

e'为正值，表示 N_d 作用在 A_s 与 A_s'之间；e'为负值，表示 N_d 作用在 A_s 与 A_s'之外。

以上是假定混凝土受压区的合力位置与受压钢筋 A_s'的合力位置重合并都位于 A_s'的合力位置处。如果按式（5-19）计算所得的承载力比不考虑受压钢筋的作用还小时，则在计算中不应考虑受压钢筋的工作，即取 $A_s'=0$ 进行计算。

2. 小偏心受压（$\xi>\xi_b$）

(1) 计算简图　小偏心受压构件的计算简图同大偏心受压构件的区别在于小偏心受压构件在破坏时，位于截面受拉边或受压较小边的纵向钢筋 A_s 不论是受拉还是受压，都达不到钢筋强度设计值，其应力用 σ_s 来表示，$f'_{sd}<\sigma_s<f_{sd}$。

小偏心受压构件承载力计算简图如图 5-19 所示。

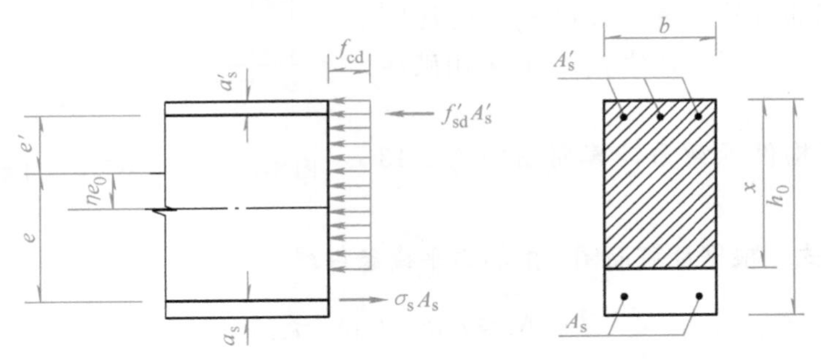

图 5-19　小偏心受压构件承载力计算简图

(2) 基本公式　根据计算简图，由静力平衡条件得

$$\gamma_0 N_d\leqslant f_{cd}bx+f'_{sd}A_s'-\sigma_s A_s \tag{5-21}$$

$$\gamma_0 N_d e \leqslant f_{cd} bx\left(h_0-\frac{x}{2}\right)+f'_{sd}A'_s(h_0-a'_s) \tag{5-22}$$

式中 σ_s——位于截面受拉边或受压较小边的纵向钢筋 A_s，可近似按式（5-23）计算。

$$\sigma_s=\varepsilon_{cu}E_s\left(\frac{\beta h_0}{x}-1\right)=\varepsilon_{cu}E_s\left(\frac{\beta}{\xi}-1\right) \tag{5-23}$$

式中 β——截面受压区矩形应力图高度与实际受压区高度的比值，按表 5-2 采用；

ε_{cu}——截面非均匀受压时，混凝土的极限压应变，当混凝土强度等级为 C50 及以下时，取 $\varepsilon_{cu}=0.0033$；当混凝土强度等级为 C80 时，取 $\varepsilon_{cu}=0.003$；中间强度等级用直线插入求得；

E_s——混凝土的弹性模量。

表 5-2 系数 β 值

混凝土强度等级	C50 及以下	C55	C60	C65	C70	C75	C80
β	0.80	0.79	0.78	0.77	0.76	0.75	0.74

小偏心受压破坏时，受拉边或压应力较小边钢筋一般不能屈服。但是，当纵向力作用在 A_s 和 A'_s之间且偏心距很小时，构件全截面受压，若 A_s 配置过少，则构件远离纵向力一侧的混凝土可能先被压坏。为了避免这种情况，对偏心距很小的小偏心受压构件，尚应满足下式要求：

$$\gamma_0 N_d e' \leqslant f_{cd} bh\left(h'_0-\frac{h}{2}\right)+f'_{sd}A_s(h'_0-a_s) \tag{5-24}$$

式中 h'_0——钢筋 A'_s合力作用点至远离轴向力 N_d 的截面边缘的距离；

e'——轴向力 N_d 作用点至钢筋 A'_s合力作用点的距离，$e'=\frac{h}{2}-a_s-e_0$，即当 N_d 作用在 A_s 与 A'_s之间时，e'不考虑 η。

5.3.3.2 计算方法

1. 非对称配筋矩形截面偏心受压构件截面设计

在进行偏心受压构件的截面设计时，通常已知 M_d 和 N_d（或已知 N_d 和偏心距 e_0），材料强度，截面尺寸 b、h，以及弯矩作用平面内构件的计算长度，要求确定纵向钢筋数量。

（1）计算 η

（2）大、小偏心受压的初步判别 当 $\eta e_0<0.3h_0$ 时，属小偏心受压构件；当 $\eta e_0 \geqslant 0.3h_0$ 时，可先按大偏心受压构件进行设计计算。

（3）计算纵向钢筋截面面积

1）大偏心受压构件。

情况 1：A_s 和 A'_s均未知。

在大偏心受压构件基本公式式（5-14）、式（5-15）中，存在 x、A_s 和 A'_s三个未知量，为了求解，从充分利用混凝土的抗压强度，使受拉和受压钢筋的总用量最少的原则出发，取 $x=\xi_b h_0$ 为补充条件，得

$$A_s'=\frac{\gamma_0 N_d e-f_{cd}bh_0^2\xi_b(1-0.5\xi_b)}{f_{sd}(h_0-a_s')}\geqslant 0.2\%bh \tag{5-25}$$

当计算的 $A_s'<0.2\%bh$ 或为负值时，说明柱截面尺寸偏大，应按 $A_s'\geqslant 0.2\%bh$ 选择钢筋，然后按 A_s'为已知的情况计算求 A_s，计算方法见情况 2。

当计算的 $A_s'\geqslant 0.2\%bh_0$ 时，A_s 按下式计算：

$$A_s=\frac{f_{cd}bh_0\xi_b+f'_{sd}A_s'-\gamma_0 N_d}{f_{sd}}\geqslant 0.2\%bh \tag{5-26}$$

情况 2：A_s'已知，A_s 未知。

此时，可由下式计算出 x。

$$x=h_0-\sqrt{h_0^2-\frac{2[\gamma_0 N_d e-f'_{sd}A_s'(h_0-a_s')]}{f_{cd}b}} \tag{5-27}$$

若 $2a_s'\leqslant x\leqslant \xi_b h_0$，则

$$A_s=\frac{f_{cd}bx+f'_{sd}A_s'-\gamma_0 b_0}{f_{sd}}\geqslant 0.002bh \tag{5-28}$$

若 $x<2a_s'$，则

$$A_s=\frac{\gamma_0 N_d e'}{f_{sd}(h_0-a_s')}\geqslant 0.002bh \tag{5-29}$$

若 $x>\xi_b h_0$，说明已知的 A_s 偏少，应按 A_s 未知的情况重新计算。

2）小偏心受压构件。

情况 1：A_s 和 A_s'均未知。

此时，A_s 的应力达不到屈服强度，其数量可按最小配筋率确定，即取 $A_s=0.2\%bh$。代入基本公式可得关于 x 的近似方程：

$$Ax^2+Bx+C=0$$

则

$$x=\frac{-B\pm\sqrt{B^2-4AC}}{2A} \tag{5-30}$$

$$A=0.5f_{cd}b \tag{5-31}$$

$$B=f_{sd}A_s\frac{1-a_s'/h_0}{\beta-\xi_b}-f_{cd}ba_s' \tag{5-32}$$

$$C=-f_{sd}\frac{\beta(h_0-a_s')}{\beta-\xi_b}A_s+\gamma_0 N_d e' \tag{5-33}$$

若 $x>h$，取 $x=h$。

将 x 值代入下式，即可求得 A_s'。

$$A_s'=\frac{\gamma_0 N_d e-f_{cd}bx(h_0-x/2)}{f_{sd}'(h_0-a_s')}\geqslant 0.002bh \tag{5-34}$$

应当注意，为了防止压应力较小边的钢筋应力达到设计值而破坏，当 $N_d\geqslant f_{cd}bh_0$ 时，还应按式（5-24）验算远离偏心力一侧的钢筋截面面积，当按式（5-24）算得的 A_s 大于按最小配筋率算得的值时，则应按较大值取用。

情况 2：A_s'已知，A_s 未知。

此时直接由式（5-22）求解 x。

若 $\xi_b h_0<x<h$，则截面部分受压、部分受拉，将 $\xi=x/h_0$ 代入式（5-23）求出 σ_s，再将 σ_s、A_s 代入式（5-21）即可求得 A_s'。

若 $x\geqslant h$，则为全截面受压，取 $x=h$，将 $\xi=h/h_0$ 代入式（5-23）求出 σ_s，再由式（5-21）即可求得 A_s。由式（5-21）求出的 A_s 还应与式（5-35）比较，取较大值。

$$A_s=\frac{\gamma_0 N_d e'-f_{cd}bh(h_0-h/2)}{f'_{sd}(h_0'-a_s)}\geqslant 0.002bh \tag{5-35}$$

（4）验算配筋率　偏心受压构件的配筋率应满足：

$$\rho_{\min}\leqslant\rho=\frac{A_s+A_s'}{A}\leqslant 5\% \tag{5-36}$$

其中，$\rho_{\min}=0.5\%$。当混凝土强度等级为 C50 及以上时，$\rho_{\min}=0.6\%$。

（5）垂直于弯矩作用平面的承载力验算　偏心受压构件除了需要按上述方法进行弯矩作用平面的承载力计算外，还必须按轴心受压构件验算垂直于弯矩作用平面的承载力。

（6）选配钢筋

2. 对称配筋矩形截面偏心受压构件截面设计

对称配筋矩形截面偏心受压构件截面设计

对称配筋时，截面设计步骤与非对称配筋相同，但大、小偏心受压的判别方法及钢筋面积计算公式有所不同。

对称配筋时，由于 $A_s=A_s'$，有

$$x=\frac{\gamma_0 N_d}{f_{cd}b} \tag{5-37}$$

若 $x\leqslant\xi_b h_0$，则为大偏心受压；若 $x>\xi_b h_0$，则为小偏心受压。

当 $x<2a_s'$时

$$A_s=A_s'=\frac{\gamma_0 N_d e'}{f_{sd}(h_0-a_s')} \tag{5-38}$$

当 $2a_s'\leqslant x\leqslant\xi_b h_0$ 时

$$A_s=A_s'=\frac{\gamma_0 N_d e-f_{cd}bx\left(h_0-\dfrac{x}{2}\right)}{f'_{sd}(h_0-a_s')} \tag{5-39}$$

当 $x>\xi_b h_0$ 时，$A_s=A_s'$仍按式（5-39）计算，但取式中 $x=\xi h_0$。ξ 可近似按下式计算：

$$\xi=\frac{\gamma_0 N_d-\xi_b f_{cd}bh_0}{\dfrac{\gamma_0 N_d e-0.43f_{cd}bh_0^2}{(\beta-\xi_b)(h_0-a_s')}+f_{cd}bh_0}+\xi_b \tag{5-40}$$

当 $x>h$ 时，计算承载力时取 $x=h$，计算 σ_s 时仍取 x。

【例 5-4】　某偏心受压构件的截面尺寸为 $b\times h=400\text{mm}\times500\text{mm}$，安全等级为二级，计算长度为 4m，轴向力组合设计值 $N_d=400\text{kN}$，弯矩组合设计值 $M_d=240\text{kN}\cdot\text{m}$，采用 C30 混凝土，纵向钢筋采用 HRB400 钢筋。试求所需纵向钢筋数量。

【解】　查得 $f_{cd}=13.8\text{MPa}$，$f_{sd}=f'_{sd}=330\text{MPa}$，$\xi_b=0.53$，$\gamma_0=1.0$。

取 $a_s=a_s'=40\text{mm}$，$h_0=h-a_s=(500-40)\text{mm}=460\text{mm}$。

1. 计算 e_0 和 η

$$e_0=\frac{M_d}{N_d}=\frac{240\times10^6}{400\times10^3}\text{mm}=600\text{mm}$$

因 $l_0/h=4000/500=8>5$，须计算 η。

$$\zeta_1=0.2+2.7\frac{e_0}{h_0}=0.2+2.7\times\frac{600}{460}=3.72>1.0\text{，取 }\zeta_1=1.0$$

$$\zeta_2=1.15-0.01\frac{l_0}{h}=1.15-0.01\times\frac{4000}{500}=1.07>1.0\text{，取 }\zeta_2=1.0$$

$$\eta=1+\frac{1}{1400e_0/h_0}\times\left(\frac{l_0}{h}\right)^2\zeta_1\zeta_2=1+\frac{1}{1400\times600/460}\times\left(\frac{4000}{500}\right)^2\times1.0\times1.0=1.035$$

2. 初步判别大、小偏心

$$\eta e_0=1.035\times600\text{mm}=621\text{mm}>0.3h_0=0.3\times460\text{mm}=138\text{mm}$$

可按大偏心受压构件设计。

3. 求 A_s、A_s'

$$e=\eta e_0+\frac{h}{2}-a_s=\left(1.035\times600+\frac{500}{2}-40\right)\text{mm}=831\text{mm}$$

$$\begin{aligned}A_s'&=\frac{\gamma_0N_de-f_{cd}bh_0^2\xi_b(1-0.5\xi_b)}{f_{sd}(h_0-a_s')}\\&=\frac{1.0\times400\times10^3\times831-13.8\times400\times460^2\times0.53\times(1-0.5\times0.53)}{330\times(460-40)}\text{mm}^2\\&=-885\text{mm}^2<0.2\%bh=0.2\%\times400\times500\text{mm}^2=400\text{mm}^2\end{aligned}$$

受压钢筋选配 2Φ16（$A_s'=402\text{mm}^2$）。

$$\begin{aligned}x&=h_0-\sqrt{h_0^2-\frac{2[\gamma_0N_de-f_{sd}'A_s'(h_0-a_s')]}{f_{cd}b}}\\&=460\text{mm}-\sqrt{460^2-\frac{2\times[1.0\times400\times10^3\times831-330\times402\times(460-40)]}{13.8\times400}}\text{mm}\\&=126.3\text{mm}\end{aligned}$$

$2a_s'=80\text{mm}\leqslant x\leqslant\xi_bh_0=0.53\times460\text{mm}=243.8\text{mm}$，则

$$\begin{aligned}A_s&=\frac{f_{cd}bx+f'_{sd}A_s'-\gamma_0N_d}{f_{sd}}\\&=\frac{13.8\times400\times126.3+330\times402-1.0\times400\times10^3}{330}\text{mm}^2\\&=1302.5\text{mm}^2>0.2\%bh=400\text{mm}^2\end{aligned}$$

受拉钢筋选配 3Φ25（$A_s=1473\text{mm}^2$）

4. 验算配筋率

$$\rho=\frac{A_s+A_s'}{A}=\frac{402+1473}{400\times500}=0.94\%$$

$\rho_{\min}(\rho_{\min}=0.5\%)<\rho<5\%$，所以满足要求。

5. 垂直于弯矩作用平面的承载力验算

$l_0/b=4000/400=10$，查得 $\varphi=0.98$，则

$$0.9\varphi[f_{cd}A+f'_{sd}(A_s'+A_s)]=0.9\times0.98\times[13.8\times400\times500+330\times(402+1473)]\text{N}$$
$$=2980057.5\text{N}>\gamma_0N_d=1500\text{kN}$$

垂直于弯矩作用平面的承载力验算满足要求。

钢筋布置如图 5-20 所示。

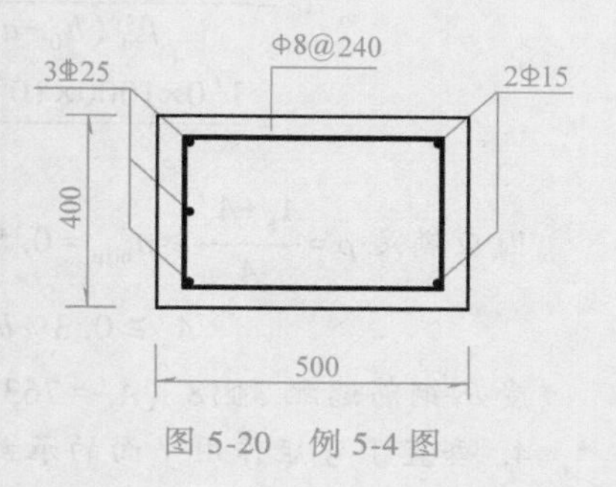

图 5-20 例 5-4 图

【例 5-5】 某钢筋混凝土柱截面尺寸 $b\times h=350\text{mm}\times600\text{mm}$，安全等级为二级，计算长度为 2.5m，轴向力组合设计值 $N_d=1000\text{kN}$，弯矩组合设计值 $M_d=80\text{kN}\cdot\text{m}$，采用 C30 混凝土，纵向钢筋采用 HRB400 钢筋。试求所需纵向钢筋数量。

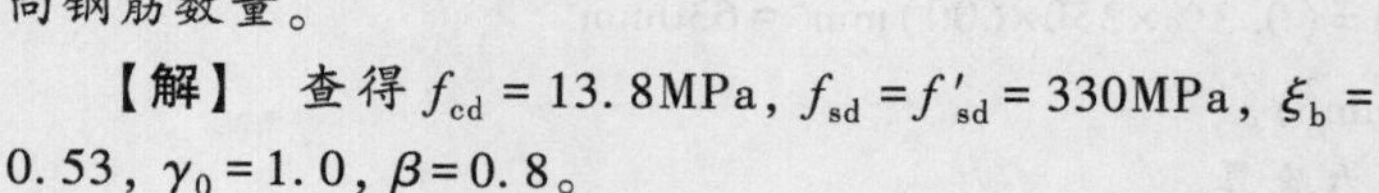

【解】 查得 $f_{cd}=13.8\text{MPa}$，$f_{sd}=f'_{sd}=330\text{MPa}$，$\xi_b=0.53$，$\gamma_0=1.0$，$\beta=0.8$。

取 $a_s=a_s'=40\text{mm}$，$h_0=h-a_s=(600-40)\text{mm}=560\text{mm}$。

1. 计算 e_0 和 η

$$e_0=\frac{M_d}{N_d}=\frac{80\times10^6}{1000\times10^3}\text{mm}=80\text{mm}$$

因 $l_0/h=2500/600=4.2<5$，故 $\eta=1.0$。

2. 初步判别大、小偏心

$$\eta e_0=1.0\times80\text{mm}=80\text{mm}<0.3h_0=0.3\times560\text{mm}=168\text{mm}$$

所以，按小偏心受压构件计算。

3. 求 A_s、A_s'

$$e'=\eta e_0-\frac{h}{2}+a_s'=\left(168-\frac{600}{2}+40\right)\text{mm}=-92\text{mm}$$

取 $A_s=0.2\%bh=(0.2\%\times350\times600)\text{mm}^2=420\text{mm}^2$，选配 3⌀14（$A_s=462\text{mm}^2$）。

$$A=0.5f_{cd}b=0.5\times13.8\times350\text{mm}^2=2415\text{mm}^2$$

$$B=f_{sd}A_s\frac{1-a_s'/h_0}{\beta-\xi_b}-f_{cd}ba_s'$$
$$=330\times462\times\frac{1-40/560}{0.8-0.53}-13.8\times350\times40=331133.3$$

$$C=-f_{sd}\frac{\beta(h_0-a_s')}{\beta-\xi_b}A_s+\gamma_0N_de'$$
$$=-330\times\frac{0.8\times(560-40)}{0.8-0.53}\times462+1.0\times1000\times10^3\times(-92)=-326901333.3$$

$$x=\frac{-B\pm\sqrt{B^2-4AC}}{2A}$$

$$=\frac{-331133.3\pm\sqrt{331133.3^2-4\times2415\times(-326901333.3)}}{2\times1610}\text{mm}$$

$=458.5\text{mm}$（负根舍去）

$$e=\eta e_0+\frac{h}{2}-a_s=\left(1.0\times80+\frac{600}{2}-40\right)\text{mm}=340\text{mm}$$

$$A_s'=\frac{\gamma_0N_de-f_{cd}bx(h_0-x/2)}{f_{sd}'(h_0-a_s')}$$

$$=\frac{1.0\times1000\times10^3\times340-13.8\times350\times458.5\times(560-458.5/2)}{330\times(560-40)}<0$$

因应满足 $\rho=\frac{A_s+A_s'}{A}\geqslant\rho_{min}=0.5\%$，而 $\frac{A_s}{A}=0.2\%$，故有

$$A_s'\geqslant0.3\%bh=(0.3\%\times350\times600)\text{mm}^2=630\text{mm}^2$$

受压钢筋选配3⌀18（$A_s'=763\text{mm}^2$）。

4. 垂直于弯矩作用平面的承载力验算

$l_0/b=2500/350=7.1<8$，故 $\varphi=1.0$。

$$0.9\varphi[f_{cd}A+f_{sd}'(A_s'+A_s)]=0.9\times1.0\times[13.8\times350\times600+330\times(460+763)]\text{N}$$
$$=2971431\text{N}>\gamma_0N_d=1000\text{kN}$$

垂直于弯矩作用平面的承载力验算满足要求。

钢筋布置如图5-21所示。

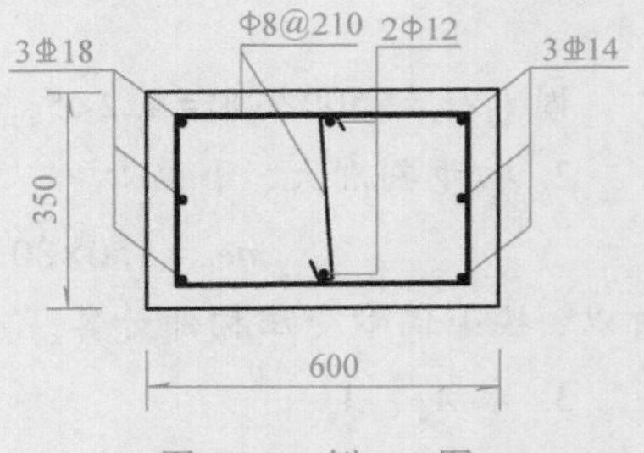

图5-21　例5-5图

【例5-6】 按对称配筋计算，求所需纵向钢筋数量，已知条件见例5-4。

【解】 1. 计算 e_0 和 η

由例5-4知，$e_0=600\text{mm}$，$\eta=1.035$。

2. 初步判别大、小偏心

$$x=\frac{\gamma_0N_d}{f_{cd}b}=\frac{1.0\times400\times10^3}{13.8\times400}=74.1\text{mm}<\xi_bh_0$$
$$=0.53\times460\text{mm}=243.8\text{mm}$$

为大偏心受压。

3. 计算 $A_s=A_s'$

由例5-4知，$e=831\text{mm}$。因 $x>2a_s'=80\text{mm}$，则

$$A_s=A_s'=\frac{\gamma_0N_de-f_{cd}bx\left(h_0-\frac{x}{2}\right)}{f_{sd}'(h_0-a_s')}$$

$$=\frac{1.0\times400\times10^3\times831-13.8\times400\times74.1\times(460-74.1/2)}{330\times(460-40)}\text{mm}^2$$

$$=1150.1\text{mm}^2>0.2\%bh=400\text{mm}^2$$

每侧纵向钢筋选配4⌀20（$A_s=A_s'=1256\text{mm}^2$）。

4. 验算配筋率

$\rho=\frac{A_s+A_s'}{A}=\frac{1256+1256}{400\times500}=1.26\%>\rho_{min}(\rho_{min}=0.5\%)<\rho<5\%$，所以满足要求。

5. 垂直于弯矩作用平面的承载力验算

由例 5-4 知，$\varphi=0.98$。

$$0.9\varphi[f_{cd}A+f'_{sd}(A_s+A'_s)]=0.9\times0.98\times[13.8\times400\times500+330\times(1256+1256)]\text{N}=3165462.7\text{N}>\gamma_0N_d=400\text{kN}$$

垂直于弯矩作用平面的承载力验算满足要求。

钢筋布置如图 5-22 所示。

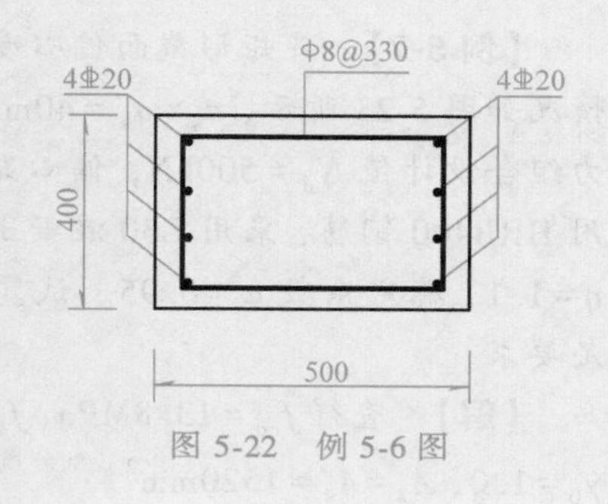

图 5-22 例 5-6 图

3. 矩形截面偏心受压构件截面承载力复核

已知：构件截面尺寸，计算长度，材料强度，钢筋数量 A_s、A'_s及布置情况，N_d 和 M_d。

求：构件承载力是否满足。

构件承载力复核需进行弯矩作用平面内和垂直于弯矩作用平面的承载力复核。

（1）弯矩作用平面内的承载力复核

1）计算 e_0 和 η。

2）判别大、小偏心受压。

$$x=(h_0-e)+\sqrt{(h_0-e)^2+\frac{2(f_{sd}A_se-f'_{sd}A'_se')}{f_{cd}b}} \tag{5-41}$$

若 $x\leqslant\xi_bh_0$，为大偏心受压；若 $x>\xi_bh_0$，为小偏心受压。

3）计算截面承载力 N_u。

若 $2a'_s\leqslant x\leqslant\xi_bh_0$，则直接将 x 代入下式计算 N_u。

$$N_u=f_{cd}bx+f'_{sd}A'_s-f_{sd}A_s \tag{5-42}$$

若 $x<2a'_s$时，先求得 $N_{u1}=f_{sd}A_s(h_0-a'_s)/e'$，然后按 $A'_s=0$ 重新求得 $x=h_0-\sqrt{h_0^2-\frac{2\gamma_0N_de}{f_{cd}b}}$，由此求得 $N_{u2}=f_{cd}bx$，N_u 取 N_{u1} 和 N_{u2} 中的较大值。

若 $x>\xi_bh_0$，由下式重新计算 x。

$$x=\frac{-B\pm\sqrt{B^2-4AC}}{2A} \tag{5-43}$$

其中

$$A=0.5f_{cd}b \tag{5-44}$$

$$B=f_{sd}A_se\frac{1}{(\beta-\xi_b)h_0}+f_{cd}b(e-h_0) \tag{5-45}$$

$$C=-f_{sd}\frac{\beta}{\beta-\xi_b}A_se+f'_{sd}A'_se' \tag{5-46}$$

将 x 代入式（5-23）求出 σ_s，然后按下式计算 N_u。

$$N_u=f_{cd}bx+f'_{sd}A'_s-\sigma_sA_s \tag{5-47}$$

4）判断截面承载力是否满足要求。

若 $N_u\geqslant\gamma_0N_d$，则截面承载力满足要求。

（2）垂直于弯矩作用平面的承载力复核 垂直于弯矩作用平面的承载力按轴心受压构件进行验算。

【例 5-7】　某矩形截面偏心受压构件，截面尺寸及配筋情况如图 5-23 所示，$a_s=a_s'=40\text{mm}$，安全等级为二级，轴向力组合设计值 $N_d=500\text{kN}$，偏心距 $e_0=400\text{mm}$，纵向钢筋采用 HRB400 钢筋，采用 C30 混凝土。已求得偏心距增大系数 $\eta=1.1$，稳定系数 $\varphi=0.95$。试复核该柱截面承载力是否满足要求。

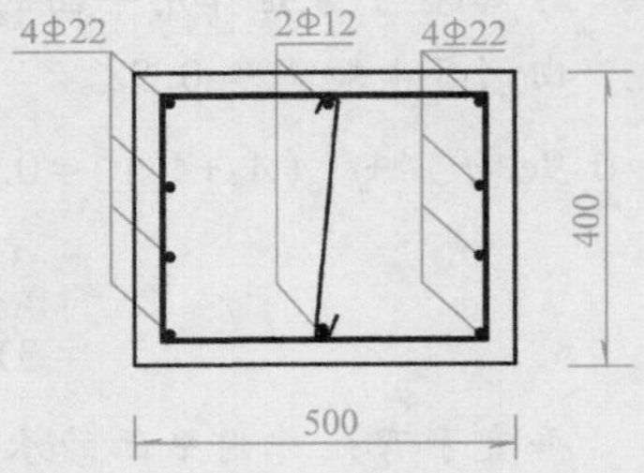

图 5-23　例 5-7 图

【解】　查得 $f_{cd}=13.8\text{MPa}$，$f_{sd}=f'_{sd}=330\text{MPa}$，$\xi_b=0.53$，$\gamma_0=1.0$，$A_s=A_s'=1520\text{mm}^2$。

$$h_0=h-a_s=(500-40)\text{mm}=460\text{mm}$$

1. 弯矩作用平面内的承载力复核

(1) 判别大、小偏心受压

$$e=\eta e_0+\frac{h}{2}-a_s=\left(1.1\times400+\frac{500}{2}-40\right)\text{mm}=650\text{mm}$$

$$e'=\eta e_0-\frac{h}{2}+a_s'=\left(1.1\times400-\frac{500}{2}+40\right)\text{mm}=230\text{mm}$$

$$x=(h_0-e)+\sqrt{(h_0-e)^2+\frac{2(f_{sd}A_s e-f'_{sd}A_s'e')}{f_{cd}b}}$$

$$=\left[460-650+\sqrt{(460-650)^2+\frac{2(330\times1520\times650-330\times1520\times230)}{13.8\times400}}\right]\text{mm}$$

$$=145.3\text{mm}<\xi_b h_0=0.53\times460\text{mm}=243.8\text{mm}$$

为大偏心受压。

(2) 计算截面承载力 N_u

因 $2a_s'=80\text{mm}\leqslant x\leqslant\xi_b h_0=243.8\text{mm}$，故

$$N_u=f_{cd}bx+f'_{sd}A_s'-f_{sd}A_s=(13.8\times400\times145.3+330\times1520-330\times1520)\text{N}$$
$$=802056\text{N}>\gamma_0 N_d=500\text{kN}$$

弯矩作用平面内的承载力满足要求。

2. 垂直于弯矩作用平面的承载力复核

$$0.9\varphi[f_{cd}A+f'_{sd}(A_s+A_s')]=0.9\times1.0\times[13.8\times400\times500+330\times(1520+1520)]\text{N}$$
$$=3386880\text{N}=3386.88\text{kN}>\gamma_0 N_d=500\text{kN}$$

垂直于弯矩作用平面的承载力验算满足要求。

计算表明，该柱弯矩作用平面内和垂直于弯矩作用平面的承载力都满足要求，故该柱承载力满足要求。

5.3.4　圆形截面偏心受压构件承载力计算简介

1. 计算公式

沿周边均匀配筋的圆形截面钢筋混凝土偏心受压构件的破坏特征与一般偏心受压构件相

似，但其承载力计算十分繁琐。为了简化计算，《混凝土桥涵规范》采用了一种简化的计算方法——等效钢环法。据此方法，混凝土强度等级 C50 以下的构件（图 5-24），其正截面抗压承载力可按下列公式计算：

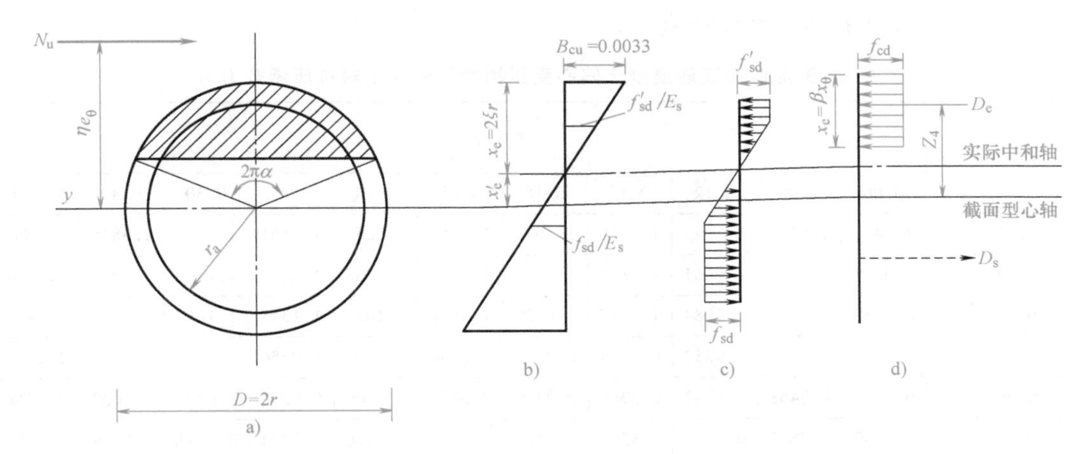

图 5-24 沿周边均匀配筋的圆形截面偏心受压构件计算

a）截面 b）应变 c）钢筋应力 d）混凝土等效矩形应力分布

$$\gamma_0 N_d \leqslant N_u = \alpha f_{cd} A\left(1-\frac{\sin 2\pi\alpha}{2\pi\alpha}\right)+(\alpha+\alpha_t) f_{sd} A_s \tag{5-48}$$

$$\gamma_0 N_d \eta e_0 \leqslant M_u = \frac{2}{3} f_{cd} A r \frac{\sin^3 \pi\alpha}{\pi} + f_{sd} A_s r_s \cdot \frac{\sin\pi\alpha+\sin\pi\alpha_t}{\pi} \tag{5-49}$$

式中 A——圆形截面面积；

A_s——全部纵向普通钢筋截面面积；

N_u、M_u——正截面抗压、抗弯承载力设计值；

r——圆形截面的半径；

r_s——纵向普通钢筋重心所在圆周的半径；

e_0——轴向力对截面重心的偏心距；

α——对应于受压区混凝土截面面积的圆心角（rad）与 2π 的比值；

α_t——纵向受拉普通钢筋截面面积与全部纵向普通钢筋截面面积的比值，$\alpha_t=1.25-2\alpha$，当 α_t 大于 0.625 时，取 α_t 为 0。

在工程计算中，使用查表简化计算方法。将式（5-49）除以式（5-48）可以得到：

$$\eta=\frac{e_0}{r}=\frac{\frac{2}{3}\frac{\sin^3\pi\alpha}{\pi}+\rho\frac{f_{sd}}{f_{cd}}\frac{r_s}{r}\frac{\sin\pi\alpha+\sin\pi\alpha_t}{\pi}}{\alpha\left(1-\frac{\sin 2\pi\alpha}{2\pi\alpha}\right)+(\alpha-\alpha_t)\rho\frac{f_{sd}}{f_{cd}}} \tag{5-50}$$

令

$$n_u=\alpha\left(1-\frac{\sin 2\pi\alpha}{2\pi\alpha}\right)+(\alpha-\alpha_t)\rho\frac{f_{sd}}{f_{cd}} \tag{5-51}$$

当混凝土强度等级在 C30～C50、纵向钢筋配筋率在 0.5%～4%之间，截面内纵向普通钢筋数量不少于 8 根时，沿周边均匀配置纵向钢筋的圆形截面钢筋混凝土偏心受压构件正截面抗压承载力计算表达式为：

$$N_u = n_u A f_{cd} \tag{5-52}$$

式中　n_u——构件相对抗压承载力，可查表5-3确定；

f_{cd}——混凝土抗压强度设计值。

表 5-3　圆形截面钢筋混凝土偏心受压构件正截面相对抗压承载力 n_u

$\eta=\frac{e_0}{r}$	$\rho\frac{f_{sd}}{f_{cd}}$										
	0.06	0.09	0.12	0.15	0.18	0.21	0.24	0.27	0.30	0.40	0.50
0.01	1.0487	1.0783	1.1079	1.1375	1.1671	1.1968	1.2264	1.2561	1.2857	1.3846	1.4835
0.05	1.0031	1.0316	1.0601	1.0885	1.1169	1.1454	1.1738	1.2022	1.2306	1.3254	1.4201
0.10	0.9438	0.9711	0.9984	1.0257	1.0529	1.0802	1.1074	1.1345	1.1617	1.2521	1.3423
0.15	0.8827	0.9090	0.9352	0.9614	0.9875	1.0136	1.0396	1.0656	1.0916	1.1781	1.2643
0.20	0.8206	0.8458	0.8709	0.8960	0.9210	0.9460	0.9709	0.9958	1.0206	1.1033	1.1856
0.25	0.7589	0.7829	0.8067	0.8302	0.8540	0.8778	0.9016	0.9254	0.9491	1.0279	1.1063
0.30	0.7003	0.7247	0.7486	0.7721	0.7953	0.8181	0.8408	0.8632	0.8855	0.9590	1.0316
0.35	0.6432	0.6684	0.6928	0.7165	0.7397	0.7625	0.7849	0.8070	0.8290	0.9008	0.9712
0.40	0.5878	0.6142	0.6393	0.6635	0.6869	0.7097	0.7320	0.7540	0.7757	0.8641	0.9147
0.45	0.5346	0.5624	0.5884	0.6132	0.6369	0.6599	0.6822	0.7041	0.7255	0.7949	0.8619
0.50	0.4839	0.5133	0.5403	0.5657	0.5898	0.6130	0.6354	0.6573	0.6786	0.7470	0.8126
0.55	0.4359	0.4670	0.4951	0.5212	0.5458	0.5692	0.5917	0.6135	0.6347	0.7022	0.7666
0.60	0.3910	0.4238	0.4530	0.4798	0.5047	0.5283	0.5509	0.5727	0.5938	0.6605	0.7237
0.65	0.3495	0.3840	0.4141	0.4414	0.4667	0.4905	0.5131	0.5348	0.5558	0.6217	0.6837
0.70	0.3116	0.3475	0.3784	0.4062	0.4317	0.4556	0.4782	0.4998	0.5206	0.5857	0.6466
0.75	0.2773	0.3143	0.3459	0.3739	0.3996	0.4235	0.4460	0.4674	0.4881	0.5523	0.6120
0.80	0.2468	0.2845	0.3164	0.3446	0.3702	0.3940	0.4164	0.4377	0.4581	0.5214	0.5799

2. 计算方法

(1) 截面承载力复核

已知：f_{cd}、f'_{sd}、r、η、M_d、N_d。

求：截面承载力是否满足要求。

先计算截面偏心距 e_0 和偏心距增大系数 η，得到参数 $\eta e_0/r$。然后由已知圆形截面直径和实际纵向钢筋面积、混凝土和钢筋强度设计值计算得到参数 $\rho f_{sd}/f_{cd}$ 的计算值。

根据参数 $\rho f_{sd}/f_{cd}$ 和 $\eta e_0/r$ 值，查表5-3得到参数 n_u 的值。当不能直接查到时，可以采用内插法得到 n_u 值。

将查表得到的 n_u 值代入式（5-52），得到圆形截面钢筋混凝土偏心受压构件正截面抗压承载力 N_u。

若 $N_u \geqslant \gamma_0 N_d$，则截面承载力满足要求，否则不满足要求。

(2) 配筋设计

已知：f_{cd}、f'_{sd}、r、η、M_d、N_d。

求：纵向钢筋截面面积。

先计算截面偏心距 e_0 和偏心距增大系数 η，得到参数 $\eta e_0/r$。然后由式（5-52）计算，得到参数计算值 n_u。

根据参数计算值 $\eta e_0/r$ 和 n_u 查表5-3得到参数 $\rho f_{sd}/f_{cd}$ 值。当不能直接查到时，可以采用内插法计算得到。

由查表得到的参数 $\rho f_{sd}/f_{cd}$ 值计算纵向钢筋的配筋率 ρ，应符合最小配筋率要求，并计算得到所需的纵向钢筋截面面积。

【例5-8】 某圆形钢筋混凝土柱，直径 $d=1500\text{mm}$，计算长度为24.17m，安全等级为二级，轴向力组合设计值 $N_d=2970\text{kN}$，弯矩组合设计值 $M_d=2278\text{kN}\cdot\text{m}$，采用C30混凝土，纵向钢筋采用HRB400钢筋。试求所需纵向钢筋数量。

【解】 查得 $f_{cd}=13.8\text{MPa}$，$f_{sd}=f'_{sd}=280\text{MPa}$，$\gamma_0=1.0$。

1. 计算 e_0 和 η

$$e_0=\frac{M_d}{N_d}=\frac{2278\times10^6}{2970\times10^3}\text{mm}=767\text{mm}$$

取 $a_s=50\text{mm}$，则

$$r_s=r-a_s=(1500/2-50)\text{mm}=700\text{mm}$$

$$h_0=r+r_s=(750+700)\text{mm}=1450\text{mm}$$

$$h=d=1500\text{mm}$$

$l_0/h>5$，需考虑 η。

$$\zeta_1=0.2+2.7\frac{e_0}{h_0}=0.2+2.7\times\frac{767}{1450}=1.68>1.0\text{，取 }\zeta_1=1.0$$

$$\zeta_2=1.15-0.01\frac{l_0}{h}=1.15-0.01\times\frac{24170}{1500}=0.989$$

$$\eta=1+\frac{1}{1400e_0/h_0}\left(\frac{l_0}{h}\right)^2\zeta_1\zeta_2$$

$$=1+\frac{1}{1400\times767/1450}\left(\frac{24170}{1500}\right)^2\times1.0\times0.989=1.347$$

2. 计算参数 n_u

$$\eta e_0/r=1.347\times767/50=1.38$$

$$A=\frac{\pi d^2}{4}=\frac{3.14\times1500^2}{4}=176.71\times10^4\text{mm}^2$$

$$n_u=\frac{N}{Af_{cd}}=\frac{2970\times10^3}{176.71\times10^4\times13.8}=0.122$$

3. 计算参数 $\rho f_{sd}/f_{cd}$

$\eta e_0/r=1.38$，$\rho f_{sd}/f_{cd}=0.09$ 时，$n_{u1}=0.1079+\frac{1.4-1.38}{1.4-1.3}\times(0.1224-0.1077)=0.1106$

$\eta e_0/r=1.38$，$\rho f_{sd}/f_{cd}=0.12$ 时，$n_{u2}=0.1316+\frac{1.4-1.38}{1.4-1.1}\times(0.1481-0.1316)=0.1349$

$n_u=0.122$ 时，$\rho f_{sd}/f_{cd}=0.09+\dfrac{0.122-0.1106}{0.1349-0.1106}\times(0.12-0.09)=0.104$

4. 计算 A_s

$$\rho=\frac{0.104f_{cd}}{f_{sd}}=\frac{0.104\times13.8}{330}=0.0043<0.005$$

因此，$A_s=\rho\pi r^2=0.005\times3.14\times750^2=8831\text{mm}^2$

选配 16⌀28（$A_s=9853\text{mm}^2$）

警示园地——山东济南国棉一厂厂房倒塌事故

工程概况：

该厂房建筑面积为 45073m²。柱网布置 8m×14m，柱高 4.6m，屋面为薄壳板。

事故描述：

1983 年 7 月 22 日，在吊装薄壳板时，其中一排五根柱及柱上构件全部倒塌，这次事故发生在工人外出用餐时，因而没有造成人员伤亡。

事故原因：

该厂房为单层锯齿形钢筋混凝土装配式结构，其柱子分为一般柱和特殊柱，一般柱是柱头的北向悬挑尺寸大，而特殊柱是南向悬挑尺寸大，其受力特点有很大区别。设计时，将特殊柱套用了一般柱，柱断面尺寸为 400mm×300mm，应配筋 8ϕ22，而实际只配 4ϕ18，实际配筋为应配钢筋的 30%，承载力严重不足，使柱子产生大偏心受压破坏。

小 结

1. 受压构件分为轴心受压构件和偏心受力构件。按照箍筋配置方式不同，钢筋混凝土轴心受压柱可分为普通箍筋柱和螺旋箍筋柱。

在实际结构中，真正的轴心受压构件几乎不存在。但当这种偏心距很小时，为计算方便，可近似按轴心受压构件计算。

偏心受压构件的纵向钢筋配置方式有两种：一种是对称配筋，另一种是非对称配筋。

2. 在截面、配筋、材料相同的条件下，长柱承载力低于短柱承载力。在确定轴心受压构件承载力计算公式时，规范采用构件的稳定系数 φ 来表示长柱承载力降低的程度。

钢筋混凝土轴心受压柱的正截面承载力计算公式为

$$\gamma_0 N_d\leqslant0.9\varphi(f_{cd}A+f'_{sd}A'_s)$$

螺旋箍筋柱承载力计算公式为

$$\gamma_0 N_d\leqslant0.9(f_{cd}A_{cor}+f'_{sd}A'_s+kf_{sd}A_{s0})$$

3. 按照轴向力的偏心距和配筋情况的不同，偏心受压构件的破坏可分为受拉和受压破坏两种情况。其相同之处是，截面的最终破坏都是受压区边缘混凝土达到极限压应变而被压碎，但前者是受拉钢筋先屈服，后者是受压区混凝土先破坏。受拉破坏属于延性破坏，受压破坏属脆性破坏。

受拉破坏与受压破坏可用相对界限受压区高度ξ_b作为界限：当$\xi \leqslant \xi_b$时，为大偏心受压破坏；当$\xi > \xi_b$时，为小偏心受压破坏。

4. 大偏心受压构件承载力计算基本公式为

$$\gamma_0 N_d \leqslant f_{cd} bx + f'_{sd} A_s' - f_{sd} A_s$$

$$\gamma_0 N_d e \leqslant f_{cd} bx\left(h_0 - \frac{x}{2}\right) + f'_{sd} A_s'(h_0 - a_s')$$

小偏心受压构件承载力计算基本公式为

$$\gamma_0 N_d \leqslant f_{cd} bx + f'_{sd} A_s' - \sigma_s A_s$$

$$\gamma_0 N_d e \leqslant f_{cd} bx\left(h_0 - \frac{x}{2}\right) + f'_{sd} A_s'(h_0 - a_s')$$

圆形截面偏心受压构件的正截面抗压承载力公式为

$$\gamma_0 N_d \leqslant N_u = \alpha f_{cd} A\left(1 - \frac{\sin 2\pi\alpha}{2\pi\alpha}\right) + (\alpha - \alpha_t) f_{sd} A_s$$

$$\gamma_0 N_d \eta e_0 \leqslant M_u = \frac{2}{3} f_{cd} A r \frac{\sin^3 \pi\alpha}{\pi} + f_{sd} A_s r_s \left(\frac{\sin\pi\alpha + \sin\pi\alpha_t}{\pi}\right)$$

思考题

5-1 在受压构件中，纵筋、箍筋的作用分别是什么？什么情况下需设置复合箍筋？

5-2 简述轴心受压短柱、长柱的破坏特征。

5-3 间接钢筋柱为什么能提高承载力？它应满足的条件有哪些？

5-4 试说明偏心距增大系数的意义。

5-5 大偏心受压和小偏心受压的破坏特征有何区别？

5-6 大、小偏心受压的界限是什么？非对称配筋截面设计时，为什么要以界限偏心距来判断大、小偏心受压？

5-7 试比较大偏心受压构件和双筋受弯构件的应力分布和计算公式的异同。

5-8 在大偏心和小偏心受压构件截面设计时为什么都要补充一个条件（或方程）？这补充条件是根据什么建立的？

5-9 对称配筋和非对称配筋各有何优缺点？

5-10 简述圆形截面偏心受压构件配筋设计的基本思路。

习 题

5-1 有一钢筋混凝土柱，截面尺寸 500mm×500mm，计算长度为 5.5m，承受轴向力组合设计值N_d= 3500kN，混凝土强度等级 C30，纵向钢筋采用 HBR400 钢筋，箍筋采用 HPB300 钢筋。求所需的纵筋截面面积。

5-2 某钢筋混凝土正方形截面轴心受压构件，计算长度 9m，安全等级二级，承受轴向力组合设计值 1700kN，采用 C30 混凝土，HRB400 钢筋。试确定构件截面尺寸和纵向钢筋截面面积，并绘出配筋图。

5-3 有一现浇轴心受压柱，截面尺寸为 300mm×250mm，计算长度 4.5m，$a_s = a_s' = 40$mm，安全等级二级，承受轴向力组合设计值 400kN，混凝土强度等级 C30，纵向钢筋为 4Φ25。试复核柱是否安全。

5-4 某圆形截面螺旋箍筋柱，安全等级二级，计算长度 3m，承受轴向力组合设计值 1000kN，混凝土强度等级 C30，纵向受力钢筋选用 HRB400 钢筋，螺旋箍筋采用 HPB300 钢筋。试设计该柱。

5-5　某钢筋混凝土矩形柱，截面尺寸 $b\times h=400\text{mm}\times500\text{mm}$，计算长度 $l_0=5\text{m}$，安全等级二级，混凝土强度等级为 C30，钢筋为 HRB400，承受弯矩组合设计值 190kN · m，轴向压力组合设计值 510kN。分别按非对称配筋和对称配筋计算纵筋截面面积。

5-6　某钢筋混凝土矩形柱，截面尺寸 $b\times h=500\text{mm}\times650\text{mm}$，计算长度 $l_0=8.9\text{m}$，安全等级二级，混凝土强度等级为 C25，钢筋为 HPB300，承受弯矩组合设计值 350kN · m，轴向压力组合设计值 2500kN。求分别按非对称配筋和对称配筋计算纵筋截面面积。

5-7　矩形截面偏心受压构件，截面尺寸为 450mm×600mm，计算长度 8m，安全等级二级，混凝土强度等级 C30，承受弯矩组合设计值 350kN · m，轴向压力组合设计值 1500kN，采用对称配筋，每侧配置纵向受力钢筋 4⌀22，$a_s=a_s'=40\text{mm}$。试复核该柱的承载力。

单元6

钢筋混凝土受拉构件

- 学习目标

了解钢筋混凝土受拉构件承载力计算方法。

- 本单元重点

偏心受拉构件承载力计算方法。

- 本单元难点

偏心受拉构件承载力计算方法。

钢筋混凝土受拉构件可分为轴心受拉构件和偏心受拉构件两类。**当轴向拉力作用点与截面重心重合时，称为轴心受拉构件；当构件上既作用有拉力又作用有弯矩，或轴向拉力作用点偏离截面重心时，称为偏心受拉构件。**

在钢筋混凝土桥梁中，常见的受拉构件有：桁架拱桥中的拉杆、桁架梁桥中的拉杆和系杆拱桥中的系杆等。

6.1 轴心受拉构件承载力计算

在轴心受拉构件中，开裂以前，钢筋与混凝土共同承担拉力。当构件破坏时，混凝土因开裂而退出工作，纵向外拉力全部由钢筋承担。当钢筋达到抗拉强度设计值时，构件达到其承载力极限，轴心受拉构件的承载力计算公式为

$$\gamma_0 N_d \leqslant f_{sd} A_s \tag{6-1}$$

式中 γ_0——桥梁结构的重要性系数；

N_d——轴向力组合设计值；

f_{sd}——钢筋抗拉强度设计值；

A_s——纵向受拉钢筋的截面面积。

6.2 偏心受拉构件承载力计算

6.2.1 偏心受拉构件的破坏特征

偏心受拉构件一般采用矩形截面，截面上作用有轴向拉力，截面在靠近偏心拉力的一侧配有受拉钢筋 A_s，在另一侧配有受压钢筋 A_s'。

偏心受拉构件试验表明，根据轴向力作用位置的不同，构件破坏特征可分为两种情况：

(1) 拉力 N_d 作用在 A_s 合力点及 A_s' 合力点之外（图 6-1） 此时，截面在 A_s 侧虽然开裂，但其必然有受压区存在，否则，整个截面上的受力就不会平衡，既然有压区存在，整个截面就不会裂通，这种情况称为**大偏心受拉**。

大偏心受拉构件的破坏形态与大偏心受压构件相似，即在受拉一侧混凝土发生裂缝，钢筋承受全部拉力，而在另一侧形成受压区。随着荷载的增加，裂缝继续开展，受压区混凝土

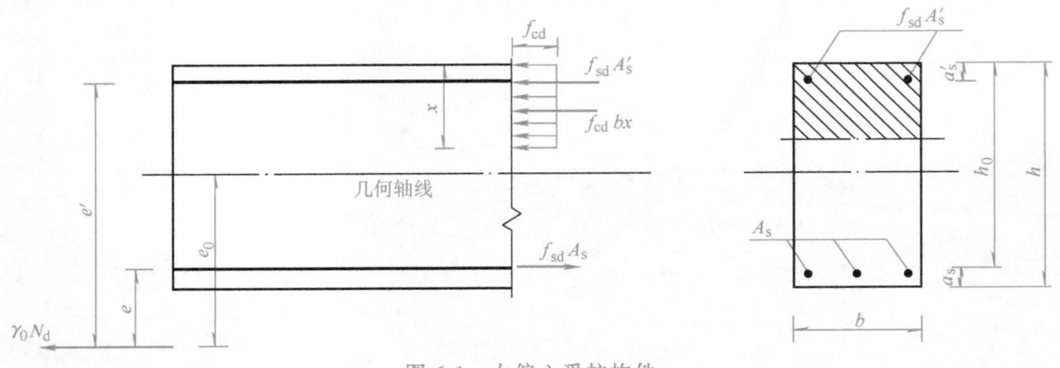

图 6-1 大偏心受拉构件

面积减小，最后受拉钢筋达到屈服强度f_{sd}，受压区混凝土被压碎而破坏，如图 6-1 所示。

(2) 拉力 N_d 作用在钢筋 A_s 合力点及 A_s' 合力点之间（图 6-2） 当 N_d 作用在 A_s 与 A_s'之间时，全截面受拉，在截面 A_s 侧开裂后不会有压区存在，破坏时全截面裂通，轴向拉力 N_d 仅由 A_s 侧及 A_s'侧钢筋受拉来平衡，这种情况称为**小偏心受拉**。

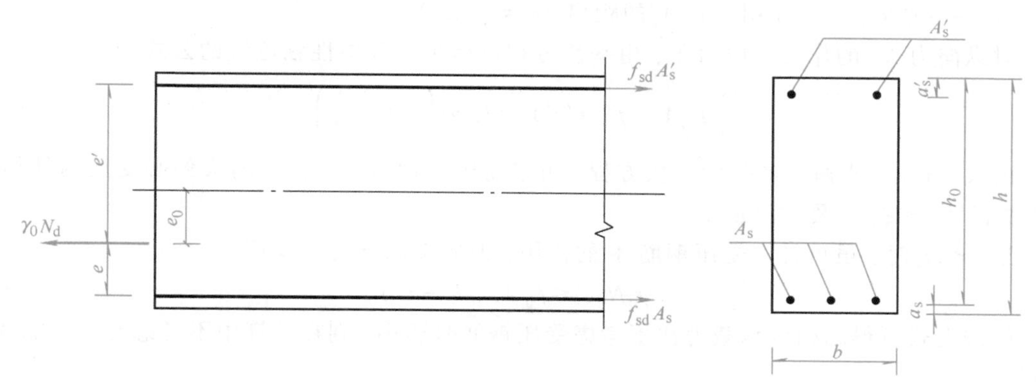

图 6-2 小偏心受拉构件

6.2.2 偏心受拉构件的正截面承载力计算

1. 小偏心受拉构件

小偏心受拉构件在拉力作用下，破坏时截面全部裂通，拉力完全由钢筋 A_s 及 A_s'承担，并达到抗拉强度设计值f_{sd}（图 6-2）。计算构件正截面抗拉承载力时，分别对钢筋 A_s 及 A_s'合力作用点取矩，可得基本公式

$$\gamma_0 N_d e \leqslant f_{sd} A_s'(h_0 - a_s') \tag{6-2}$$

$$\gamma_0 N_d e' \leqslant f_{sd}' A_s (h_0' - a_s) \tag{6-3}$$

式中 e'——轴向力 N_d 作用点到 A_s'的距离；$e' = e_0 + h/2 - a_s'$；

e——轴向力 N_d 作用点到 A_s 的距离，$e = \dfrac{h}{2} - e_0 - a_s$；

e_0——轴向力作用点到截面形心轴的距离。

由式（6-2）、式（6-3）可求得钢筋的截面面积为

$$A_s \geqslant \frac{\gamma_0 N_d e}{f_{sd}(h_0 - a_s')} \tag{6-4}$$

$$A_s' \geqslant \frac{\gamma_0 N_d e'}{f_{sd}(h_0' - a_s)} \tag{6-5}$$

A_s 及 A_s'均应满足最小配筋率的要求。

对于偏心拉力的作用，可看成是轴向拉力和弯矩的共同作用，在设计中若遇到若干组不同的荷载组合，应按最大 N_d 与最大 M_d 的荷载组合来计算 A_s，按最大 N_d 和最小 M_d 的荷载组合来计算 A_s'。

2. 大偏心受拉构件

(1) 基本公式 根据图 6-1 计算简图，由构件截面力的平衡条件可得到

$$\gamma_0 N_d \leqslant f_{sd} A_s - f_{sd}' A_s' - f_{cd} b x \tag{6-6}$$

由截面内外力对钢筋 A_s 的合力作用点取矩，可得到

$$\gamma_0 N_d e \leqslant f'_{sd} A'_s (h_0 - a'_s) + f_{cd} b x \left(h_0 - \frac{x}{2}\right) \tag{6-7}$$

式中　e——轴向力 N_d 作用点到 A_s 的距离，$e = e_0 - h/2 + a_s$；

e'——轴向力 N_d 作用点到 A'_s 的距离，$e' = e_0 + h/2 - a'_s$。

对纵向力 N_d 的作用点取力距，由平衡方程可得到计算中性轴位置的公式为

$$(f_{sd} A_s e - f'_{sd} A'_s e') = f_{cd} b x \left(e + h_0 - \frac{x}{2}\right) \tag{6-8}$$

由式（6-8）求解 x 的一元二次方程，可求得中性轴高度 x 值。与大偏心受压构件相同，x 必须满足 $x \leqslant \xi_b h_0$ 及 $x \geqslant 2a'_s$。

当 $x < 2a'_s$ 时，虽可计入受压钢筋 A'_s 的作用，但应按以下公式验算：

$$\gamma_0 N_d e' \leqslant f_{sd} A_s (h_0 - a'_s) \tag{6-9}$$

如按上式所得的构件承载力比不考虑受压钢筋时还小，则在计算中不考虑受压钢筋 A'_s 的作用。

（2）计算方法　在大偏心受拉构件设计时，为了能充分发挥材料的强度，取 $x = \xi_b h_0$，此时的钢筋用量最小，设计最为经济。

当为对称配筋的大偏心受拉构件时，由于 $f_{sd} = f'_{sd}$，$A_s = A'_s$，经过基本公式的计算，必然会求得 x 为负值，亦即 $x < 2a'_s$ 的情况。此时可用对钢筋 A'_s 合力点取矩以及令 $A'_s = 0$ 两种方法分别求出所需的 A_s 值，然后取其较小值配筋。

对于大偏心受拉构件的具体计算方法，可参考大偏心受压构件，所不同的仅是 N_d 为拉力。注意，A_s 及 A'_s 应满足最小配筋率的要求：$\rho_{min} = 0.45 f_{cd}/f_{sd}$ 且 $\rho_{min} \geqslant 0.2\%$。

偏心受拉构件在承受轴向拉力和弯矩的同时，有时还要承受剪力作用。当剪力较大，可能会发生斜截面破坏，但目前对斜截面承载力计算研究不够充分，故在《混凝土桥涵规范》中未对偏心受拉构件斜截面承载力计算作出规定。

钢筋混凝土受拉构件需配置纵向钢筋和箍筋（图 6-3），箍筋直径不应小于 6mm，间距一般为 150~200mm。轴心受拉构件纵向钢筋采用对称布置方式，钢筋的最小配筋率参考受弯构件中受拉钢筋。偏心受拉构件纵向钢筋可采用对称布置和非对称布置两种方式，靠近偏心力一侧的钢筋的最小配筋率取受弯构件中受拉钢筋的最小配筋率，远离偏心力一侧的钢筋的最小配筋率取受压钢筋的最小配筋率 $\rho_{min} = 0.002$。

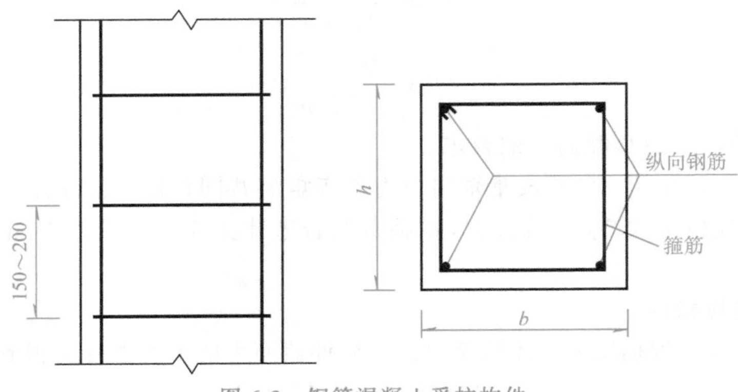

图 6-3　钢筋混凝土受拉构件

警示园地——南昌市天空之城北地块地下车库局部开裂事件

事故描述：

2020年7月11日，南昌市天空之城北地块地下车库发生局部上浮事件，引发地下车库35个结构柱及部分顶板、底板、柱帽开裂（图6-4）。

图6-4 结构柱及部分顶板、底板、柱帽开裂

事故原因：

（1）该地下室顶板抗浮设计要求覆土厚度为1.2~1.35m，而实际上顶板未及时覆土。地下室底板坐落在填土层上，地下室基坑与地下室外墙间的回填土及地下室底板下填土，形成了渗流通道，地表积水渗入地下室底板下导致了地下室上浮。

（2）尽管7月上旬南昌市连续多日暴雨导致水位持续上涨是事件发生的客观因素，但施工总承包单位在省防汛指挥部于7月10日10时将防汛三级应急响应提升至二级，省应急厅、省水利厅于7月10日10时分别启动了防汛救灾一级应急响应和防汛一级应急响应，以及在明知天空之城北地块1#楼与6#楼之间地下车库顶板区域后浇带已封闭且顶板覆土未回填的情况下，没有采取及时有效的应急措施，是导致该区域地下车库上浮的直接原因。

（3）监理单位存在对汛期施工应急预案落实不力的情况，在已启动了防汛二级应急响应的汛期，未对地下车库局部顶板未覆土情况下的应急响应措施进行有效的监管。

小 结

1. 轴心受拉构件的正截面承载力计算的基本公式为

$$\gamma_0 N_d \leq f_{sd} A_s$$

2. 偏心受压构件分为小偏心受拉构件（纵向力作用在钢筋A_s合力作用点与A_s'合力点之间）和大偏心受压构件（纵向力作用在钢筋A_s合力作用点与A_s'合力点之外）。

（1）矩形截面小偏心受拉构件正截面承载力计算基本公式为

$$\gamma_0 N_d e \leq f_{sd} A_s'(h_0 - a_s')$$

$$\gamma_0 N_d e' \leqslant f'_{sd} A_s (h_0' - a_s)$$

（2）大偏心受拉构件的破坏形态与大偏心受压构件相似，其计算公式及步骤与大偏心受压也相似，但轴向力 N_d 的方向相反。

思考题

6-1 哪些构件属于受拉构件？试举例说明。

6-2 怎样判别大、小偏心受拉构件？

6-3 大、小偏心受拉构件正截面承载力计算公式的适用条件是什么？意义是什么？

单元7

钢筋混凝土受扭构件

- **学习目标**

1. 掌握受扭构件的构造特点。
2. 了解承载力计算方法。

- **本单元重点**

受扭构件的构造要求。

- **本单元难点**

受扭构件承载力计算方法。

受扭构件是指承受扭矩 T 作用的受力构件，如弯梁桥和斜梁（板）桥即为桥涵结构中常见的受扭构件。

7.1　矩形截面受扭构件承载力计算

7.1.1　纯扭构件

在实际工程中，纯扭构件并不常见，较多出现的是弯矩、扭矩和剪力共同作用的构件。由于弯、扭、剪共同作用的相互影响，使得构件的受力状况非常复杂。而纯扭是研究弯扭构件受力的基础，因此，对矩形截面受扭构件承载力计算的研究，将从纯扭构件（图 7-1）开始。

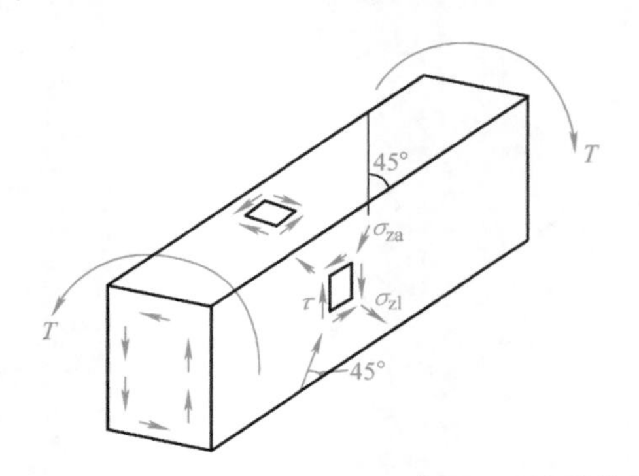

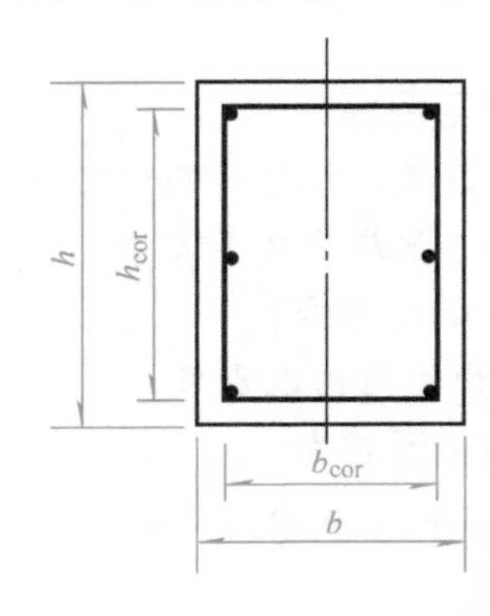

图 7-1　矩形截面纯扭构件

1. 纯扭构件的破坏特征

扭矩在构件中引起的主拉应力轨迹线与构件轴线成 45°角。因此，理论上讲，在纯扭构件中配置抗扭钢筋的最理想方案是沿 45°方向布置螺旋形箍筋，使其与主拉应力方向一致，以期取得较好的受力效果。然而，螺旋箍筋在受力上只能适应一个方向的扭矩，而在桥梁工程中，由于活荷载作用，扭矩将不断变化方向，如果扭矩改变方向，则螺旋箍筋也必须相应地改变方向，这在构造上是复杂的。因此，实际工程中通常都采用由箍筋和纵向钢筋组成的空间骨架来承担扭矩，并尽可能地在保证必要的保护层厚度下，沿截面周边布置钢筋，以增强抗扭能力。

在抗扭钢筋骨架中，箍筋的作用是直接抵抗主拉应力，限制裂缝的发展；纵筋用来平衡构件中的纵向分力，且在斜裂缝处，纵筋可产生销栓作用，抵抗部分扭矩，并可抑制斜裂缝地开展。

图 7-2 为配置箍筋和纵筋的受扭构件，从加载到破坏的扭矩 T-θ 关系曲线。

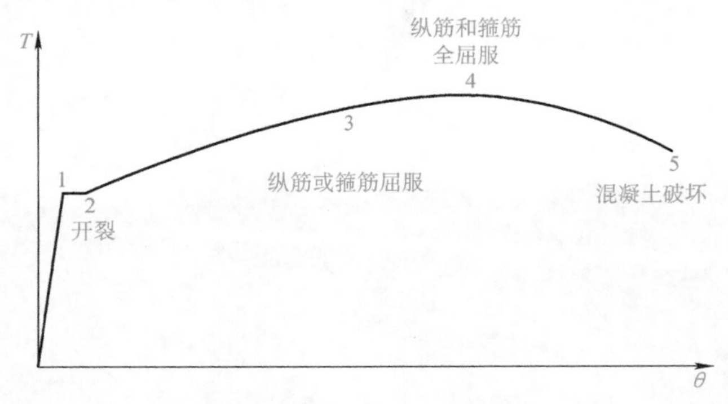

图 7-2　钢筋混凝土受扭构件的 T-θ 关系曲线

由图 7-2 可知，加载初期，截面扭转变形很小，其性能与素混凝土受扭构件相似。当斜裂缝出现以后，由于混凝土部分卸载，钢筋应力明显增大，扭转角加大，扭转刚度明显降低，在 $T\text{-}\theta$ 曲线上出现水平段。当扭转角增加到一定值后，钢筋应变趋于稳定，形成新的受力状态。当继续施加荷载时，变形增长较快，裂缝的数量逐步增多，裂缝宽度逐渐加大，构件的四个面上形成连续的或不连续的与构件纵轴成某个角度的螺旋形裂缝。这时的 $T\text{-}\theta$ 曲线大体还是呈直线变化。当荷载接近极限扭矩时，在构件的截面长边上的斜裂缝中，有一条发展为临界斜裂缝，与这条空间斜裂缝相交的部分箍筋（长肢）或部分纵筋将首先屈服，产生较大的非弹性变形，这时 $T\text{-}\theta$ 曲线趋于水平。到达极限扭矩时，和临界斜裂缝相交的箍筋短肢及纵向钢筋相继屈服，但未与临界斜裂缝相交的箍筋和纵筋并没有屈服。由于这时斜裂缝宽度已很大，混凝土逐步退出工作，故构件的抵抗扭矩开始逐步下降，最后在构件的另一长边上出现压区塑性铰线或出现两个裂缝间混凝土被压碎的现象，构件破坏。

钢筋混凝土受扭构件在开裂前，钢筋的应力很小，钢筋对开裂扭矩的影响不大，因此可以忽略钢筋对开裂扭矩的影响，作为素混凝土受扭构件来考虑在开裂扭矩的问题。

《混凝土桥涵规范》规定，钢筋混凝土矩形截面纯扭构件的最大计算切应力为

$$\tau_{\max}=\frac{\gamma_0 T}{W_t} \tag{7-1}$$

式中 W_t——截面受扭塑性抵抗矩，按式（7-2）计算。

$$W_t=\frac{b^2}{6}(3h-b) \tag{7-2}$$

式中 b——矩形截面截面宽度；

h——矩形截面截面高度。

试验表明，当 $\tau>0.50\times10^{-3}f_{td}$ 时，构件将会开裂。因此，矩形截面纯扭构件的开裂扭矩为

$$T_f=0.50\times10^{-3}f_{td}\frac{b^2}{6}(3h-b)/\gamma_0 \tag{7-3}$$

式中 T_f——矩形截面构件开裂扭矩；

f_{td}——混凝土轴心抗拉强度设计值。

抗扭钢筋的配置对矩形截面构件的抗扭能力有很大的影响。图 7-3 为不同抗扭配筋率的受扭构件的 $T\text{-}\theta$ 关系曲线。由图 7-3 可知，抗扭钢筋越少，裂缝出现引起的钢筋的应力突变就越大，水平段相对较长。当配筋很少时，会由于扭矩不再增大而扭转角不断加大导致破坏。因此，极限扭矩和抗扭刚度的大小在很大程度上取决于抗扭钢筋的数量。

根据配筋率的多少，钢筋混凝土矩形截面受扭构件的破坏形态一般分为以下几种：

（1）少筋破坏 当抗扭钢筋数量过少时，在构件受扭开裂后，由于钢筋没有足够的能力承受混凝土开裂后卸给它的那部分外扭矩，因此构件立即破坏，其破坏性质与素混凝土构件无异。

（2）适筋破坏 在正常配筋的条件下，随着外扭矩的不断增加，抗扭箍筋和纵筋首先达到屈服强度，然后主裂缝迅速开展，最后促使混凝土受压面被压碎，构件破坏。这种破坏的发生是延续的、可预见的，与受弯构件适筋梁相类似。

（3）超筋破坏 当抗扭钢筋配置过多，或混凝土强度过低时，随着外扭矩的增加，构件混凝土先被压碎，从而导致构件破坏，而此时抗扭箍筋和纵筋均还未达到屈服点。这种破

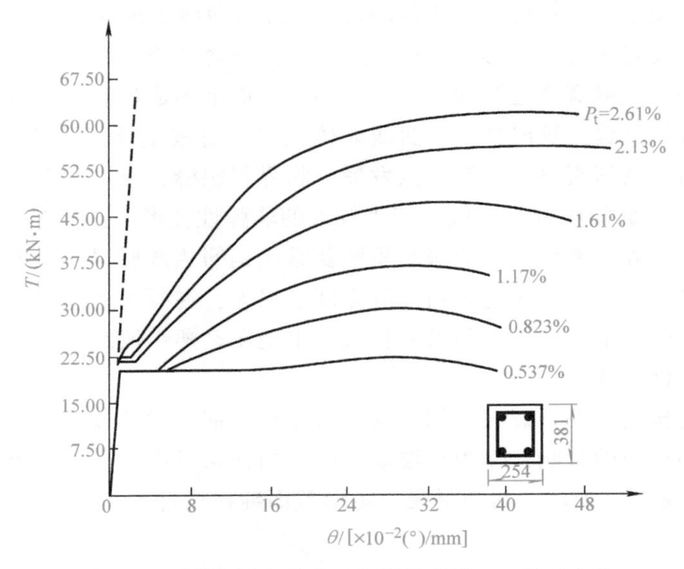

图 7-3 不同抗扭配筋率的受扭构件的 T-θ 关系曲线

坏的特征与受弯构件超筋梁相类似，属于脆性破坏的范畴，又称为完全超筋破坏。由于其破坏的不可预见性，完全超筋构件在设计时必须予以避免。

(4) 部分超筋破坏 当抗扭箍筋或纵筋中的一种配置过多时，构件破坏时只有部分纵筋或箍筋屈服，而另一部分抗扭钢筋（箍筋或纵筋）尚未达到屈服强度。这种构件称为部分超配筋构件，破坏时具有一定的脆性破坏性质。

由于抗扭钢筋是由纵筋和箍筋两部分所组成，因此，纵筋的数量、强度和箍筋的数量、强度的比例（简称**配筋强度比**，以 ζ 表示）对抗扭强度有一定的影响。当箍筋用量相对较少时，构件抗扭强度就由箍筋控制，这时再多配纵筋也不能起到提高抗扭强度的作用。

若将纵筋和箍筋之间的数量比例用钢筋的体积比来表示，则配筋强度比 ζ 的表达式为

$$\zeta=\frac{f_{sd}A_{st}s_v}{f_{sv}A_{svl}U_{cor}} \tag{7-4}$$

式中 ζ——纯扭矩构件纵向钢筋与箍筋的配筋强度比；

A_{st}——全部抗扭纵筋的截面面积；

s_v——纯扭计算中箍筋的间距；

f_{sd}——纵向钢筋抗拉强度设计值；

f_{sv}——箍筋的抗拉强度设计值；

A_{svl}——纯扭计算中箍筋的单肢截面面积；

U_{cor}——截面核心面积的周长，$U_{cor}=2(b_{cor}+h_{cor})$，$b_{cor}$、$h_{cor}$ 分别为核心面积的短边和长边尺寸。

试验结果表明，$\zeta=0.5\sim2.0$ 时，抗扭纵筋和抗扭箍筋基本上能在构件破坏前屈服。为安全起见，对钢筋混凝土构件，规范规定 ζ 值应符合 $0.6\leqslant\zeta\leqslant1.7$ 的要求，通常取 $\zeta=1.2$ 为宜，当 $\zeta>1.7$ 时，取 $\zeta=1.7$。

2. 纯扭构件的承载力计算

《混凝土桥涵规范》中对受扭构件的承载力计算，是建立在斜弯曲破坏理论上的。纯扭

构件承载力的基本计算式为

$$\gamma_0 T_d \leqslant 0.35\beta_a f_{td} W_t + 1.2\sqrt{\zeta}\frac{f_{sv}A_{sv1}A_{cor}}{s_v} \tag{7-5}$$

式中 T_d——扭矩组合设计值；

β_a——箱形截面有效壁厚折减系数，对矩形截面，$\beta_a = 1.0$；

A_{cor}——由箍筋内表面包围的截面核芯面积，$A_{cor} = b_{cor}h_{cor}$。

当使用式（7-5）进行矩形截面抗扭承载力计算时，必须符合下列两个条件：

1）当抗扭钢筋配置量过多，受扭构件可能在抗扭钢筋屈服之前由于混凝土被压碎而告破坏，即发生脆性破坏，在这种情况下，即使增加抗扭钢筋数量，其抗扭承载力也几乎不再增加，也就是说，这时构件的抗扭承载力取决于混凝土强度和截面尺寸。为了防止这种脆性破坏，《混凝土桥涵规范》采用限制应力的方法，使得构件截面尺寸不得过小，也限制了总的抗扭钢筋配筋量不致过大，因此，受扭构件截面必须满足

$$\frac{\gamma_0 T_d}{W_t} \leqslant 0.51\times10^{-3}\sqrt{f_{cu,k}} \tag{7-6}$$

2）钢筋混凝土矩形截面受扭构件，当荷载效应小于开裂扭矩时，则不致出现裂缝。但为了避免发生受扭少筋破坏，当满足下式要求时，必须按构造要求配置抗扭钢筋。

$$\frac{\gamma_0 T_d}{W_t} \leqslant 0.50\times10^{-3}f_{td} \tag{7-7}$$

当进行矩形截面纯扭构件的截面设计时，需要按基本计算公式进行专门抗扭钢筋设计，其条件是

$$0.50\times10^{-3}f_{td} \leqslant \frac{\gamma_0 T_d}{W_t} \leqslant 0.51\times10^{-3}\sqrt{f_{cu,k}} \tag{7-8}$$

其算法如下：

取 ζ 为某一值，由式（7-5）可得所需抗扭箍筋的单肢截面积为

$$A_{sv1} \geqslant \frac{(\gamma_0 T_d - 0.35\beta_a f_{td} W_t)s_v}{1.2 f_{sv} A_{cor}\sqrt{\zeta}} \tag{7-9}$$

根据式（7-4），得

$$f_{sv}A_{sv1}/s_v = f_{sd}A_{st}/(\zeta U_{cor}) \tag{7-10}$$

将式（7-10）代入式（7-5），得

$$\gamma_0 T_d \leqslant 0.35\beta_a f_{td} W_t + 1.2\sqrt{\zeta}\frac{f_{sd}A_{st}A_{cor}}{\zeta U_{cor}} \tag{7-11}$$

由式（7-11），可以求得所需抗扭纵筋的总面积为

$$A_{st} \geqslant \frac{(\gamma_0 T_d - 0.35\beta_a f_{td} W_t)U_{cor}\sqrt{\zeta}}{1.2 f_{sd} A_{cor}} \tag{7-12}$$

7.1.2 弯、剪、扭构件

弯矩、剪力和扭矩共同作用下的钢筋混凝土构件，其受力状态是十分复杂的。在配筋适

当的条件下，当弯矩作用较小，即扭弯比$\left(\varphi=\dfrac{T}{M}\right)$大时，一般是弯曲垂直裂缝最早出现，扭转的斜裂缝接着在截面的长边中点附近出现，并逐渐向两侧伸展。斜裂缝的数量也不断增加，而且大大超过垂直裂缝，这种裂缝与构件纵轴的夹角接近45°。当构件接近破坏时，斜裂缝迅速发展，且与垂直裂缝并不相连，即与垂直裂缝的位置无关。这种破坏称**扭型破坏**。

作用于构件上的弯矩再加大时，就有可能使弯曲受拉区钢筋屈服，承载能力就由梁底的纵筋屈服所控制。其裂缝发展过程是垂直裂缝在弯曲受拉区边缘出现后逐渐向腹部发展，成为与斜裂缝贯通的歪斜裂缝，最终构件将沿着其中延伸较长、扩展较宽的一条斜裂缝破坏。这种破坏称**弯型破坏**。

当梁的侧边纵筋和箍筋配置不足时，特别是在梁高较大时会出现由于梁侧边纵筋首先达到屈服而导致构件发生破坏，其承载能力由侧边钢筋所控制。这种破坏既不同于顶部钢筋屈服的扭型破坏，也不同于梁底部纵筋屈服的弯型破坏，称为**弯扭型破坏**。

在弯矩、剪力和扭矩共同作用下，很难提出符合实际情况而又便于设计应用的理论计算公式。故弯矩、剪力、扭矩共同作用下，钢筋混凝土构件的配筋计算，目前多采用简化计算方法。

《混凝土桥涵规范》目前采用叠加计算的简化方法，即按弯矩单独作用时求得抗弯所需纵筋；按扭矩单独作用时求得抗扭所需的纵筋和箍筋；按剪力单独作用，仅设箍筋而不设斜筋时，求得抗剪所需的箍筋，然后分别进行所需纵筋、箍筋的叠加，得到弯矩剪力扭矩共同作用下构件所需钢筋。

矩形截面承受弯矩、剪力、扭矩的构件，其截面应符合式（7-13）要求。

$$\frac{\gamma_0 V_d}{bh_0}+\frac{\gamma_0 T_d}{W_t}\leqslant 0.51\times10^{-3}\sqrt{f_{cu,k}} \tag{7-13}$$

当符合式（7-14）条件时，可不进行构件的抗扭承载力计算，按构造要求配置钢筋即可。

$$\frac{\gamma_0 V_d}{bh_0}+\frac{\gamma_0 T_d}{W_t}\leqslant 0.50\times10^{-3}f_{td} \tag{7-14}$$

式中 V_d——剪力组合设计值。

当$0.50\times10^{-3}f_{td}\leqslant\dfrac{\gamma_0 V_d}{bh_0}+\dfrac{\gamma_0 T_d}{W_t}\leqslant 0.51\times10^{-3}\sqrt{f_{cu,k}}$时，要进行承载力计算，方法如下：

1）按弯矩单独作用计算时，其承载力计算公式同受弯构件。

2）按扭矩单独作用计算时，所需抗扭箍筋的单肢截面积按下式计算。

$$A_{sv1}\geqslant\frac{(\gamma_0 T_d-\beta_t 0.35\beta_a f_{td}W_t)s_v}{1.2f_{sv}A_{cor}\sqrt{\zeta}} \tag{7-15}$$

所需抗扭纵筋的总截面面积按下式计算：

$$A_{st}\geqslant\frac{(\gamma_0 T_d-\beta_t 0.35\beta_a f_{td}W_t)U_{cor}\sqrt{\zeta}}{1.2f_{sd}A_{cor}} \tag{7-16}$$

式中　β_t——剪扭构件抗扭承载力降低系数，$\beta_t=\dfrac{1.5}{1+0.5\dfrac{V_d W_t}{T_d b h_0}}$，当 $\beta_t<0.5$ 时，取 $\beta_t=0.5$，当 $\beta_t>1.0$ 时，取 $\beta_t=1.0$。

3）按剪力单独作用计算时，其承载力计算公式为

$$\gamma_0 V_d \leqslant \alpha_1 \alpha_3 \frac{(10-2\beta_t)}{20} b h_0 \sqrt{(2+0.6P)\sqrt{f_{cu,k}}\rho_{sv} f_{sv}} \tag{7-17}$$

α_1、α_3 意义见4.3.2节。

则按剪力单独作用时所需箍筋配筋率为

$$\rho_{sv}=\frac{\left[\dfrac{\gamma_0 V_d}{\alpha_1 \alpha_3\left(\dfrac{10-2\beta_t}{20}\right) b h_0}\right]^2}{(2+0.6P)\sqrt{f_{cu,k}} f_{sv}} \tag{7-18}$$

7.2　T形截面受扭构件承载力计算要点

T形截面可以看成是由简单矩形截面（腹板、翼板两块）所组成的复杂截面（图7-4）。由于受扭时各个矩形截面的扭转角是相同的，因此在计算时可以认为：每个矩形截面所受的扭矩，可根据各自的受扭塑性抵抗矩按正比例进行分配，从而得到作用于腹板、翼板分块之上的扭矩设计值为

$$T_{wd}=\frac{W_{tw}}{W_t}T_d \tag{7-19}$$

$$T'_{fd}=\frac{W'_{tf}}{W_t}T_d \tag{7-20}$$

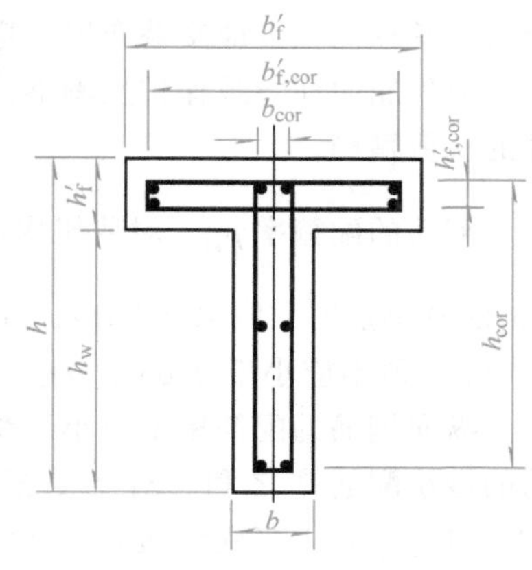

图7-4　T形截面

式中　T_d——T形截面构件承受的扭矩设计值；

T_{wd}——分配给腹板的扭矩设计值；

T'_{fd}——分配给受压翼缘的扭矩设计值；

W_{tw}、W'_{tf}——分别为腹板和受压翼缘受扭塑性抵抗矩；

W_t——T形截面总的受扭塑性抵抗矩，$W_t=W_{tw}+W'_{tf}$。

腹板的受扭塑性抵抗矩按式（7-2）计算；受压翼缘的受扭塑性抵抗矩按下式计算，

$$W'_{tf}=\frac{h_f'^2}{2}(b'_f-b) \tag{7-21}$$

式中　b'_f、h'_f——受压翼缘的宽度和厚度，$b'_f\leqslant b+bh'_f$。

按式（7-19）、式（7-20）求出腹板、翼板所承担的扭矩 T_{wd}、T_{fd}' 以后，即可分别按矩形截面构件的计算方法，计算抗扭钢筋数量。

7.3　构造要求

由于外荷载扭矩是靠抗扭钢筋的抵抗扭矩来平衡的，因此，在保证必要的保护层的前提下，箍筋与纵筋均应尽可能地布置在构件周边的表面处，以增大抵抗效果。此外，由于位于角隅、棱边处的纵筋受到主压应力的作用，易翘出平面，使混凝土保护层向外侧推出而剥落，因此，纵向钢筋必须布置在箍筋的内侧，靠箍筋来限制其外推，如图 7-5 所示。

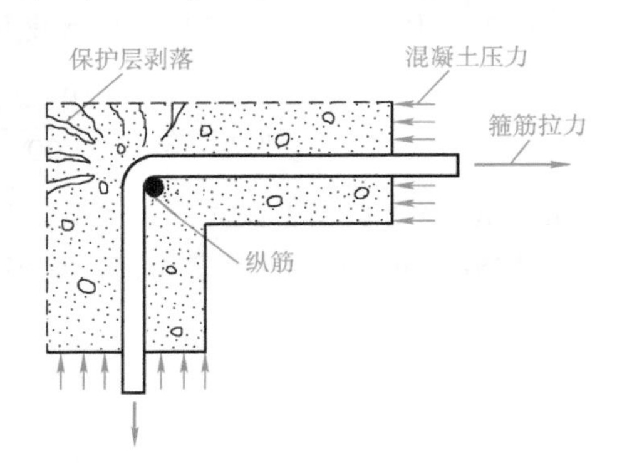

图 7-5　受扭构件角隅处的受力状态

抗扭纵筋应均匀地布置在箍筋的内侧。抗扭纵筋间距不应大于 300mm，数量不少于 4 根，布置在矩形截面的四个角隅处，其直径不应小于 8mm；纵筋末端应按抗拉留有足够的锚固长度。架立钢筋和梁肋两侧纵向抗裂分布筋若有可靠的锚固，也可充当抗扭钢筋。在抗弯钢筋一边，可选用较大直径的钢筋来满足抵抗弯矩和扭矩的需要。

为保证箍筋在扭坏的连续裂缝面上都能有效地承受主拉应力作用，抗扭箍筋必须做成封闭式箍筋（图 7-6），在箍筋的末端做成 135°弯钩，弯钩应箍牢纵向钢筋，相邻箍筋的弯钩接头，其纵向位置应交替布置，弯钩平直段的长度约为箍筋直径的 10 倍。为了防止箍筋间纵筋向外屈曲而导致保护层剥落，箍筋间距不宜过大。抗扭箍筋的直径和间距要求同受弯构件的抗剪箍筋。

箍筋的配箍率 ρ_{sv}，对剪扭构件（梁的腹板）不应小于 $\left[(2\beta_t-1)\left(0.055\dfrac{f_{cd}}{f_{sv}}-c\right)+c\right]$，当采用 HPB300 钢筋时 c 值取 0.0014，当采用 HRB400 钢筋时 c 值取 0.0011；对于纯扭构件（梁的翼板）c 值不应小于 $0.055f_{cd}/f_{sv}$。

纵向钢筋的配筋率不应小于受弯构件纵向受力钢筋的最小配筋率与受扭构件纵向受力钢筋的最小配筋率之和。对于受扭构件，其纵向钢筋的最小配筋率，当受剪扭时可取 $0.08(2\beta_t-1)f_{cd}/f_{sd}$；当受纯扭时，取 $0.08f_{cd}/f_{sd}$。

T 形截面的受扭构件，必须将各个矩形截面的抗扭钢筋配成笼状骨架，且使截面沿各个矩形单元部分的抗扭钢筋互相交错地牢固连成整体，如图 7-7 所示。

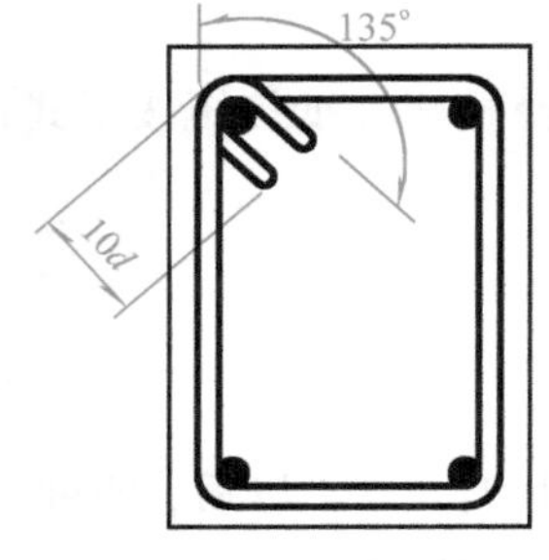

图 7-6　抗扭箍筋的构造

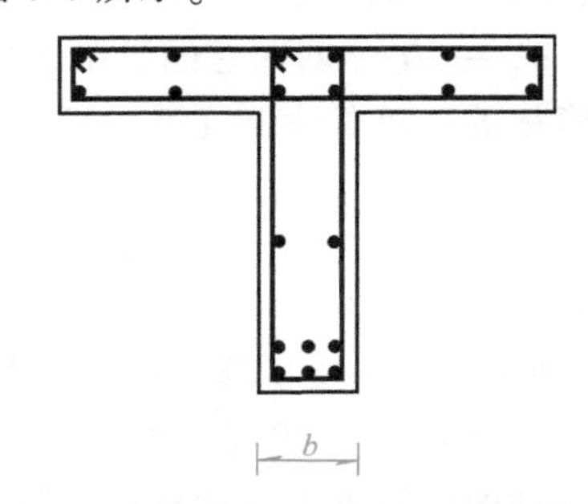

图 7-7　T 形截面的抗扭钢筋骨架

警示园地——杭州绕城西线五常收费站附近斜交部分发生倒塌事故

事故描述：

2016年3月25日杭州绕城西线五常收费站附近斜交部分发生倒塌，如图7-8所示。

图7-8　破坏现场

事故原因：

现场调研表明，桥梁西侧有大面积的堆土，部分区域堆土高度甚至超过桥面。该桥的地基土为高压缩性、高流动性、低抗剪强度的软土，在堆土重力作用下，由于土的泊松效应，受压土体竖向压缩，同时发生侧向膨胀。斜交桥桩基受到土体挤压产生侧向位移与侧向推力。由于地形、侧向堆土高度、桩与堆土之间距离均不同，距离堆载越近桩体受力越大，两桥墩、桩基承受不同的水平推力。对于斜交桥，由同一盖梁的相连的2个桩基上不同的水平推力将导致2#-1桥墩受扭，如图7-9、图7-10所示。结合现场情况，可见桥梁一侧混凝土被压碎，并有斜向空间扭转破坏特征，可认定该桥是由于外界堆土导致桥墩发生扭转破坏。

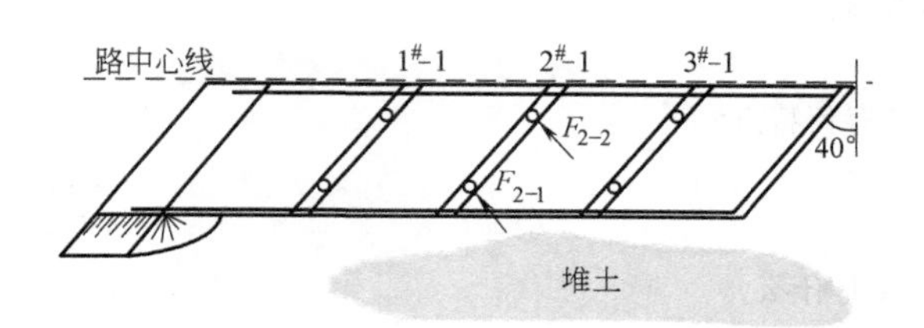

图7-9　侧向堆土作用下桥墩、桩基受扭平面示意图（单位：cm）

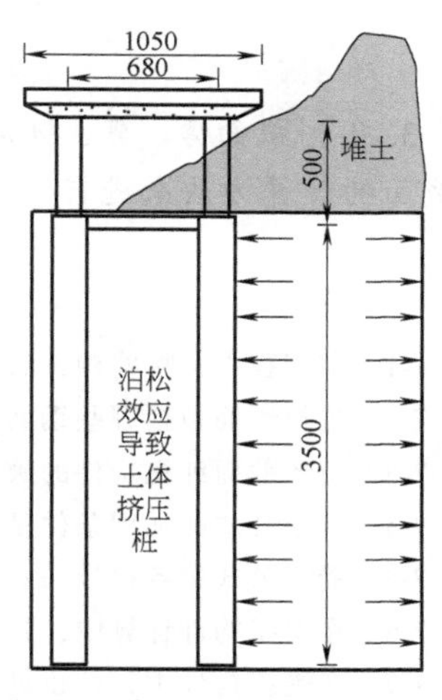

图7-10　侧向堆土作用下桥墩、桩基受扭

小　结

1. 矩形截面纯扭构件承载力计算基本公式为

$$\gamma_0 T_d \leqslant 0.35\beta_a f_{td} W_t + 1.2\sqrt{\zeta}\frac{f_{sv}A_{sv1}A_{cor}}{s_v}$$

所需抗扭箍筋的单肢截面积为

$$A_{sv1} \geqslant \frac{(\gamma_0 T_d - 0.35\beta_a f_{td} W_t)\ s_v}{1.2 f_{sv} A_{cor}\sqrt{\zeta}}$$

所需抗扭纵筋的总面积为

$$A_{st} \geqslant \frac{(\gamma_0 T_d - 0.35\beta_a f_{td} W_t)\ U_{cor}\sqrt{\zeta}}{1.2 f_{sd} A_{cor}}$$

2. 矩形截面弯、剪、扭构件的钢筋数量采用叠加法计算。

按弯矩单独作用计算时，其承载力计算公式同受弯构件。

按扭矩单独作用计算时，其承载力计算公式为

$$A_{sv1} \geqslant \frac{(\gamma_0 T_d - \beta_t 0.35\beta_a f_{td} W_t)\ s_v}{1.2 f_{sv} A_{cor}\sqrt{\zeta}}$$

$$A_{st} \geqslant \frac{(\gamma_0 T_d - \beta_t 0.35\beta_a f_{td} W_t)\ U_{cor}\sqrt{\zeta}}{1.2 f_{sd} A_{cor}}$$

$$\rho_{sv} = \frac{\left[\dfrac{\gamma_0 V_d}{\alpha_1 \alpha_3 \left(\dfrac{10-2\beta_t}{20}\right) b h_0}\right]}{(2+0.6P)\ \sqrt{f_{cu,k}} f_{sv}}$$

3. T形截面弯、剪、扭构件可看成是由简单矩形截面（腹板、翼板两块）所组成，按矩形截面的计算方法来进行。

思 考 题

7-1　在工程中，哪些构件属于受扭构件？举例说明。

7-2　抗扭钢筋包括哪些钢筋？

7-3　矩形截面纯扭构件的破坏形态有哪几种？各有何特点？

7-4　受扭公式的适用条件是什么？

7-5　受扭公式中各符号的意义是什么？

7-6　在剪扭构件计算中，强度降低系数 β_t 的意义是什么？

7-7　在受扭构件中，抗扭纵筋和抗扭箍筋应满足哪些构造要求？

单元8

预应力混凝土结构

- **学习目标**

1. 掌握预应力混凝土的基本概念、预应力施加方法、各项预应力损失的产生原因及减少损失的措施。
2. 熟悉预应力混凝土受弯构件的承载力计算以及抗裂与变形验算方法。
3. 了解预应力混凝土构件的构造要求。

- **本单元重点**

预应力混凝土的基本概念、预应力施加方法、各项预应力损失的产生原因及减少损失的措施。

- **本单元难点**

1. 预应力构件各阶段的受力情况和应力分布。
2. 预应力混凝土受弯构件的承载力计算以及抗裂与变形验算。

8.1 预应力混凝土的基本概念

现代混凝土结构工程发展的总趋势是通过不断改进设计、施工方法和采用高强、高性能的轻质材料建造更为经济合理的结构。提高强度有利于减小截面尺寸和减轻结构自重，高强、高性能轻质材料的发展，对加筋混凝土结构来说尤为重要。因为它的自重往往占到设计总荷载的很大部分。然而，混凝土是一种抗压强度高、抗拉强度低的材料，它的抗拉强度不仅很低，只有抗压强度的1/10～1/15，而且还很不可靠；它的抗拉变形能力也很小，每米仅能伸长0.10～0.15mm，再伸长就要出现裂缝，如果要求构件在使用时混凝土不开裂，则钢筋的拉应力只能达到20～30MPa；即使允许开裂，为了保证构件的耐久性，也常需将裂缝宽度限制在0.15～0.20mm之间，此时钢筋拉应力也只能达到150～250MPa。可见，高强度钢筋将无法在钢筋混凝土结构中充分发挥其强度作用。

由上可知，钢筋混凝土结构虽然改善了混凝土抗拉强度过低的缺点，但在使用中仍存在两个不能解决的问题：一是在带裂缝工作状态，裂缝的存在不仅造成受拉区混凝土材料不能充分利用、结构刚度下降和自重比例上升，而且限制了它的使用范围，不能应用于不允许开裂的结构中；二是从保证结构耐久性的要求出发，必须限制混凝土裂缝开展的宽度，这就使高强度钢筋无法在钢筋混凝土结构中充分发挥其作用，相应也不可能使高强混凝土的作用发挥出来。因此，当荷载或跨度增加时，就只有靠增加钢筋混凝土构件的截面尺寸，或者靠增加钢筋用量的方法来控制构件的裂缝和变形。显然，这样做是不经济的，因为这必然使构件自重增加，特别对于桥梁结构，随着跨度的增大，自重的比例也增大，因而使钢筋混凝土结构的使用范围受到很大限制。要使钢筋混凝土结构得到进一步的发展，就必须解决混凝土抗拉性能弱这一缺点，而预应力混凝土结构就是为克服钢筋混凝土结构的缺点，经人们长期实践而创造出来的一种具有广泛发展潜力、性能优良的结构。用高强钢材与高强混凝土制作的预应力混凝土已成为当前加筋混凝土结构发展的主要方向。

8.1.1 预应力混凝土的基本原理

1. 预应力的概念

预应力是预加应力的简称，其基本原理在很早以前就被人类所运用。木桶是预加压应力抵抗拉应力的一个典型的例子。如图8-1所示，这种采用竹箍的木桶、木盆等在我国的应用已有几千年的历史。当套紧竹箍时，竹箍使木板拼成的桶壁产生环向压应力。如施加的环向预压应力超过水压引起的拉应力，木桶就不会开裂和漏水。现代预应力混凝土圆形水池的原理与上述套箍木桶是一样的，所以木桶实质上是一种预应力木结构。

现实生活和工作中利用预应力原理的例子也很多，当整理书架时，人们常采用如图8-2所示的捧书方法。由于受到双手施加的压力，这一叠书就如同一根横梁一样，可以承担全部书本的重量。这和用预加压应力将若干混凝土预制块体拼成预应力梁的原理也是一样的。

上述例子和实践都表明，可以用预压应力来抵抗结构承受的拉应力或弯矩，只要善于运用预应力原理和技术，就可能获得改善结构使用性能的效果。

在预应力混凝土结构中，通常是以预拉的高强钢筋的弹性回缩力对混凝土结构施加一个

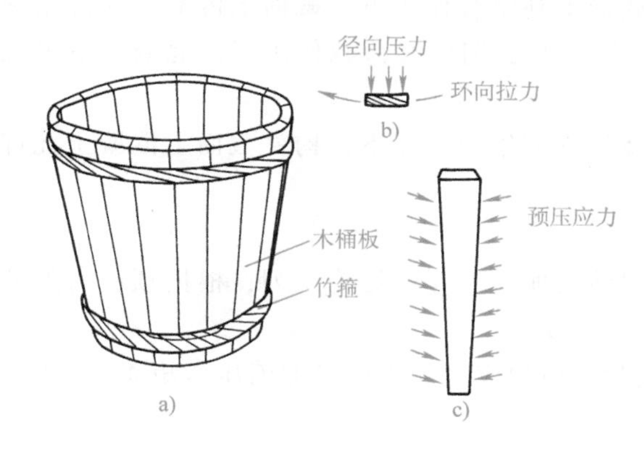

图 8-1　预应力原理在木桶上的应用
a）木桶　b）竹箍分离体图　c）板块分离体图

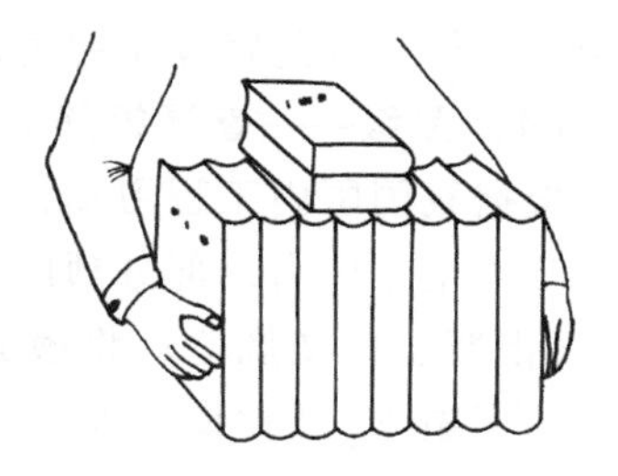

图 8-2　块体拼装式预应力

预设的应力，使混凝土在荷载作用下以最适合的应力状态工作，从而克服混凝土性能的弱点，充分发挥材料强度，达到结构轻型、大跨、高强、耐久的目的。

2. 基本原理

预应力混凝土的基本原理

所谓预应力混凝土，就是事先人为地在混凝土或钢筋混凝土中引入内部应力，且其数值和分布恰好能将使用荷载产生的应力抵消到一个合适程度的混凝土。如对混凝土或钢筋混凝土梁的受拉区预先施加压应力，使之建立一种人为的应力状态，这种应力的大小和分布规律，能有利于抵消使用荷载作用下产生的拉应力，从而使混凝土构件在使用荷载作用下不致开裂，或推迟开裂，或者使裂缝宽度减小。**这种预先给混凝土引入内部应力的结构，称为预应力混凝土结构。**

现以简支梁为例，进一步说明预应力混凝土结构的基本原理。当混凝土梁承受均布荷载时，此时跨中截面上边缘的应力为压应力，下边缘为拉应力，但应力大小相等。假如预先在梁下缘两端施加一对偏心预加力，在此预加力作用下，梁跨中截面上下边缘受到预应力，当偏心预加力的大小和位置适当时，上边缘的应力可为零，下边缘应力为压应力，大小与外荷载产生的拉应力大小相等。那么在外荷载和预加纵向力的共同作用下，截面上边缘应力为压应力，而下边缘应力为零。

由此说明：由于预先给混凝土梁施加了预压应力，使混凝土梁在均布荷载作用下在下边缘所产生的拉应力减小甚至全部被抵消，因而可避免混凝土出现裂缝，混凝土梁可以全截面参加工作。这就相当于改善了梁中混凝土的抗拉性能，而且可以达到充分利用高强钢材性能的目的。

8.1.2　预应力混凝土的分类

由于预应力技术及其应用的不断发展，国际上对预应力混凝土迄今还没有一个统一的定义。1970 年国际预应力协会（FIP）、欧洲混凝土委员会（CEB）根据预应力程度大小的不同，建议将加筋混凝土分为四个等级：

(1)　Ⅰ级——全预应力　在全部荷载最不利组合作用下，截面上混凝土不出现拉应力。

(2) Ⅱ级——有限预应力　在全部荷载最不利组合作用下，截面上混凝土允许出现拉应力，但不超过其抗拉强度（即不出现裂缝），在长期持续荷载作用下，混凝土不出现拉应力。

(3) Ⅲ级——部分预应力　在全部荷载最不利组合作用下，构件截面上混凝土允许出现裂缝，但裂缝的宽度不超过规定容许值。

(4) Ⅳ级——普通钢筋混凝土结构

根据我国国内工程习惯，对以钢材为配筋的加筋混凝土结构系列，根据预应力度的不同，分为全预应力、部分预应力和钢筋混凝土三类。

《混凝土桥涵规范》将**预应力度** λ 定义为由预加应力大小确定的消压弯矩 M_0 与外荷载产生的弯矩 M_s 的比值，即

$$\lambda = M_0 / M_s \tag{8-1}$$

式中　M_0——消压弯矩，也就是使构件控制截面受拉区边缘混凝土的预压应力抵消到零时的弯矩；

M_s——按作用频遇组合计算的弯矩。

全预应力混凝土构件在作用频遇组合下控制的正截面受拉边缘不出现拉应力，即 $\lambda \geqslant 1$。

部分预应力混凝土构件在作用频遇组合下控制的正截面受拉边缘不超过规定的拉应力或出现不超过规定宽度的裂缝，即 $1>\lambda>0$。

钢筋混凝土构件为不预加应力的混凝土结构，即 $\lambda = 0$。

为了设计的方便，《混凝土桥涵规范》按照使用荷载作用下构件正截面混凝土的应力状态，又将部分预应力混凝土构件分为以下两类。

(1) A类　指在作用频遇组合下，对构件控制截面受拉边缘的拉应力加以限制的构件。

(2) B类　指在作用频遇组合下，构件允许出现裂缝，但其裂缝宽度不得超过容许值的构件。

8.1.3　预应力混凝土的优缺点及应用

1. 预应力混凝土的优缺点

与钢筋混凝土相比，预应力混凝土具有更多的优越性。

1）提高了构件的抗裂度和刚度。对构件施加不同的预应力后，在使用荷载作用下可使构件不出现拉应力，构件可以不出现裂缝，或推迟构件裂缝的出现，或是把裂缝控制在一定范围之内，有效地改善了构件的使用性能，提高了构件的刚度，增加了结构的耐久性。

2）可以节省材料和减轻结构的自重。由于预应力混凝土合理地使用了高强度钢筋和高强度混凝土，在承受同样荷载的条件下，构件截面尺寸可以大大减小，从而减轻了构件自重，节约了钢材和水泥。这对自重比例很大的大跨径桥梁来说，更有着显著的优越性。大跨度和重荷载结构，采用预应力混凝土结构一般是经济合理的。

3）可以减小混凝土梁的竖向剪力和主拉应力。预应力混凝土梁的曲线钢筋（束），可使梁中支座附近的竖向剪力减小；又由于混凝土截面上预压应力的存在，使荷载作用下的主

拉应力也相应减小。这有利于减小梁的腹板厚度，使预应力混凝土梁的自重可以进一步减小，增大跨越能力。

4）结构安全、质量可靠。施加预应力时，预应力筋（束）与混凝土都将经受一次强度检验。如果在预应力筋张拉时预应力筋和混凝土都表现出良好的质量，那么，在使用时一般也可以认为是安全可靠的。因此有人称预应力混凝土结构是经过预先检验的结构。

5）提高了构件的耐疲劳性能。对于不允许开裂的预应力混凝土构件，在重复荷载作用下其应力变化幅度很小，提高了构件的耐疲劳性；容许开裂的预应力混凝土构件，只要控制裂缝宽度在限值内，其耐疲劳性能也可以得到保证。这对承受动荷载的桥梁结构来说是很有利的。所以预应力混凝土结构特别适用于承受动力荷载的铁路桥梁结构。

预应力混凝土结构也存在着一些缺点，主要有：

1）施工工艺比较复杂，对施工过程的监控和施工质量要求比较高，因而需要配备一支技术较熟练的专业队伍。

2）需要有一定的专门设备，如张拉千斤顶、油泵、灌浆设备等。对于先张法构件需要有张拉台座；对于后张法要耗用数量较多、质量可靠的锚具等。

3）构件预加应力的反拱度不易控制。由于长期预加应力的作用，所带来的混凝土徐变变形逐渐增大，如存梁时间过久再进行安装，就可能使反拱度很大，造成桥面不平顺。

4）预应力混凝土结构的开工费用较大，对于跨径小、构件数量少的工程，成本较高。

上述缺点，在使用和实践过程中大都是可以设法克服的。特别是对于规模较大的工程，预应力结构的跨越能力大，节省材料，可缩短工期，确保工程质量等，总的造价仍然是经济的。所以预应力混凝土结构在近数十年来得到了迅猛的发展，尤其对桥梁新体系的发展起了重要的推动作用。

2. 预应力混凝土结构的应用

预应力混凝土结构被成功使用至今还不到100年，但由于它具有许多优点，广泛地应用于桥梁、房屋建筑、水工结构、轨枕、电杆、压力管道、贮存罐、水塔、岩土工程、能源工程（原子能反应堆）、海洋工程等，尤其是在大跨度或重荷载结构以及不允许开裂的结构中应用更为普遍。例如，挪威于1992年建成了主跨为530m的斯坎桑德（Skarm Sundet）斜拉桥；奥地利的阿尔姆桥，采用双预应力体系的简支梁桥，其跨度达76m，而梁高仅2.5m，其跨高比 $l/h=30.3$。

预应力混凝土结构在我国桥梁建设中的应用也得到了迅速发展。预应力混凝土空心板、槽形梁、T形梁等早已被普遍应用。云南六库怒江连续梁桥的跨径达到154m；重庆长江大桥T形刚构桥主跨为174m；虎门大桥辅航道桥连续刚构桥主跨达270m。

8.2 预加应力的方法、工具及材料

8.2.1 预加应力的方法

在预应力混凝土结构中建立预加应力，按其结构上加力的方式不同，主要分两大类：外部预加应力法和内部预加应力法。目前，我国大多采用内部（自平衡）预加应力法，即预应力筋与混凝土结构构成一个整体。

内部预加应力法主要通过张拉预应力钢筋并锚固在混凝土体上来实现。张拉的方式有机械法、电热法、自张法等。机械张拉法一般采用千斤顶或其他张拉工具；电热张拉法是将低压强电流通过预应力钢筋使其发热伸长，锚固后利用预应力钢筋的冷缩而建立预应力；自张法是利用膨胀水泥带动预应力钢筋一起伸长的张拉方法。预应力混凝土结构主要采用机械法。根据张拉预应力筋与浇筑构件混凝土的先后次序，可分为先张法和后张法两种。

1. 先张法

先张法即先张拉钢筋，后浇筑构件混凝土的方法，如图 8-3 所示。其主要工序是：

1）在专门的台座或钢模上张拉预应力钢筋，待钢筋张拉到预定的张拉控制应力或伸长值后，将预应力钢筋用锚（夹）具固定在台座或钢模上（图 8-3a、b）。

2）支模、绑扎非预应力钢筋，并浇筑混凝土（图 8-3c）。

3）当混凝土达到一定强度后（约为混凝土设计强度的 80% 左右），切断或放松预应力钢筋，预应力钢筋在回缩时挤压混凝土，使混凝土获得预压应力（图 8-3d）。

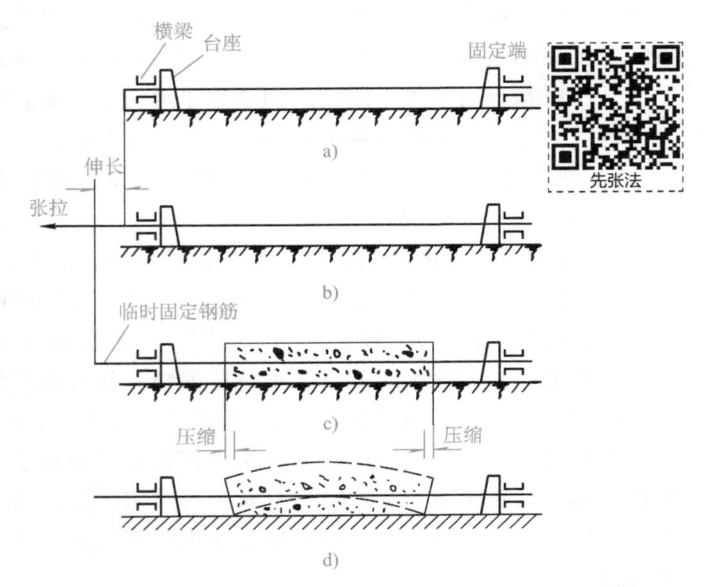

图 8-3　先张法主要工序示意图

先张法施工工序简单，筋束靠黏结力自锚，不必耗费特制的锚具，临时固定所用的锚具都可以重复使用。在大批量生产时，先张法构件比较经济，质量也比较稳定。但先张法一般仅宜生产直线配筋的中小型构件，大型构件因需配合弯矩与剪力沿梁长度的分布而采用曲线配筋，这将使施工设备和工艺复杂化，且需配备庞大的张拉台座，同时构件尺寸大，起重、运输也不方便。

台座法（图 8-4）是用专门设计的台座墩子承受预应力筋的张拉反力，用台座的台面作为构件底模的一种生产方法。长线法台座长度常达一二百米，可以同时生产很多根构件。如图 8-4a 所示是当前国内外用得最多的一种预制预应力构件的生产方法。虽然无法采用曲线形预应力筋的缺点，则可以采用折线筋的方法（图 8-4b）来弥补。

锚具　直线形预应力筋　锚具

a)　墩子

折点

b)

图 8-4　长线法台座

2. 后张法

后张法是先浇筑构件混凝土，待混凝土结硬后，再张拉钢筋束的方法，如图 8-5 所示。其主要工序是：

1）先浇筑混凝土构件，并在构件中配置预应力钢筋的位置上预留孔道。

2）待混凝土达到规定的强度后（一般不低于混凝土设计强度的80%），将预应力钢筋穿入孔道，利用构件本身作为台座张拉钢筋，在张拉预应力钢筋的同时，混凝土被压缩并获得预压应力。

3）当预应力钢筋之张拉应力达到设计规定值后，在张拉端用锚具将钢筋锚住，使构件保持预压状态。

4）最后在预留孔道内灌注水泥浆，保护预应力钢筋不被锈蚀并使预应力钢筋和混凝土结成整体；也可不灌浆，完全通过锚具传递预压力，形成无黏结预应力混凝土构件。

用后张法生产预应力混凝土构件，其最大优点是不需要固定台座，主要缺点是工序多，施工复杂、费时，造价高。

后张法一般可用于现场生产大型的预应力混凝土构件。如图8-6所示为一根典型有黏结的预制后张混凝土梁示意图。

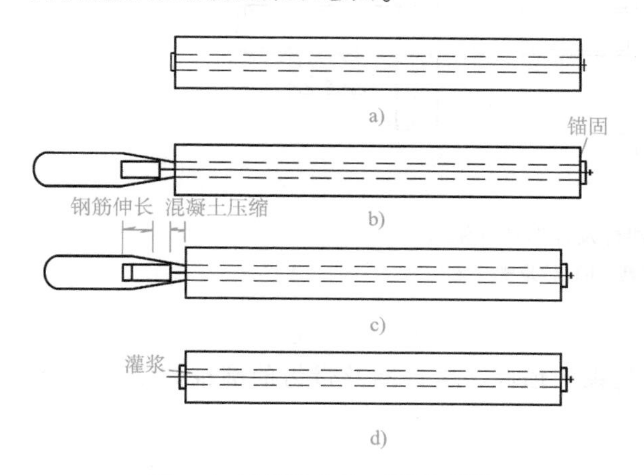

图8-5 后张法主要工序示意图

a）制作构件，预留孔道，穿入预应力钢筋 b）安装千斤顶
c）张拉钢筋 d）锚固钢筋，拆除千斤顶，孔道压浆

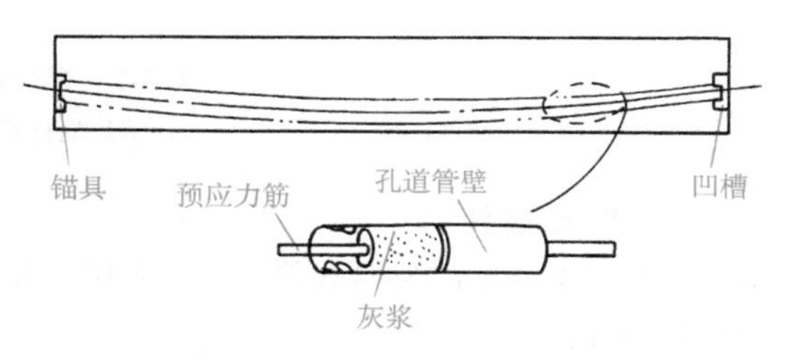

图8-6 曲线配筋后张法预应力梁

由上可知，施工工艺不同，建立预应力的方法也不同。后张法构件是靠锚具来传递和保持预加应力的，先张法则是靠黏结力来传递并保持预加应力的。

8.2.2 锚具和夹具

锚具和夹具是在制作预应力构件时锚固预应力钢筋的重要工具。道路与桥梁工程中常用的锚夹具有：

1. 螺纹端杆式锚具

该类锚具主要有螺纹端杆锚具、锥形螺杆锚具、精轧螺纹钢锚具和单根墩头钢筋螺杆夹具等。如图8-7a所示为螺纹端杆锚具，主要由螺纹端杆、螺母及垫板组成，适用于先张法、后张法或电热法锚固直径36mm以下的预应力螺纹钢筋。其张拉设备可用YL60、YC60、YC20型千斤顶或简易张拉机具。

如图8-7b所示为锥形螺杆锚具，由螺杆、套筒、螺母及垫板组成，适用于后张法锚固28根以下的$\phi5$碳素钢丝束，其张拉设备与螺纹杆端用张拉设备相同。

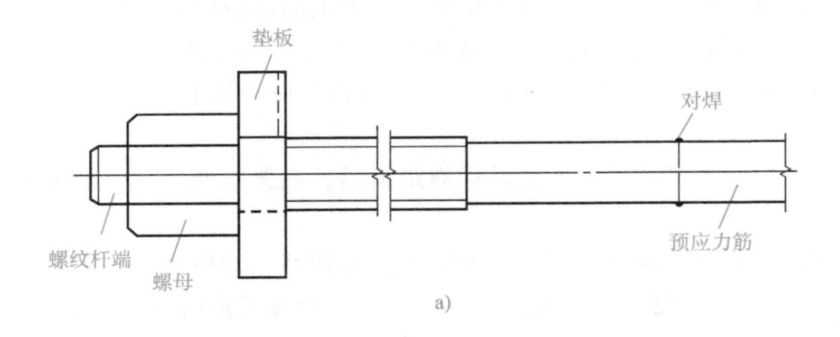

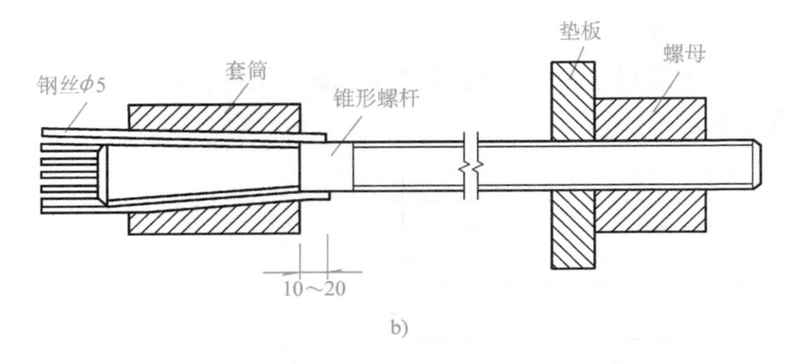

图 8-7　螺丝端杆及锥形螺杆锚具

a）螺纹端杆锚具　b）锥形螺杆锚具

2. 锥形锚具

锥形锚（又称为弗式锚），主要用于钢丝束的锚固，由锚圈及带齿的圆锥体锚塞组成，如图 8-8 所示。

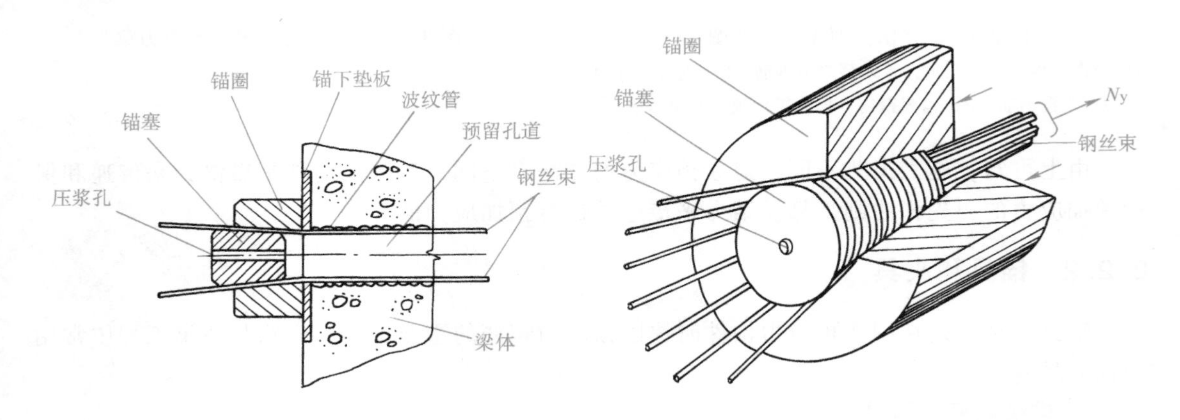

图 8-8　锥形锚具

3. 墩头锚具

墩头锚具由被墩粗的钢丝头、锚环、外螺母、内螺母和垫板组成（图 8-9）。锚环上的孔洞数和间距均由被锚固的预应力钢筋（钢丝）的根数和排列方式确定。镦头锚主要用于锚固钢丝束，也可锚固直径在 14mm 以下的钢筋束。

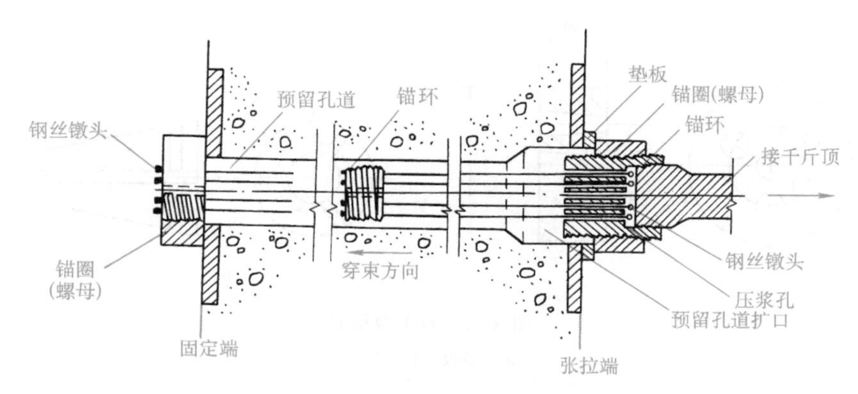

图 8-9 墩头锚具

4. 钢筋螺纹锚具

当采用高强粗钢筋作为预应力钢筋束时，可采用螺纹锚具（图 8-10）固定。即借粗钢筋两端的螺纹，在钢筋张拉后直接拧上螺母进行锚固，钢筋的回缩力由螺母经支承垫板承压传递给梁体而获得预应力。

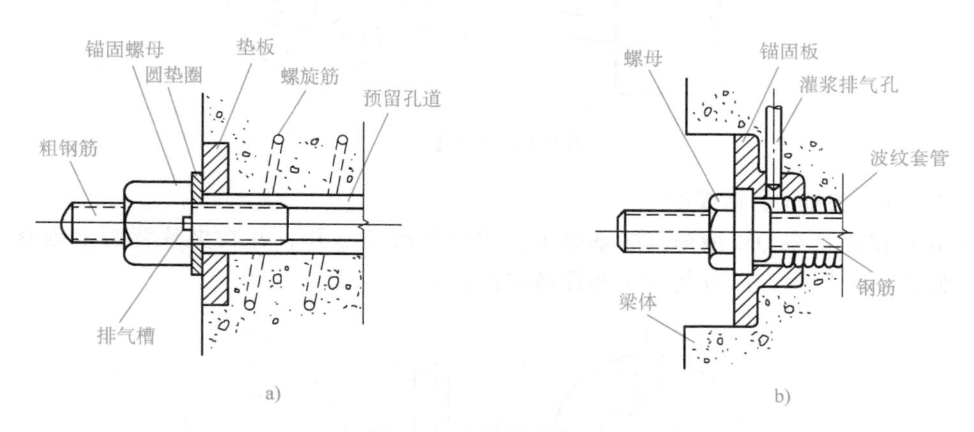

图 8-10 钢筋螺纹锚具

a）轧丝锚具 b）迪维达格锚具

5. 夹片锚具

（1）JM12 锚具 JM12 锚具用于锚固 3~6 根直径 12mm 的互相平行放置的钢筋束或 5~6 根由 $\phi4$ 钢丝绞结成的互相平行的钢绞线束，如图 8-11 所示。

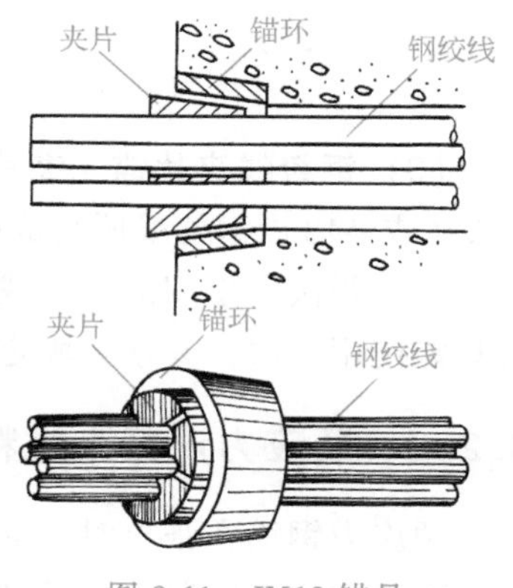

图 8-11 JM12 锚具

与 JM12 锚具相似的还有 JM15 锚具，可锚固直径为 15mm 的 $7\phi5$ 钢绞线，国内研制了 JM15-6、JM15-7 等型号。

（2）QM 型、XM 型和 OVM 型锚具 QM 型锚具（图 8-12）由锚板和夹片组成，分单孔和多孔两类，根据钢绞线（或钢丝束）的根数可选用不同孔数的锚具。

XM 型锚具（图 8-13）可用于锚固钢绞线或钢丝束，类型有 XM12、XM15、XM21 等多种规格，可分别锚固外径为

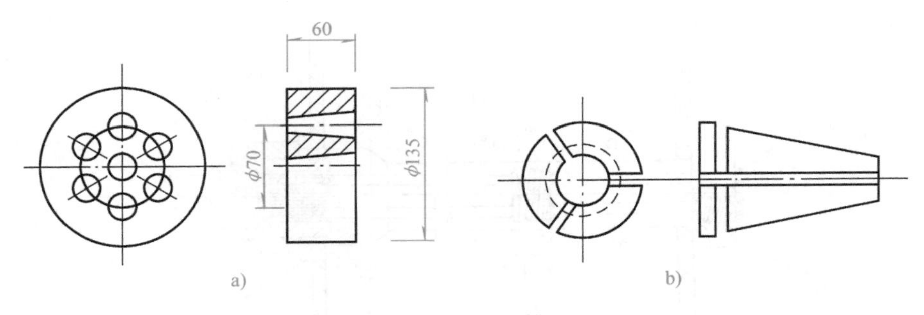

图 8-12　QM 型锚具
a）锚板　b）夹片

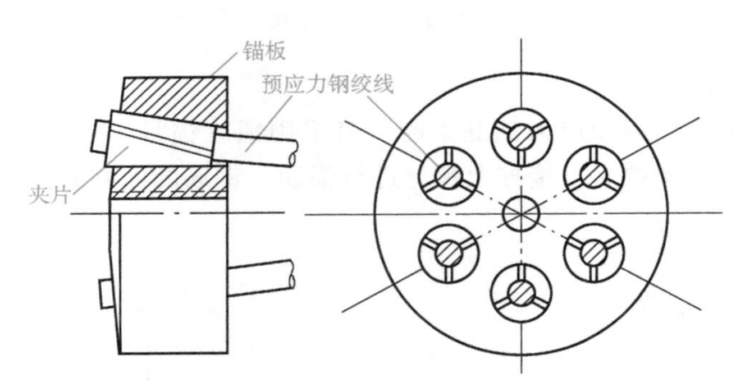

图 8-13　XM 型锚具

12mm、15mm、21mm 的钢绞线。

OVM 型锚具是在 QM 型锚具的基础上，将夹片改为二片，并在夹片背面上锯有一条弹性槽，如图 8-14 所示，以方便施工和提高锚固性能。

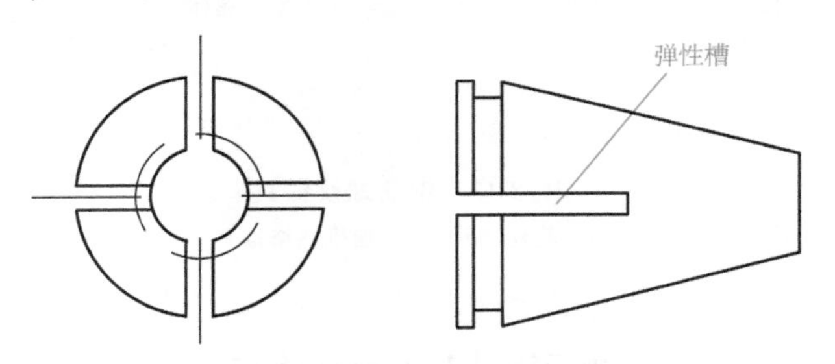

图 8-14　OVM 型锚具的夹片

(3) 钢绞线夹片锚　夹片锚具（图 8-15），能锚固由 1~55 根不等的 ϕ15（或 ϕ16）与 ϕ12（或 ϕ13）钢绞线所组成的筋束，其最大锚固吨位可达 11000kN。

在先张法中使用的锚具或夹具可以多次重复使用，称为工具锚具。而后张法中使用的锚具只能使用一次，并永久固定在构件上，故称为工作锚具，因而较费材料。

8.2.3　预应力混凝土材料

预应力钢筋在张拉时就受到很高的拉应力，在使用荷载下，钢筋的拉应力会继续提高；而混凝土在施工阶段也将受到高压应力作用。为了提高预应力的效果，预应力混凝土构件要

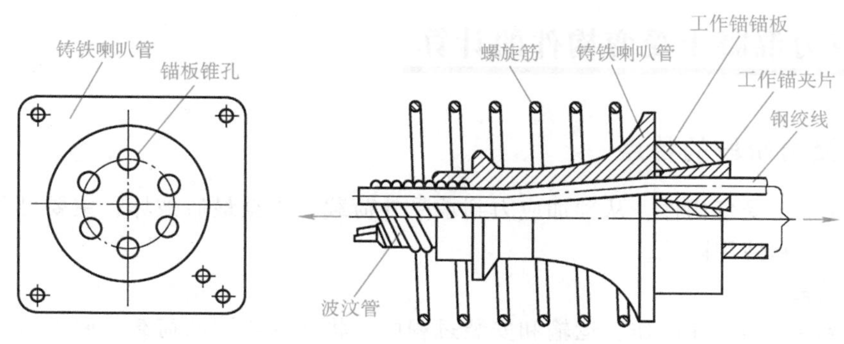

图 8-15 夹片锚具配套示意图

求采用强度等级较高的混凝土和钢筋。

1. 混凝土

预应力混凝土结构所用的混凝土，需满足以下要求：

（1）强度高 预应力混凝土需要采用较高强度的混凝土，才能建立起较高的预压应力，同时高强度混凝土配合采用高强度钢筋，可以减小构件的截面尺寸，减轻结构自重。对于先张法构件采用较高强度的混凝土，可以提高黏结强度。对后张法构件，采用高强度混凝土，可承受构件端部强大的预应力。

（2）收缩、徐变小 可以减少收缩、徐变引起的预应力损失。

（3）快硬、早强 可以尽早施加预应力，加快台座、锚具、夹具的周转率，加快施工进度。

（4）弹性模量高 这样可使构件刚度大、变形小，从而减小因变形而引起的预应力损失。

选用混凝土强度等级时，应综合考虑各种因素，如施加预应力的方法、构件跨度、构件使用情况及钢筋种类等。《混凝土桥涵规范》规定：预应力混凝土构件的混凝土强度不宜低于 C40。

2. 预应力钢筋

预应力结构构件所用的钢筋，需满足以下要求：

（1）强度高 混凝土预压应力的建立是通过张拉钢筋来实现的，其大小取决于预应力钢筋张拉应力的大小。考虑到构件在制作和使用过程中，由于种种原因使预应力钢筋的张拉应力产生应力损失，因此需要采用较高的张拉应力，这就要求预应力钢筋具有较高的抗拉强度。

（2）具有一定的塑性 为了避免预应力构件发生脆性破坏，要求预应力钢筋在拉断前具有一定的延伸率。特别是对处于低温环境和受冲击荷载作用的构件，更应注意对钢筋塑性和冲击韧度的要求。

（3）具有良好的加工性能 要求钢筋有良好的可焊性，同时要求钢筋经“墩粗”后不影响其原有的物理力学性能。

（4）与混凝土之间有较好的黏结强度 先张法构件的预应力主要是依靠钢筋和混凝土之间黏结强度来传递的，要求其预应力钢筋应具有良好的外形。

作为预应力钢筋，规范以采用钢绞线和钢丝为主，预应力螺纹钢筋仅用于中、小型构件或竖、横向钢筋。

8.3 预应力混凝土受弯构件的计算

8.3.1 各受力阶段的特点

预应力混凝土受弯构件，从预加应力到承受外荷载，直至最后破坏，主要可分为两个阶段，即施工阶段和使用阶段。

1. 施工阶段

预应力混凝土构件在制作、运输和安装过程中，将承受不同的荷载。施工阶段，构件在预应力作用下，全截面参与工作，且一般处于弹性工作阶段，可采用材料力学的方法，并根据《混凝土桥涵规范》的要求进行设计计算。但计算中应注意采用相应阶段的混凝土实际强度和相应的截面特性。如后张法构件，在灌浆前应按混凝土净截面计算；孔道灌浆并结硬后，则可按换算截面计算。施工阶段依构件受力条件不同，又可分为预加应力和运输、安装两个阶段。

(1) 预加应力阶段 此阶段系指从预加应力开始，至预加应力结束（即传力锚固）为止。在此过程中，先张梁当放松锚固在台座上的预应力钢筋时，由于钢筋与混凝土黏结成整体，混凝土阻止钢筋的回缩造成构件混凝土受压；而后张梁则通过分批张拉预应力钢筋并利用锚具将钢筋锚固于梁端截面上，靠锚具将力传给构件使构件混凝土受压。两种预加应力方式虽然不同，但共同之处是：当预应力筋的合力作用点与混凝土截面的重心轴不重合时，将使混凝土截面承受偏心压力。梁在压力及偏心造成的弯矩作用下将产生挠曲变形，则梁向上拱起。于是，梁就由原来支承在底模上变为以梁两端为支点的简支梁。因此，梁又同时承受了自重的作用，如图 8-16 所示。

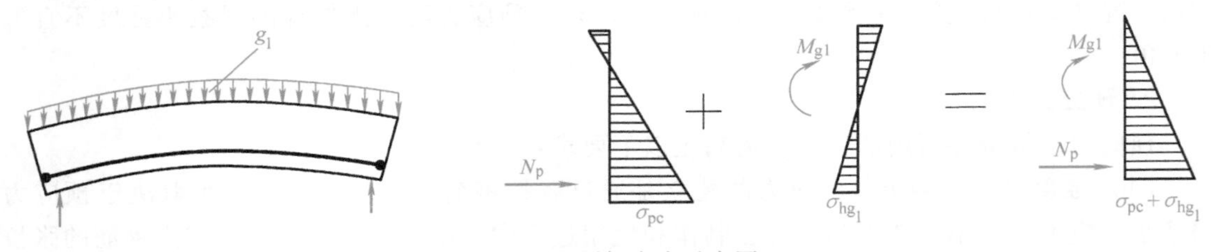

图 8-16 预加应力示意图

本阶段的设计计算要求如下：

1）在偏心预压力及梁自重作用下，梁主要控制截面上下翼缘混凝土的最大拉应力和压应力及梁中的主拉应力都不得超过规范规定的限值，以确保传力锚固阶段梁不至被拉裂及压坏。由于先张梁和后张梁的预加应力方式不同，两种构件的截面应力计算方法也有所不同。

2）预应力钢筋中的张拉控制应力应符合规范规定的限值，不应过大，但为充分利用高强钢材的抗拉性能，也不能过小。

3）锚具下混凝土局部承压的容许承载能力应大于实际承受的压力，并有足够的安全度，以保证锚具下梁体不至发生局部破坏或开裂。

本阶段，由于各因素影响，在预应力钢筋张拉及锚固完毕时，预应力钢筋中的预拉应力将产生部分损失，所以，预应力钢筋中的预拉应力已不是原来的张拉控制预应力，通常把扣

除应力损失后的预应力钢筋中实际存余的应力，称为有效预应力。

(2) 运输、安装阶段 此阶段指预应力混凝土构件在工厂制造完成后，运送及安装过程中的受力情况。该阶段梁所承受的荷载，仍是偏心预加力和梁的自重。但是本阶段由于与预加应力阶段在时间上有一定的间隔，因此，混凝土收缩、徐变及钢筋的松弛，将会进一步地引起预应力损失。同时，还考虑到由于运输及安装阶段过程中动力作用的影响，预应力及自重荷载在梁各截面所产生的弯矩及应力大小与预加应力阶段不同，梁的自身恒载应根据规范的规定计入 1.20 或 0.85 的动力系数，故梁的自重应力比预加应力阶段可能增大或减小。此外，由于在运输及安装过程中，梁的支点（或吊点）临时向跨中移动，与计算跨度不同。故应按梁起吊时自身恒载作用下的计算简图进行检算，特别需注意验算构件支点或吊点处上缘混凝土的拉应力。

2. 使用阶段

该阶段是指桥梁建成通车后的整个使用阶段。在该阶段，梁除承受偏心预加力 N_p 和梁的自身恒载 g_1 外，还要承受桥面铺装、人行道、栏杆及线路设备重等后加二期恒载 g_2 和车辆、人群等活荷载 P。此时，在以上各外荷载作用下，梁截面产生的正应力为偏心预加力和以上各项荷载所产生的应力之和（图 8-17），一般要求下缘混凝土不致于受拉开裂，而上缘压应力不致于过大，并应满足耐疲劳性能要求。

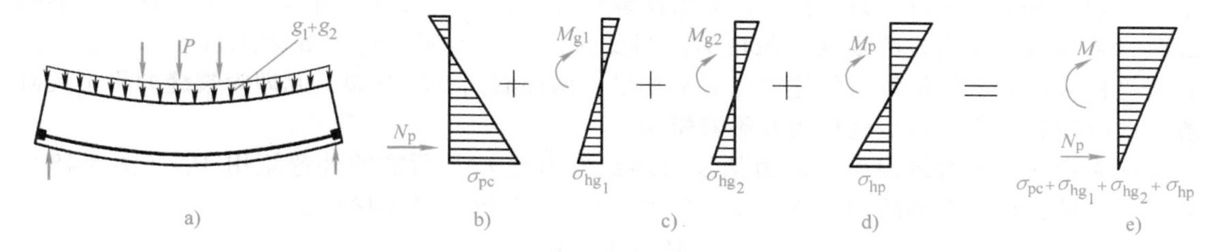

图 8-17 预应力梁应力组合示意图

本阶段内各项预应力损失将相继发生并全部完成，最后在预应力钢筋中建立相对不变的预拉应力（即扣除全部预应力损失后所存余的预应力），并将此称为**永存预应力**。显然，永存预应力要小于施工阶段的预应力值。在后张法预应力构件中，由于预应力钢筋预留管道中的水泥砂浆早已结硬，预应力钢筋与梁体混凝土黏结为整体，因而，外荷载产生的截面应力，应按换算截面计算。

本阶段根据构件受力后的特征，又可分为如下几个受力状态：

(1) 加载至受拉边缘混凝土预压应力为零 预应力简支梁（图 8-18a）仅在偏心永存预加力（即永存预应力 σ_{pe} 的合力）作用下，一般下冀缘受到较大的压应力，其下边缘混凝土的有效预压力为 σ_{pc}（图 8-18b）。而在外荷载作用时，下冀缘受拉，随着荷载从零开始逐渐增大时，下翼缘的压应力逐渐减小。当构件加载至某一特定荷载（包括恒载和活载），在控制截面上所产生的弯矩为 M_0，恰好抵消预应力产生的压应力 σ_{pc}，使截面下缘的应力为零，则式（8-2）成立。

$$\sigma_{pc}-M_0/W_0=0 \tag{8-2}$$

或

$$M_0=\sigma_{pc}\cdot W_0 \tag{8-3}$$

式中　M_0——由外荷载（恒载和活载）引起、恰好使受拉边缘混凝土预压应力为零的弯矩（图 8-18c）；

σ_{pc}——由永存预加力 N_p 在梁下缘产生的混凝土有效预压应力；

W_0——换算截面对受拉边的弹性抵抗矩。

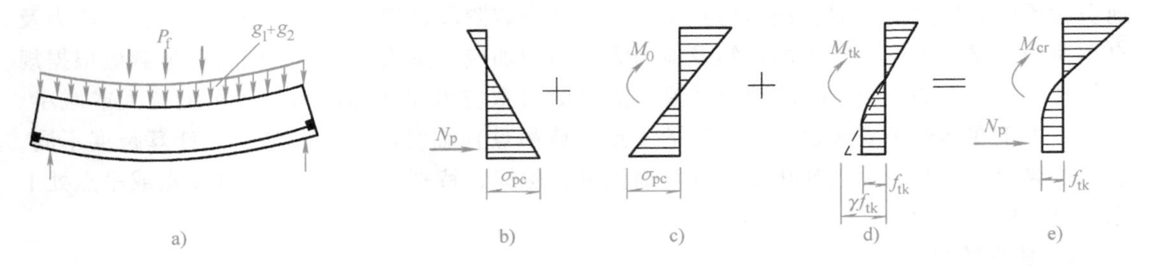

图 8-18　预应力梁第一受力阶段

一般把在 M_0 作用下控制截面上的应力状态，称为**消压状态**，而把 M_0 称为**消压弯矩**。

应当注意，受弯构件在消压弯矩 M_0 和预加力 N_p 的共同作用下，只有下边缘纤维的混凝土应力为零（消压），而截面上其他点的应力都不为零（都不消压）。

（2）加载至受拉区裂缝即将出现　在设计荷载及预应力作用下，全预应力混凝土梁的下缘一般不允许出现拉应力。但是，如果荷载超过设计荷载较多，当构件在消压状态时继续加载，梁截面下缘应力由零变为拉应力。当受拉区混凝土应力达到混凝土抗拉强度 f_{tk} 时，表明受拉区混凝土抵抗拉力的能力已完全耗尽，构件截面即将开裂，此即为裂缝即将出现阶段。此时荷载产生的弯矩就称为**开裂弯矩** M_{cr}。

如果把受拉区边缘混凝土应力从零增加到应力为 f_{tk}，所需的外弯矩用 M_{tk}（图 8-18d）表示，可见，预应力梁的裂缝弯矩 M_{cr} 为 M_0 与 M_{tk} 之和（图 8-18c），即

$$M_{cr}=M_0+M_{tk} \tag{8-4}$$

式中　M_{tk}——相当于同截面钢筋混凝土梁的抗裂弯矩。

可以看出：在截面达到消压状态后，预应力混凝土梁的受力情况就同普通钢筋混凝土梁一样了。但是，由于预应力混凝土梁的抗裂弯矩 M_{cr} 要比同截面、同材料的普通钢筋混凝土梁的抗裂弯矩 M_{tk} 大一个消压弯矩 M_0（图 8-18e），这说明了预应力混凝土梁的优越性——在外荷载作用下可以大大推迟裂缝的出现。

（3）加载至构件破坏　预应力混凝土受弯构件在出现裂缝后，若继续加大荷载，混凝土的压应力或预应力钢筋中的拉应力也将继续增大，当预应力钢筋和混凝土材料达到其强度极限时，则导致梁的破坏，此阶段称为破坏阶段。这种破坏和普通钢筋混凝土受弯构件在破坏时的应力状态相类似，其计算方法也基本相同，破坏的形式则与所配预应力筋的多少有关。

试验表明：在正常配筋的范围内，预应力混凝土梁的破坏弯矩，主要与构件的组成材料和受力性能有关，而与是否在受拉区钢筋中施加预拉应力关系不大。其破坏弯矩值与同条件普通钢筋混凝土梁的破坏弯矩值几乎相同。这说明预应力混凝土结构并不能创造出超越其本身材料强度之外的奇迹，而只是大大改善了结构在正常使用阶段的工作性能。

8.3.2　张拉控制应力、预应力损失及有效预应力

预应力筋中预拉应力的大小并不是一个恒定值，由于受到施工因素、材料性能及环境条

件的影响，在施工和使用过程中往往会逐渐减小，从而也使混凝土中的预压应力相应减小。预应力筋中这种预拉应力减小的现象称为**预应力损失**。

根据构件使用要求而设计的预应力筋中的预拉应力，应是扣除预应力损失后的有效预应力。如钢筋初始张拉的预应力（一般称为张拉控制应力）记作 σ_{con}，相应的应力损失值为 σ_l，则有效预应力 σ_{pe} 为

$$\sigma_{pe}=\sigma_{con}-\sigma_l \tag{8-5}$$

8.3.2.1 钢筋的张拉控制应力

张拉控制应力是指预应力钢筋锚固前张拉钢筋的千斤顶所显示的总拉力除以预应力钢筋截面积所求得的钢筋应力值，以 σ_{con} 表示。

从经济角度出发，要使预应力混凝土构件得到较大的预应力，则预应力钢筋的张拉控制应力 σ_{con} 愈大愈好。若采用较大的张拉控制应力 σ_{con}，则同样截面的预应力钢筋，使混凝土中建立的预压应力就愈大，构件的抗裂性就愈好；或者若构件要达到同样的抗裂性时，则预应力筋的截面积可以减小。然而，张拉控制应力 σ_{con} 值太高也将存在以下一些问题：

1）可能引起钢丝破断。由于同一束钢丝中各根钢丝的应力不可能完全相同，其中少数钢丝的应力必然超过 σ_{con}，如果 σ_{con} 值定得过高，个别钢丝就可能拉断。另外，如果设计中需要进行超张拉。这种个别钢丝先被拉断的现象就可能更多一些，此外，由于气温的降低，也可能使张拉后的预应力钢筋在与混凝土完全黏结之前突然断裂。

2）σ_{con} 值愈高，预应力钢筋的应力松弛也将增大。

3）σ_{con} 值愈高，预应力混凝土构件就没有足够的安全系数来防止混凝土的脆裂。

因此，预应力筋的张拉控制应力 σ_{con} 不能定得过高。《混凝土桥涵规范》规定：

钢丝、钢绞线 $\sigma_{con}\leqslant 0.75f_{pk}$

预应力螺纹钢筋 $\sigma_{con}\leqslant 0.85f_{pk}$

其中，f_{pk} 为预应力钢筋抗拉强度标准值。

下列情况下，预应力钢筋的张拉控制应力限值可提高 $0.05f_{pk}$。

1）为了提高构件在施工阶段的抗裂性，而在使用阶段受压区内设置的预应力筋。

2）为了部分抵消由于应力松弛、摩擦、钢筋分批张拉以及预应力筋与台座之间的温差等因素产生的预应力损失。

当对构件进行超张拉或计算锚圈口摩擦损失时，可以适当提高张拉应力，但对于钢丝、钢绞线不应超过 $0.8f_{pk}$；对于精轧螺纹钢筋不应超过 $0.9f_{pk}$。

8.3.2.2 预应力损失的估算

1. 预应力钢筋与管道壁之间的摩擦引起的预应力损失 σ_{l1}

此项预应力损失出现在后张法构件中。后张法构件中的预应力钢筋，一般由直线和曲线两部分组成。张拉时，预应力钢筋将沿管道壁滑移而产生摩擦力（图 8-19a），使在钢筋中的预拉应力形成在张拉端高、向跨中方向逐渐减小（图 8-19b）的情况。在任意两个截面之间预应力筋的应力差值，就是此两截面间由摩擦引起的预应力损失值。从张拉端至计算截面的摩擦力损失值，以 σ_{l1} 表示，可按下式计算：

$$\sigma_{l1}=\sigma_{con}\left[1-e^{-(\mu\theta+kx)}\right] \tag{8-6}$$

式中 σ_{con}——预应力钢筋锚下的张拉控制应力（MPa），$\sigma_{con}=N_{con}/A_p$，N_{con} 为钢筋锚下张拉控制应力，A_p 为预应力钢筋的截面面积；

μ——预应力钢筋与管道壁的摩擦系数，可按表 8-1 采用；

θ——从张拉端至计算截面曲线管道部分切线的夹角（图 8-19a）之和（rad），称为曲线包角，按绝对值相加，如管道为在竖平面内和水平面内同时弯曲的三维空间曲线管道，则 θ 可按式（8-7）计算。

$$\theta=\sqrt{\theta_{\mathrm{H}}^{2}+\theta_{\mathrm{V}}^{2}} \tag{8-7}$$

式中 θ_{H}、θ_{V}——分别为同段管道上的水平面内的弯曲角与竖向平面内的弯曲角；

k——管道每米局部偏差对摩擦的影响系数，可按表 8-1 采用；

x——从张拉端至计算截面的管道长度（m），可近似地取该段管道在构件纵轴上的投影长度，或为三维空间曲线管道的长度。

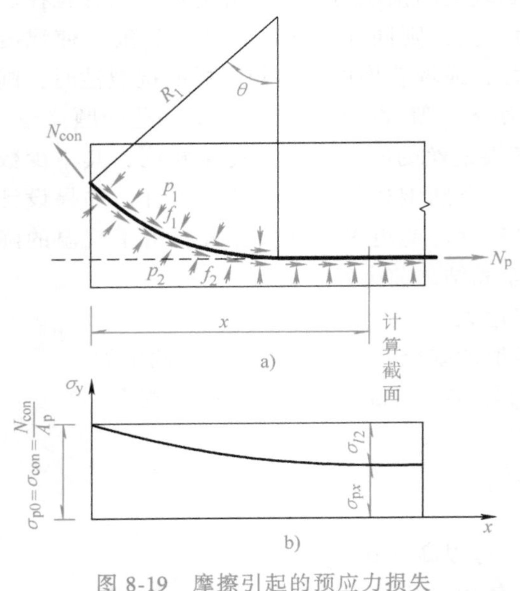

图 8-19 摩擦引起的预应力损失

表 8-1 系数 k 和 μ 值

管道种类	k	μ	
		钢绞线束、钢丝束	精轧螺纹钢筋
预埋金属波纹管	0.0015	0.20~0.25	0.50
预埋塑料波纹管	0.0015	0.15~0.20	—
预埋铁皮管	0.0030	0.35	0.40
预埋钢管	0.0010	0.25	—
抽心成形	0.0015	0.55	0.60

电热后张法可不计摩擦引起的损失。

为了减少摩擦损失，一般可采用如下措施：

1）采用两端张拉，这样，曲线的切线夹角 θ 值及管道计算长度 x 值即可减小一半。

2）采用超张拉，一般可采用如下张拉工艺程序进行。

① 对于钢绞线束：$0\longrightarrow$初应力$\longrightarrow 1.05\sigma_{\mathrm{con}}\xrightarrow{\text{持荷 5min}}\sigma_{\mathrm{con}}$（锚固）。

由于超张拉 5%，使构件其他截面应力也相应提高。当张拉力回降至 σ_{con} 时，钢筋因要回缩而受到反向摩擦力的作用，对于简支梁来说，这个回松影响一般不能传递到受力最大的跨中截面或者影响很小，仍保持较大的超拉应力，这样跨中截面的预加应力也就因超张拉而获得了稳定的提高。

② 对于钢丝束：$0\longrightarrow$初应力$\longrightarrow 1.05\sigma_{\mathrm{con}}\xrightarrow{\text{持荷 5min}}0\longrightarrow\sigma_{\mathrm{con}}$（锚固）。

当采用钢丝束锥形锚具时，尚应考虑并扣除锚圈口附加摩擦损失，约为（3%~6%）σ_{con}。

2. 锚具变形、钢筋回缩和接缝压缩引起的预应力损失 σ_{l2}

在后张法预应力混凝土结构中，当张拉结束并开始锚固时，锚具本身将因受到很大的压力而变形，锚下垫板缝隙也将被压密；锥形锚具是在预应力筋张拉到控制应力后，靠千斤顶活塞回油才顶塞锚固的，顶塞锚固时预应力筋束还要向内回缩；此外，采取分块拼装构件的接缝，在张拉锚固后接缝也将继续被压密变形。所有这些变形都将使锚固后的预应力筋束缩短，因而引起应力损失，σ_{l2} 可按下式计算：

$$\sigma_{l2}=\frac{\sum \Delta l}{l}E_{\mathrm{p}} \tag{8-8}$$

式中 $\Sigma\Delta l$——张拉端锚具变形、钢筋回缩和接缝压缩值之和（mm），按表8-2采用；

l——张拉端与锚固端之间的距离（mm），先张法为台座长度，后张法为构件长度；

E_{p}——预应力筋束的弹性模量。

表8-2 一个锚具变形、钢筋回缩和一个接缝压缩值 （单位：mm）

锚具、接缝类型		Δl	锚具、接缝类型	Δl
钢丝束的钢制锥形锚具		6	墩头锚具	1
夹片式锚具	有顶压时	4	每块后加垫板的缝隙	2
	无顶压时	6	水泥砂浆接缝	1
带螺帽锚具的螺母缝隙		1~3	环氧树脂砂浆接缝	1

从式（8-8）中可以看出，σ_{l2} 与构件或台座的长度有关。一般情况下，当台座长度超过100m时，常可将 σ_{l2} 忽略。在后张法构件中，应尽可能少用垫板，因为每增加一块垫板，Δl 值即增加1mm。

当一端张拉时，锚具变形等引起的应力损失 σ_{l2}，仅需计算张拉端的锚具变形，而不必考虑固定端。因为固定端锚具的变形已在张拉过程中（即锚固之前）完成。

为了减小 σ_{l2} 值，可采取以下措施：

1）注意选用变形量较小的锚具及尽可能少用锚垫板，对于短小构件尤为重要。

2）采用超张拉的施工方法。

3. 预应力钢筋与台座间的温差引起的应力损失 σ_{l3}

此项损失仅发生在采用蒸汽或其他方法加热养护混凝土时的先张法预应力混凝土构件中。

为了缩短先张法构件的生产周期，常采用蒸汽和其他方法加热养护混凝土。升温时，混凝土与预应力筋之间尚未建立黏结力，预应力钢筋将因受热而伸长。但是，张拉台座一般埋置于土中，其长度并不会因对构件加热而伸长，这就相当于将预应力钢筋压缩了一个 Δl 长度，其应力下降。当停温养护时，混凝土已与钢筋黏结在一起，钢筋和混凝土将同时随温度变化而共同伸缩，因养护升温所降低的应力已不可恢复，于是形成温差应力损失 σ_{l3}。

设预应力筋张拉时制造场地的自然气温为 t_1，蒸汽养护或其他方法加热混凝土的最高温度为 t_2，则由钢筋与台座之间的温差引起的预应力损失可按下式计算。

$$\sigma_{l3}=2(t_2-t_1) \tag{8-9}$$

式中 t_2——混凝土加热养护时，受拉钢筋的最高温度（℃）；

t_1——张拉预应力筋时，制造场地的温度（℃）。

为了减小该项预应力损失，先张法构件在养护时可采用两次升温的措施，即第一次由常温 t_1 升温至 t_2'进行养护。其中，初次升温应在混凝土尚未结硬、未与预应力钢筋黏结时进行，初次升温的温差一般可控制在20℃以内；第二次升温则在混凝土构件具备一定强度（如7.5~10MPa），能够阻止钢筋在混凝土中自由滑移后，即混凝土与预应力筋的黏结力足以抵抗温差变形后进行。

如果张拉台座与被养护构件是共同受热、共同变形时，则不应计算此项应力损失。

4. 混凝土弹性压缩所引起的应力损失 σ_{l4}

预应力混凝土构件受到预压力后，会产生弹性压缩应变 ε_c。此时已与混凝土黏结的，或已张拉并锚固的预应力筋，也将产生与相应位置处混凝土一样的压缩应变 $\varepsilon_p=\varepsilon_c$，因而引起预应力损失，这种损失称为混凝土弹性压缩损失，以 σ_{l4} 表示。

(1) 先张法构件 先张法构件预应力钢筋的张拉和对混凝土进行传力预压，是先后分开的两个工序。因此，在放松截断预应力筋时，由于其已与混凝土黏结，预应力钢筋与混凝土将发生相同的压缩应变 $\varepsilon_p=\varepsilon_c$，因而引起预应力损失，其值为

$$\sigma_{l4}=\varepsilon_p E_p=\varepsilon_c E_p=\frac{\sigma_{pc}}{E_c}E_p=\alpha_{Ep}\sigma_{pc} \tag{8-10}$$

式中 E_c——混凝土的弹性模量；

α_{Ep}——预应力钢筋弹性模量 E_p 与混凝土弹性模量 E_c 的比值；

σ_{pc}——在计算截面的预应力筋重心处，由全部钢筋预加力 N_{p0} 产生的混凝土法向应力（MPa），可按下式计算。

$$\sigma_{pc}=\frac{N_{p0}}{A_0}+\frac{N_{p0}e_{p0}^2}{I_0}$$

式中 N_{p0}——混凝土应力为零时预应力钢筋的预加力（扣除相应阶段的预应力损失）；

A_0、I_0——预应力混凝土构件的换算截面面积和换算截面惯性矩；

e_{p0}——预应力钢筋截面形心至换算截面形心的距离。

(2) 后张法构件 在后张法预应力混凝土构件中，混凝土的弹性压缩发生在张拉过程中，张拉完毕后混凝土的弹性压缩也随即完成。故对于一次张拉完成的后张法构件，混凝土弹性压缩不会引起应力损失。但是，由于后张法构件一般预应力钢筋的数量较多，限于张拉设备等条件的限制，一般都采用分批张拉、锚固预应力钢筋，并且多数情况是采用逐束进行张拉锚固的。在这种情况下，已张拉完毕、锚固的预应力钢筋，将会在后续分批张拉预应力钢筋时发生弹性压缩变形，从而产生应力损失。

后张法构件的预应力筋采用分批张拉时，σ_{l4} 可按下列公式计算：

$$\sigma_{l4}=\alpha_{Ep}\sum\Delta\sigma_{pc} \tag{8-11}$$

式中 $\Delta\sigma_{pc}$——在计算截面先张拉的钢筋重心处，由后张拉各批钢筋所产生的混凝土法向应力（MPa）。

由于后张法构件大多为曲线配筋，所以预应力钢筋在各截面的相对位置并不相同，因而算得的各截面 $\sum\Delta\sigma_c$ 也不相同，要仔细计算相当麻烦。故为了简化计算，对于一些简单构件如简支梁，可采用下述近似的简化方法计算平均弹性压缩损失。

设后张拉钢筋在先张拉钢筋重心处产生混凝土预压应力为 $\Delta\sigma_{pc}$，相应的混凝土压应变

为 $\Delta\sigma_{pc}/E_c$，显然，先张拉钢筋也有相同的应变，从而形成预应力损失：

$$\sigma_{l4}=E_p\frac{\Delta\sigma_{pc}}{E_c}=\alpha_{Ep}\Delta\sigma_{pc} \tag{8-12}$$

如有 m 束（根）预应力钢筋，则第 i 束（根）钢筋的弹性压缩损失将由其后张拉的 $(m-i)$ 束（根）钢筋所引起，如果 m 束（根）钢筋是同类型的，而且假定所有钢筋均位于全部钢筋重心处，则第 i 束（根）钢筋的预应力损失为

$$\sigma_{l4(i)}=(m-i)\alpha_{Ep}\Delta\sigma_{pc} \tag{8-13}$$

式中　$\Delta\sigma_{pc}$——全部钢筋重心处，由张拉一束（根）钢筋产生的混凝土法向压应力。

显而易见，m 束（根）钢筋的弹性压缩损失是各不相同的，最先张拉的一束（根）钢筋损失最大，$\sigma_{l4(1)}=(m-1)\alpha_{Ep}\Delta\sigma_{pc}$，最后张拉的一束（根）钢筋没有损失，$\sigma_{l4}=(m-m)\alpha_{Ep}\Delta\sigma_{pc}=0$。简化计算时取 m 束（根）钢筋的弹性压缩损失平均值，即

$$\sigma_{l4}=[\sigma_{l4(1)}+\sigma_{l4(2)}+\cdots+\sigma_{l4(m)}]/m=\frac{m-1}{2}\alpha_{Ep}\Delta\sigma_{pc} \tag{8-14}$$

在确定 $\Delta\sigma_{pc}$ 或 σ_{pc} 时，预应力钢筋的有效预应力值 σ_{pe} 的取用，一般情况下后张法构件 $\sigma_{pe}=\sigma_{con}-\sigma_{l1}-\sigma_{l2}$；先张法构件 $\sigma_{pe}=\sigma_{con}-\sigma_{l2}-\sigma_{l3}-0.5\sigma_{l5}$。

一般情况下，对于后张法构件可尽量采用较少的分批张拉次数，以减小该项预应力损失。

5. 预应力钢筋的应力松弛引起的应力损失 σ_{l5}

与混凝土一样，预应力钢筋在持久不变的应力作用下，会产生随持续加荷时间延长而增加的徐变变形（又称蠕变）；如果把预应力筋张拉到一定的应力值后，将其长度固定不变，则预应力筋中的应力将会随时间的延长而降低，一般把预应力钢筋的这种现象称为**松弛**或**应力松弛**（又叫徐舒）。因此，松弛是预应力筋的一种塑性特征。

预应力钢筋的初拉应力越高，其应力松弛越大。预应力筋的松弛，在承受初拉应力的初期发展最快。第 1h 内松弛量最大，24h 内完成约 50%以上，以后逐渐趋向稳定，但在持续 5~8 年的试验中，仍可测得松弛影响。

各种预应力钢筋松弛引起应力损失的终极值，按下列公式计算。

1）对于预应力钢丝、钢绞线，计算公式为

$$\sigma_{l5}=\psi\zeta\left(0.52\frac{\sigma_{pe}}{f_{pk}}-0.26\right)\sigma_{pe} \tag{8-15}$$

式中　ψ——张拉系数，一次张拉时，$\psi=1.0$；超张拉时，$\psi=0.9$；

ζ——钢筋松弛系数，Ⅰ级松弛（普通松弛），$\zeta=1.0$；Ⅱ级松弛（低松弛），$\zeta=0.3$；

σ_{pe}——传力锚固时的钢筋应力，对后张法构件 $\sigma_{pe}=\sigma_{con}-\sigma_{l1}-\sigma_{l2}-\sigma_{l4}$，对先张法构件，$\sigma_{pe}=\sigma_{con}-\sigma_{l2}$。

2）对于预应力螺纹钢筋，计算公式为

一次张拉
$$\sigma_{l5}=0.05\sigma_{con} \tag{8-16}$$

超张拉
$$\sigma_{l5}=0.035\sigma_{con} \tag{8-17}$$

对于Ⅱ级松弛钢丝、钢绞线，应按产品出厂试验资料的最大松弛率来计算；无资料时可按下式计算。

$$\sigma_{l5}=0.022\sigma_{con} \tag{8-18}$$

由于松弛应力损失与持荷时间有关，故计算时应根据构件不同受力阶段的持荷时间，采用不同的松弛损失值。对于先张法构件，在预加应力（即从钢筋束张拉到与混凝土黏结）阶段，考虑其持荷时间较短，一般按总松弛损失值的一半计算，其余一半认为在随后的使用阶段中完成；对于后张法构件，其松弛损失值则认为全部在使用阶段中完成。若按时间计算，可自建立预应力时开始，按照 2d 内完成松弛损失终值的 50%、40d 内完成松弛损失终值的 100%来确定。

为减少预应力钢筋松弛引起的应力损失，可采取以下措施：

1）采用低松弛预应力筋。

2）采用超张拉方法及增加持荷时间。

6. 混凝土的收缩和徐变引起的预应力损失 σ_{l6}

收缩和徐变是混凝土固有的特性，由于混凝土的收缩和徐变，使预应力混凝土构件缩短，预应力钢筋也随之回缩，造成预应力损失。而收缩与徐变的变形性能相似，影响因素也大都相同，故将混凝土收缩与徐变引起的应力损失值综合在一起进行计算，计算公式为

$$\sigma_{l6}=\frac{0.9[E_p\varepsilon_{cs}(t,t_0)+\alpha_{Ep}\sigma_{pc}\varphi(t,t_0)]}{1+15\rho\rho_{ps}} \tag{8-19}$$

$$\sigma'_{l6}=\frac{0.9[E_p\varepsilon_{cs}(t,t_0)+\alpha_{Ep}\sigma'_{pc}\varphi(t,t_0)]}{1+15\rho'\rho'_{ps}} \tag{8-20}$$

式中 σ_{l6}、σ'_{l6}——构件受拉区、受压区全部纵向钢筋截面重心处由混凝土收缩、徐变引起的预应力损失；

σ_{pc}、σ'_{pc}——构件受拉区、受压区全部纵向钢筋截面重心处由预应力产生的混凝土法向压应力（MPa），此时，预应力损失值仅考虑预应力钢筋锚固时（第一批）的损失，普通钢筋应力 σ_{l6}、σ'_{l6}应取为零；σ_{pc}、σ'_{pc}值不得大于传力锚固时混凝土立方体抗压强度 f'_{cu}的 0.5 倍；当 σ'_{pc}为拉应力时，应取为零，计算 σ_{pc}、σ'_{pc}时，可根据构件制作情况考虑自重的影响，对于简支梁，一般可采用跨中截面和 $l/4$ 截面的平均值作为全梁各截面的计算值；

E_p——预应力钢筋的弹性模量；

α_{Ep}——预应力钢筋弹性模量与混凝土弹性模量的比值；

ρ、ρ'——构件受拉区、受压区全部纵向钢筋配筋率，按式（8-21）计算；

ρ_{ps}、ρ'_{ps}——构件受拉区、受压区预应力钢筋配筋率，按式（8-22）计算；

$\varepsilon_{cs}(t,t_0)$——预应力钢筋传力锚固龄期为 t_0，计算考虑的龄期为 t 时的混凝土收缩应变，其终极值 $\varepsilon_{cs}(t_u,t_0)$ 可按表 8-3 取用；

$\varphi(t,t_0)$——加载龄期为 t_0 时，计算考虑的龄期为 t 时的徐变系数，其终极值 $\varphi(t_u,t_0)$ 可按表 8-3 取用，或采用其他可靠试验数据。

表 8-3　混凝土收缩应变和徐变系数终极值

混凝土收缩应变终极值 $\varepsilon_{cs}(t_u,t_0)\times10^3$								
传力锚固龄期/d	40%≤RH<70% 理论厚度 h/mm				70%≤RH<99% 理论厚度 h/mm			
	100	200	300	≥600	100	200	300	≥600
3~7	0.50	0.45	0.38	0.25	0.30	0.26	0.23	0.15
14	0.43	0.41	0.36	0.24	0.25	0.24	0.21	0.14
28	0.38	0.38	0.34	0.23	0.22	0.22	0.20	0.13
60	0.31	0.34	0.32	0.22	0.18	0.20	0.19	0.12
90	0.27	0.32	0.30	0.21	0.16	0.19	0.18	0.12
混凝土徐变系数终极值 $\varphi(t_u,t_0)$								
加载龄期/d	40%≤RH<70% 理论厚度 h/mm				70%≤RH<99% 理论厚度 h/mm			
	100	200	300	≥600	100	200	300	≥600
3	3.78	3.36	3.14	2.79	2.73	2.52	2.39	2.20
7	3.23	2.88	2.68	2.39	2.32	2.15	2.05	1.88
14	2.83	2.51	2.35	2.09	2.04	1.89	1.79	1.65
28	2.48	2.20	2.06	1.83	1.79	1.65	1.58	1.44
60	2.14	1.91	1.78	1.58	1.55	1.43	1.36	1.25
90	1.99	1.76	1.65	1.46	1.44	1.32	1.26	1.15

注：1. 表中 RH 代表桥梁所处环境的年平均相对湿度（%），表中数值按 $40\%\le RH<70\%$ 取 55%，$70\%\le RH<90\%$ 取 80%计算所得。

2. 表中理论厚度 $h=2A/u$，A 为构件截面面积，u 为构件与大气接触的周边长度。当构件为变截面时，A 和 u 均可取其平均值。

3. 本表适用于由一般的硅酸盐类水泥或快硬水泥配制而成的混凝土。表中数值系按强度等级 C40 混凝土计算所得，对 C50 及以上混凝土，表列数值应乘以 $\sqrt{\frac{32.4}{f_{ck}}}$，式中 f_{ck} 为混凝土轴心抗压强度标准值（MPa）。

4. 本表适用于季节性变化的平均温度-20℃～+40℃。

5. 构件的实际传力锚固龄期、加载龄期或理论厚度为表列数值中间值时，收缩应变和徐变系数终极值可按直线内插法取值。

6. 在分阶段施工或结构体系转换中，当需计算阶段收缩应变和徐变系数时，可按（JTG 3362—2018）《公路钢筋混凝土及预应力混凝土桥涵设计规范》附录 C 提供的方法进行。

$$\left.\begin{aligned}\rho&=\frac{A_p+A_s}{A}\\ \rho'&=\frac{A'_p+A'_s}{A}\end{aligned}\right\}\tag{8-21}$$

式中　A_p、A'_p——构件受拉区、受压区预应力钢筋的截面面积；

A_s、A'_s——构件受拉区、受压区普通钢筋的截面面积；

A——构件截面面积，对先张法构件，$A=A_0$，对后张法构件，$A=A_n$，A_0 为换算截面，A_n 为净截面。

$$\left.\begin{aligned}\rho_{ps}&=1+\frac{e_{ps}^2}{i^2}\\\rho'_{ps}&=1+\frac{e'^2_{ps}}{i^2}\end{aligned}\right\}\tag{8-22}$$

式中　e_{ps}、e'_{ps}——构件受拉区、受压区预应力钢筋和普通钢筋截面重心至构件截面重心轴的距离，按式（8-23）计算；

i——截面回转半径，$i^2=I/A$，先张法构件取 $I=I_0$、$A=A_0$，后张法构件取 $I=I_n$、$A=A_n$，此处，I_0 和 I_n 分别为换算截面惯性矩和净截面惯性矩。

$$\left.\begin{aligned}e_{ps}&=\frac{A_pe_p+A_se_s}{A_p+A_s}\\e'_{ps}&=\frac{A'_pe'_p+A'_se'_s}{A'_p+A'_s}\end{aligned}\right\}\tag{8-23}$$

式中　e_p、e'_p——构件受拉区、受压区预应力钢筋截面重心至构件截面重心的距离；

e_s、e'_s——构件受拉区、受压区纵向普通钢筋截面重心至构件截面重心的距离。

式（8-18）、式（8-19）中0.9为考虑钢筋（高强钢丝或钢绞线）松弛对混凝土收缩、徐变引起预应力损失的影响系数。

以上预应力损失的计算值，可以作为设计的一般依据。但由于材料、施工条件等的不同，实际的预应力损失值，与按上述方法计算的数值会有所出入。因此，为了确保预应力混凝土结构在施工、使用阶段的安全，施工期除加强工艺管理外，还应做好应力损失值的实测试验工作，根据所测得的实际应力损失值，随时来调整损失值与张拉应力之间的关系。

减少混凝土收缩和徐变引起的应力损失的措施如下：

1）采用一般普通硅酸盐水泥，控制每立方米混凝土中的水泥用量及混凝土的水灰比。

2）延长混凝土的受力时间，即控制混凝土的加载龄期。

除以上六项应力损失外，还应根据具体情况考虑其他因素引起的应力损失，如锚圈口摩阻损失等。

8.3.2.3　钢筋的有效预应力计算

前已述及，预应力钢筋的有效预应力 σ_{pe} 是将锚下张拉控制应力 σ_{con} 扣除相应应力损失 σ_l 后，在预应力筋中实际存在的预拉应力值。但应力损失在各个受力阶段出现的项目是不同的，故有效预应力值随不同受力阶段而变。将预应力损失按各受力阶段进行组合，然后才能计算出不同阶段的有效预应力值。预应力损失的组合，应根据预应力钢筋的张拉方式、方法及张拉机具设备等具体情况决定。

1. 预应力损失值组合

预应力损失值的组合，一般根据应力损失出现的先后与全部完成所需要的时间，分先张法、后张法，按预加应力阶段和使用阶段来划分。对于一般形式及施工方法简单的结构，可按表8-4的方法进行预应力损失组合。

表 8-4 各阶段预应力损失值的组合

预应力损失值的组合	先张法构件	后张法构件
传力锚固时的损失（第一批）$\sigma_{l\mathrm{I}}$	$\sigma_{l2}+\sigma_{l3}+\sigma_{l4}+0.5\sigma_{l5}$	$\sigma_{l1}+\sigma_{l2}+\sigma_{l4}$
传力锚固后的损失（第二批）$\sigma_{l\mathrm{II}}$	$0.5\sigma_{l5}+\sigma_{l6}$	$\sigma_{l5}+\sigma_{l6}$

2. 钢筋束的有效预应力 σ_{pe}

当在预加应力阶段时，预应力钢筋中的有效预应力为

$$\sigma_{pe}^{\mathrm{I}}=\sigma_{con}-\sigma_{l\mathrm{I}} \tag{8-24}$$

式中 $\sigma_{l\mathrm{I}}$——预应力筋张拉完毕、传力锚固为止所出现的应力损失值之和。

当在使用荷载阶段时，预应力钢筋中的有效预应力，即永存预应力为

$$\sigma_{pe}^{\mathrm{II}}=\sigma_{con}-(\sigma_{l\mathrm{I}}+\sigma_{l\mathrm{II}}) \tag{8-25}$$

式中 $\sigma_{l\mathrm{II}}$——传力锚固结束以后所出现的应力损失值之和。

8.3.3 预应力混凝土受弯构件的应力验算

预应力混凝土受弯构件在各个受力阶段均有其不同受力特点。从施加预应力起，构件中的预应力筋和混凝土就开始处在高应力状态下，经受着严重的考验。为了保证构件在各阶段工作的安全可靠，除按承载能力极限状态进行强度验算外，还必须对其在施工和使用阶段的应力状态进行验算，并予以控制，即须按正常使用极限状态进行计算。此时，预加力应作为荷载计算其效应。

预应力混凝土构件在施工和使用阶段一般是不开裂的，其材料大体上符合材料力学关于均质连续体的假定，并处于近似弹性工作阶段，所以可近似按材料力学的公式进行应力计算。根据安全和使用的要求，混凝土及配筋在施工和使用阶段的应力，应控制在相应阶段的应力限制值内。对于部分预应力混凝土 B 类构件，还应进行裂缝验算。

应力计算的内容包括混凝土的正应力、切应力与主应力以及钢筋的应力计算。下面将主要针对上述应力验算内容及要求给出相应的计算方法，并取用静定的预应力混凝土构件，对于超静定的预应力混凝土结构的应力计算，尚应考虑赘余力的影响。根据通常使用习惯，预应力混凝土应力的符号采用以压为正，预应力钢筋的应力符号采用以拉为正。

8.3.3.1 正应力验算

1. 施工阶段的正应力验算

预应力混凝土构件，从预应力筋的张拉、锚固到梁的吊运安装，这一整个过程为施工阶段，此阶段又可细分为若干个阶段，主要的有两个阶段：一是预加应力阶段；二是运输安装阶段。

（1）预加应力阶段的正应力计算 本阶段构件的受力状态，如图 8-16 所示，构件主要承受偏心的预加力 N_p 和梁的自身恒载 g_1 的作用，可采用材料力学偏心受压公式进行计算。本阶段的受力特点是，预加力 N_p 值最大（因预应力损失值最小），而外荷载最小（仅有构件的自重作用）。对于简支梁来说，其受力最不利截面往往在支点附近，特别是直线配筋的

预应力混凝土等截面简支梁，其支点上缘拉应力常常成为计算的控制应力。

由预加力产生的混凝土法向应力及相应阶段预应力钢筋的应力，可分别按下列公式计算。

1）先张法构件。由预加力产生的混凝土法向应力为

$$\frac{\sigma_{pc}}{\sigma_{pt}}=\frac{N_{p0}}{A_0}\pm\frac{N_{p0}e_{p0}}{I_0}y_0 \tag{8-26}$$

式中　A_0——换算截面面积，包括净截面面积和全部纵向预应力钢筋截面面积换算成的混凝土截面面积；

N_{p0}——先张法构件预加应力时，混凝土应力为零时的有效预加力（扣除相应阶段的预应力损失），按式（8-27）计算；

e_{p0}——换算截面重心至预应力钢筋合力点的距离；

I_0——换算截面惯性矩；

y_0——换算截面重心至计算纤维处的距离。

$$N_{p0}=A_p\sigma_{pe}=A_p(\sigma_{con}-\sigma_{l1}+\sigma_{l4}) \tag{8-27}$$

式中　A_p——受拉区预应力钢筋的截面面积；

σ_{pe}——受拉区预应力钢筋合力点处混凝土法向应力为零时的预应力钢筋应力；

σ_{con}——张拉控制应力；

σ_{l1}——受拉区相应阶段预应力损失值（包括 σ_{l4} 在内）；

σ_{l4}——混凝土弹性压缩应力损失值（因混凝土应力为零时 σ_{l4} 尚未发生，故不能扣除）。

预应力钢筋合力点处混凝土法向应力等于零时的预应力钢筋应力为

$$\sigma_{p0}=\sigma_{con}-\sigma_l+\sigma_{l4} \tag{8-28}$$

相应阶段预应力钢筋的有效预应力为

$$\sigma_{pe}=\sigma_{con}-\sigma_l \tag{8-29}$$

式中　σ_l——受拉区相应阶段的预应力损失值，使用阶段时为全部预应力损失值；

σ_{l4}——受拉区由混凝土弹性压缩引起的预应力损失值。

2）后张法构件。由预加力产生的混凝土法向应力为

$$\frac{\sigma_{pc}}{\sigma_{pt}}=\frac{N_p}{A_n}\pm\frac{N_pe_{pn}}{I_n}y_n\pm\frac{M_{p2}}{I_n}y_n \tag{8-30}$$

式中　N_p——后张法构件预应力钢筋的有效预加力（扣除相应阶段的预应力损失），对于曲线配筋的后张法梁，按式（8-31）计算；

A_n——净截面面积，即为扣除管道等削弱部分后的混凝土全部截面面积与纵向普通钢筋截面面积换算成的混凝土截面面积之和，对由不同强度等级混凝土组成的截面，应按混凝土弹性模量比值换算成同一混凝土强度等级的截面面积；

I_n——净截面惯性矩；

e_{pn}——净截面重心至预应力钢筋合力点的距离；

y_n——净截面重心至计算纤维处的距离；

M_{p2}——由预加力 N_p 在后张法预应力混凝土连续梁等超静定结构中产生的次弯矩。

$$N_p=\sigma_{pe}A_p+\sigma'_{pe}A'_p=(\sigma_{con}-\sigma_{l1})A_p+A'_p(\sigma'_{con}-\sigma'_l) \tag{8-31}$$

式中　σ'_{pe}——受压区纵向预应力钢筋（扣除相应阶段的预应力损失）的有效预应力；

A'_p——受压区预应力钢筋的截面面积；

σ'_l—受压区相应阶段预应力损失值；

σ'_{con}——受压区预应力钢筋张拉控制应力。

预应力钢筋合力点处混凝土法向应力等于零时的预应力钢筋应力为

$$\sigma_{p0}=\sigma_{con}-\sigma_l+\alpha_{Ep}\sigma_{pc} \tag{8-32}$$

式中 α_{Ep}——预应力钢筋弹性模量 E_p 与混凝土弹性模量 E_c 的比值。

相应阶段预应力钢筋的有效预应力为

$$\sigma_{pe}=\sigma_{con}-\sigma_l \tag{8-33}$$

在后张法预应力混凝土超静定结构中存在支座等多余约束，当预加力对超静定梁引起的结构变形受到支承约束时，将产生支承反力，并由该反力产生次弯矩 M_{p2}，使预应力钢筋的轴线与压力线不一致。因此，在计算预加力在截面中产生的混凝土法向应力时，应考虑该次弯矩的影响。

在预加力和构件自重作用下截面边缘混凝土的法向应力为

先张法构件
$$\sigma_{cc}\text{ 或 }\sigma_{ct}=\frac{N_{p0}}{A_{p0}}\pm\frac{N_{p0}e_{p0}}{I_0}y_0\mp\frac{M_{1Gk}}{I_0}y_0 \tag{8-34}$$

后张法构件
$$\sigma_{cc}\text{ 或 }\sigma_{ct}=\frac{N_p}{A_n}\pm\frac{N_pe_{pn}}{I_n}y_n\mp\frac{M_{1Gk}}{I_n}y_n \tag{8-35}$$

式中 σ_{cc}、σ_{ct}——相应预加应力阶段计算截面边缘纤维的混凝土压应力、拉应力；

M_{1Gk}——受弯构件自身标准值引起的弯矩。

(2) 运输、吊装阶段混凝土截面正应力计算 对于采用预制拼装施工方法的预应力混凝土构件，须进行这一阶段的应力计算。本阶段应力计算方法与预加应力阶段相同。但应注意的是：预加力 N_p 已变小；同时构件在运输和安装过程中，将受到振动，按自身恒载计算弯矩时应考虑计算简图的变化，其重力应乘以动力系数。构件向上吊起使其超重，动力系数为 1.2，构件下卸使其失重，动力系数为 0.85，设计时应根据可能出现的最不利情况加以组合。

(3) 施工阶段混凝土截面的限制应力 在预应力和构件自重等施工荷载作用下，截面边缘混凝土的法向应力应符合下列规定。

1）压应力：$\sigma^t_{cc}\leqslant 0.70f'_{ck}$。

2）拉应力：

① 当 $\sigma^t_{ct}\leqslant 0.70f'_{tk}$时，预拉区应配置其配筋率不小于 0.2%的纵向钢筋。

② 当 $\sigma^t_{ct}=1.15f'_{tk}$时，预拉区应配置其配筋率不小于 0.4%的纵向钢筋。

③ 当 $0.70f'_{tk}<\sigma^t_{ct}<1.15f'_{tk}$时，预拉区应配置的纵向钢筋配筋率按以上两者直线内插取用。拉应力不应超过 $1.15f'_{tk}$。

其中，σ^t_{cc}、σ^t_{ct} 是按短暂状况计算时截面预压区、预拉区边缘混凝土的压应力、拉应力；f'_{ck}、f'_{tk}是与制作、运输、安装各施工阶段混凝土立方体抗压强度相应的轴心抗压强度、轴心抗拉强度标准值。

2. 使用阶段的正应力验算

预应力混凝土受弯构件在使用荷载作用下的应力状态，如图 8-17 所示。在一般简化计算中，本阶段的计算特点是预加力 N_p 最小，因预应力损失已全部完成，有效预应力 σ_{pe} 最小，称为**永存预应力**，其相应的永存预加力为 $N_{con}=A_p(\sigma_{con}-\sigma_{l\mathrm{I}}-\sigma_{l\mathrm{II}})$。计算时，作用（或荷载）取其标准值，汽车荷载应考虑冲击系数，所有荷载分项系数均取为 1.0。

计算时，应取最不利截面进行控制验算，对于直线配筋等截面简支梁，一般以跨中为最不利控制截面，但对于曲线配筋的等截面或变截面简支梁，则应根据预应力筋的弯起和混凝土截面变化的情况，确定其计算控制截面，一般可取跨中、$l/4$、$l/8$、支点截面和截面变化处的截面进行计算。

全预应力混凝土和 A 类预应力混凝土受弯构件，由作用（或荷载）标准值组合产生的混凝土法向应力和预应力钢筋的应力，按下列公式计算。

混凝土法向压应力 σ_{kc} 和拉应力 σ_{kt}：

$$\frac{\sigma_{kc}}{\sigma_{kt}}=\frac{M_k}{I_0}y_0 \tag{8-36}$$

式中　M_k——按作用（或荷载）标准值组合计算的弯矩值，$M_k=M_{1Gk}+M_{1Gk}+M_{Qk}$；

y_0——构件换算截面重心轴至受压区或受拉区计算纤维处的距离。

预应力钢筋应力

$$\sigma_p=\alpha_{Ep}\sigma_{kt} \tag{8-37}$$

在计算预应力钢筋的应力时，式（8-37）中的 σ_{kt} 应为最外层钢筋重心处的混凝土拉应力。

对于在使用阶段不开裂的预应力混凝土构件，考虑全截面受力，应力计算方法如下。

（1）先张法构件　对于先张法构件，使用荷载仍由预应力钢筋和混凝土共同承担，其截面几何特性也采用换算截面计算。此时，混凝土法向应力为

$$\frac{\sigma_{cc}}{\sigma_{ct}}=\frac{N_{p0}}{A_0}\mp\frac{N_{p0}e_{p0}}{I_0}y_0\pm\frac{M_{1Gk}+M_{2Gk}+M_{Qk}}{I_0}y_0 \tag{8-38}$$

式中　σ_{cc}、σ_{ct}——使用阶段计算截面边缘纤维的混凝土压应力、拉应力；

N_{p0}——使用阶段混凝土应力假定为零时预应力钢筋的有效预加力（扣除相应阶段的预应力损失），即 $N_{p0}=A_p(\sigma_{con}-\sigma_{l\mathrm{I}}-\sigma_{l\mathrm{II}}+\sigma_{l4})$，其中 σ_{l4} 为混凝土弹性压缩损失。

M_{2Gk}——由二期结构重力标准值引起的弯距；

M_{Qk}——可变作用标准值（汽车荷载计入冲击系数）引起的最不利弯矩。

预应力钢筋的应力为

$$\sigma_p=\sigma_{pe}+\alpha_{Ep}\frac{M_{1G}+M_{2G}+M_Q}{I_0}y_{p0} \tag{8-39}$$

式中　σ_{pe}——使用阶段预应力钢筋中的永存预应力，$\sigma_{pe}=\sigma_{con}-\sigma_{l\mathrm{I}}-\sigma_{l\mathrm{II}}$，$\sigma_{con}$ 为张拉控制应力，$\sigma_{l\mathrm{I}}$、$\sigma_{l\mathrm{II}}$ 分别为第一批和第二批的应力损失值；

α_{Ep}——预应力钢筋和混凝土的弹性模量之比；

y_{p0}——计算的预应力钢筋截面重心到换算截面形心轴的距离。

（2）后张法构件　后张法受弯构件，当预加应力时，因孔道尚未灌浆，所以由预加力 N_p 和自身重力 g_1 产生的混凝土应力，仍按混凝土净截面计算；当二期结构重力 g_2 和可变

作用作用于构件上时，一般情况下管道内均已压浆凝固，认为预应力钢筋与混凝土已黏成整体，并能有效地共同工作。故在后加恒载与活载作用时，均采用换算截面计算应力，最后进行应力叠加。此时，截面混凝土法向应力为

$$\frac{\sigma_{cc}}{\sigma_{ct}}=\frac{N_p}{A_n}\mp\frac{N_p e_{pn}}{I_n}y_0\pm\frac{M_{1G}+M_{2G}+M_Q}{I_0}y_0 \tag{8-40}$$

式中 N_p——使用阶段永存预加力，$N_p=(\sigma_{con}-\sigma_{l\,\mathrm{I}}-\sigma_{l\,\mathrm{II}})(A_p+A_{pb}\cos\alpha_p)+A'_p(\sigma'_{con}-\sigma_{l\,\mathrm{I}}-\sigma_{l\,\mathrm{II}})$。

对于预应力钢筋的应力，若考虑预加应力后构件已拱起、脱模，则

$$\sigma_p=\sigma_{pe}+\alpha_{Ep}\frac{M_{2G}+M_Q}{I_0}y_{p0} \tag{8-41}$$

在后张法构件中，预应力钢筋的控制应力一般是在预加力和自重作用下测得的，所以在计算预应力钢筋应力时，不再考虑自重的影响。但考虑到预加应力时，一些构件并未拱起、脱模，则在计算预应力钢筋应力时，仍考虑自重的应力，即

$$\sigma_p=\sigma_{pe}+\alpha_{Ep}\frac{M_{1G}}{I_n}y_{pn}+\alpha_{Ep}\frac{M_{2G}+M_Q}{I_0}y_{p0} \tag{8-42}$$

式中 y_{pn}——计算的预应力钢筋重心到净截面形心轴的距离。

以上，对于预应力钢筋应力计算公式，可根据可变作用对计算截面的不同效应，通过取舍可变作用的应力以求得最大和最小预应力钢筋的应力。

应注意的是，上述使用阶段预应力钢筋和混凝土应力的计算公式，均是在混凝土还未开裂的前提下求得的。因此，这些公式仅适用于全预应力和部分预应力 A 类构件。

(3) 使用阶段的钢筋和混凝土的限制应力 在使用荷载作用下，预应力混凝土受弯构件中的钢筋与混凝土经常承受着反复应力，而材料在较高的反复应力作用下，将使其强度下降，甚至造成疲劳破坏。为了避免这种不利影响，铁路桥梁对作用标准值组合作用下的材料容许应力规定较低，但对于公路桥梁来说，钢筋最小应力与最大应力之比 ρ 值均在 0.85 以上，一般不计疲劳影响，故《混凝土桥涵规范》将上述应力限值相应地规定得比铁路桥梁高些，具体如下。

1）钢筋的限制应力。在作用标准值组合作用下，构件中预应力钢筋由式（8-39）、式（8-41）算得的应力，应符合下列规定：

对钢绞线、钢丝 $\sigma_p\leqslant0.65f_{pk}$

对预应力螺纹钢筋 $\sigma_p\leqslant0.75f_{pk}$

预应力混凝土受弯构件受拉区的普通钢筋，其使用阶段的应力很小，可不必验算。

2）混凝土的限制应力。在使用荷载阶段，受弯构件由式（8-38）、式（8-40）算得的混凝土应力，应符合下列规定：

① 受压区混凝土的最大压应力： $\sigma_{cc}\leqslant0.5f_{ck}$

② 混凝土拉应力 σ_{ct}。对于全预应力混凝土构件，在正常使用情况下，通过抗裂验算进行，属于持久状况正常使用极限状态。《混凝土桥涵规范》要求应满足下列规定：

全预应力混凝土构件，在作用频遇组合下，

预制构件 $\sigma_{st}-0.85\sigma_{pc}\leqslant0$

分段浇筑或砂浆接缝的纵向分块构件 $\sigma_{st}-0.80\sigma_{pc}\leqslant 0$

A类预应力混凝土构件，在作用频遇组合下

$$\sigma_{st}-\sigma_{pc}\leqslant 0.7f_{tk}$$

但在作用准永久组合下

$$\sigma_{lt}-\sigma_{pc}\leqslant 0$$

式中 σ_{st}——在作用频遇组合下构件抗裂验算边缘混凝土的法向拉应力；

σ_{lt}——在作用准永久组合下构件抗裂验算边缘混凝土的法向拉应力；

σ_{pc}——扣除全部预应力损失后的预加力在构件抗裂验算边缘产生的混凝土预压应力；

f_{tk}——混凝土的抗拉强度标准值。

8.3.3.2 主应力的验算

预应力混凝土受弯构件，在剪力和弯矩的共同作用下，可能由于主拉应力达到极限值，而出现自构件腹板中部开始的斜裂缝，随着荷载的增加而逐渐分别向上、下斜方向发展，导致构件破坏，因而必须验算其主拉应力。同时，对主压应力也应进行验算。

全预应力混凝土和部分预应力混凝土A类构件，在使用阶段系全截面参加工作，故切应力和主应力的计算，仍可按材料力学的公式进行。

1. 切应力计算

当预应力钢筋曲线布置时，截面上沿预应力钢筋切线方向的预压力，就会产生一个竖向分力（即预剪力），减小了截面的剪力。如对于承受均布荷载的简支梁，当采用抛物线形布置预应力钢筋时，则预应力钢筋的竖向分力可能等于荷载剪力，梁内就没有剪力。但对于承受可变作用和集中荷载的构件，这一点很难做到，只能尽可能设计适当的预应力钢筋弯起角度以配合减小剪力的需要，对于直线配筋的先张法梁，则不产生预剪力。

在使用荷载阶段，剪应力计算时，除了考虑预加力（扣除全部预应力损失）和梁永久作用外，还有二期结构重力和可变作用，这时等高度梁截面上任一点混凝土的切应力 τ 可按下列公式计算。

先张法构件

$$\tau=\frac{VS_0}{bI_0}-\frac{V_{pb}S_0}{bI_0} \tag{8-43}$$

后张法构件

$$\tau=\frac{V_{1Gk}S_n}{bI_n}+\frac{V_{2Gk}S_0}{bI_0}+\frac{V_{Qk}S_0}{bI_0}-\frac{V_{pb}S_n}{bI_n} \tag{8-44}$$

式中 V_{1Gk}——由构件自重标准值引起的剪力；

V_{2Gk}——由二期结构重力标准值引起的剪力；

V_{Qk}——由可变作用标准值引起的剪力；

V——按持久状况作用标准值组合计算的剪力，$V=V_{1Gk}+V_{2Gk}+V_{Qk}$；

V_{pb}——由弯起的预应力钢筋引起的计算剪力，按式（8-45）计算；

S_0、S_n——分别为计算的切应力点以上或以下部分混凝土换算截面面积及净截面面积对各自重心轴的面积矩；

I_n、I_0——分别为构件混凝土净截面和换算截面对各自重心轴的惯性矩；

b——计算剪力处构件腹板的宽度。

$$V_{pb}=(\sigma_{con}-\sigma_l)A_{pb}\sin\theta_p \tag{8-45}$$

式中 A_{pb}——弯起的预应力筋的截面面积；

θ_p——在计算截面处，弯起的预应力钢筋切线与构件纵轴的夹角。

对于先张法构件，因一般采用直线配筋，而无弯起的预应力筋，即 $A_{pb}=0$，故 $V_{pb}=0$。

2. 主应力计算

纵向的预压应力使主拉应力大为减小，但不管预压应力多大，主拉应力仍不会全部消除，但如果在梁的纵向和竖向均施加预压应力，则可以消除主拉应力，甚至可以出现压应力。考虑双向预应力的主拉应力 σ_{tp} 和主压应力 σ_{cp} 可按下式计算。

$$\sigma_{tp}=\frac{\sigma_{cx}+\sigma_{cy}}{2}-\sqrt{\left(\frac{\sigma_{cx}-\sigma_{cy}}{2}\right)^2+\tau^2} \tag{8-46}$$

$$\sigma_{cp}=\frac{\sigma_{cx}+\sigma_{cy}}{2}+\sqrt{\left(\frac{\sigma_{cx}-\sigma_{cy}}{2}\right)^2+\tau^2} \tag{8-47}$$

式中 σ_{cx}——在计算主应力点,由预加力和按作用（或荷载）标准值组合计算的弯矩 M_k 产生的混凝土法向应力，可按式（8-48）计算，或先张法构件按式（8-38）计算，后张法构件按式（8-40）计算；

σ_{cy}——由竖向预应力钢筋的预加力产生的混凝土竖向预压应力，可按式（8-49）计算；

τ——在计算主应力点，由预应力弯起钢筋的预加力和按作用（或荷载）标准值组合计算的剪力 V_k 产生的混凝土切应力，按式（8-50）计算。

$$\sigma_{cx}=\sigma_{pc}+\frac{M_k y_0}{I_0} \tag{8-48}$$

σ_{pc}——在计算主应力点，由扣除全部预应力损失后的纵向预加力产生的混凝土法向预压应力，按式（8-26）、式（8-30）计算；

y_0——换算截面重心轴至计算主应力点的距离。

$$\sigma_{cy}=0.6\frac{n\sigma'_{pe}A_{pv}}{bs_v} \tag{8-49}$$

$$\tau=\frac{V_s S_0}{bI_0}-\frac{\sum\sigma''_{pe}A_{pb}\sin\theta_p\cdot S_n}{bI_n} \tag{8-50}$$

式中 n——在同一截面上竖向预应力钢筋的肢数；

σ'_{pe}、σ''_{pe}——竖向预应力钢筋、纵向预应力弯起钢筋扣除全部预应力损失后的有效预应力；

A_{pv}——单肢竖向预应力钢筋的截面面积；

s_v——竖向预应力钢筋的间距；

b——计算主应力点处构件腹板的宽度。

A_{pb}——计算截面上同一弯起平面内预应力弯起钢筋的截面面积；

S_0、S_n——计算主应力点以上或以下部分混凝土换算截面面积对换算截面重心轴、净截面面积对截面积重心轴的面积矩；

θ_p——计算截面上预应力弯起钢筋切线与构件纵轴的夹角。

式（8-46）、式（8-47）中的 σ_{cx}、σ_{cy} 为压应力时，应以正号代入，为拉应力时，则以负号代入。

3. 主应力限制值

验算主应力的目的，在于防止产生自受弯构件腹板中部开始的斜裂缝，而且要求至少应具有与正截面同样的抗裂安全度，故对主应力的数值应予以限制。主拉应力的验算，实际上是斜截面抗裂性验算。另外，当混凝土处于平面应力状态时，主压应力的大小将影响混凝土承受主拉应力的能力，验算主压应力，则是防止腹部压坏。但当混凝土强度等级在 C40 以内，且主压应力 $\sigma_{tp} \leqslant 0.5f_{cd}$ 时，可以不考虑 σ_{tp} 对混凝土抗主拉应力的影响。因此，《混凝土桥涵规范》要求，按式（8-46）、式（8-47）算得的主拉应力和主压应力，应符合下列规定。

（1）混凝土的主压应力

$$\sigma_{cp} \leqslant 0.6f_{ck}$$

（2）混凝土的主拉应力

全预应力混凝土构件，在作用频遇组合下

预制构件 $\sigma_{tp} \leqslant 0.6f_{tk}$

现场浇筑（包括预制拼装）构件 $\sigma_{tp} \leqslant 0.4f_{tk}$

A 类和 B 类预应力混凝土构件，在作用频遇组合下

预制构件 $\sigma_{tp} \leqslant 0.7f_{tk}$

现场浇筑（包括预制拼装）构件 $\sigma_{tp} \leqslant 0.5f_{tk}$

式中 σ_{cp}——由作用（或荷载）标准值和预加力产生的混凝土主压应力；

σ_{tp}——由作用（或荷载）标准值和预加力产生的混凝土主拉应力；

f_{ck}、f_{tk}——混凝土的抗压强度标准值、抗拉强度标准值。

主应力的验算，在跨径方向应选择剪力与弯矩均较大的最不利区段截面进行，且应选择计算截面重心处和宽度剧烈变化处作为计算点进行验算。当验算所得的主应力不符合规范规定时，则应修改构件截面尺寸。

4. 箍筋计算

在使用阶段，预应力混凝土受弯构件沿纵轴向的各区段，按式（8-46）算得的主拉应力 $\sigma_{tp} \leqslant 0.5f_{tk}$ 时的梁段，可根据《混凝土桥涵规范》规定，按构造要求配置箍筋。但当 $\sigma_{tp} > 0.5f_{tk}$ 时，为保证构件不致因出现斜裂缝而导致梁的破坏，故必须对箍筋进行设计。箍筋的间距 s_v 可按下式计算。

$$s_v = \frac{f_{sk}A_{sv}}{\sigma_{tp}b} \tag{8-51}$$

式中 f_{sk}——箍筋的抗拉强度标准值；

A_{sv}——同一截面内箍筋的总截面面积；

b——矩形截面宽度、T 形或 I 形截面的腹板宽度。

8.3.4 预应力混凝土受弯构件的承载力计算

8.3.4.1 正截面承载力计算

1. 破坏形态与特征

预应力混凝土受弯构件，随预应力钢材性能、混凝土强度及配筋率不同可分为三类破坏形态，即带有塑性性质的适筋梁破坏、带有脆性破坏性质的超筋梁破坏和少筋梁破坏。三种

破坏形态的各自特征和普通钢筋混凝土受弯构件基本相同。

2. 界限破坏时截面相对受压区高度 ξ_b 的计算

预应力混凝土受弯构件受压区高度界限系数 ξ_b 值，可按预应力钢筋种类按表 8-5 采用。

表 8-5 预应力混凝土梁相对界限受压区高度 ξ_b

钢筋种类	混凝土强度等级			
	C50 及以下	C55、C60	C65、C70	C75、C80
钢绞线束、钢丝束	0.40	0.38	0.36	0.35
预应力螺纹钢筋	0.40	0.38	0.36	—

注：1. 截面受拉区内配置不同种类钢筋的受弯构件，其 ξ_b 值应选用相应于各种钢筋的较小者。

2. $\xi_b=x_b/h_0$，x_b 为纵向受拉钢筋和受压区混凝土同时到达其强度设计值时的受压区高度。

3. 正截面承载能力计算

(1) 基本公式

1) 矩形截面构件。当 $\xi\leqslant\xi_b$ 时，即当预应力钢筋的含筋量配置适当时，一般为少筋梁，破坏时截面受拉区预应力钢筋和非预应力钢筋先达到屈服强度，然后受压区边缘混凝土达到极限压应变而压碎，受压区的混凝土应力达到轴向抗压强度，受压区的非预应力钢筋也达到屈服点。

仿照普通钢筋混凝土受弯构件正截面承载力计算方法，假定用等效的矩形应力分布图代替实际的曲线分布图，按静力平衡条件建立起计算公式。矩形截面（包括翼缘位于受拉边的 T 形截面）受弯构件正截面承载力的计算简图如图 8-20 所示，参照计算简图，由平衡条件可写出如下方程。

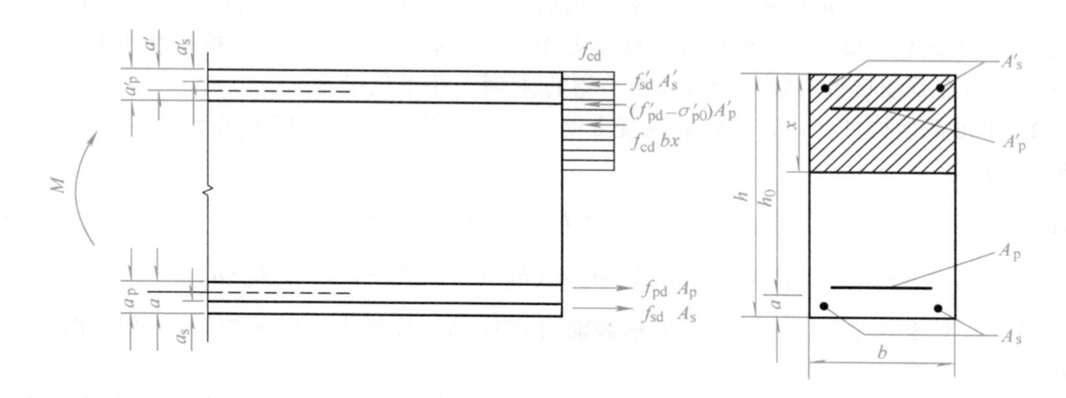

图 8-20 矩形截面受弯构件正截面承载力计算简图

沿纵向力方向平衡条件，由 $\sum x=0$，得

$$f_{sd}A_s+f_{pd}A_p=f_{cd}bx+f'_{sd}A'_s+(f'_{pd}-\sigma'_{p0})A'_p \tag{8-52}$$

对受拉区钢筋（预应力和非预应力筋）合力作用点力矩平衡条件，由 $\sum M_{ps}=0$，得

$$\gamma_0M_d\leqslant f_{cd}bx\left(h_0-\frac{x}{2}\right)+f'_{sd}A'_s(h_0-a'_s)+(f'_{pd}-\sigma'_{p0})A'_p(h_0-a'_p) \tag{8-53}$$

式中 f_{pd}、f'_{pd}——纵向预应力钢筋的抗拉强度设计值和抗压强度设计值；

A_p、A'_p——受拉区、受压区纵向预应力钢筋的截面面积；

b——矩形截面宽度或T形截面腹板宽度；

h_0——截面有效高度，$h_0=h-a$，此处 h 为截面全高；

a、a'——受拉区、受压区普通钢筋和预应力钢筋合力点至受拉区边缘、受压区边缘的距离，当不配非预应力受力钢筋（即 $A_s=0$）时，则 a 用 a_p 代替，a_p 为受拉区预应力钢筋 A_p 的合力作用点至截面最近边缘的距离，当预应力钢筋 A'_p 中的应力为拉应力时，则以 a'_s 代替 a'；

a'_s、a'_p——受压区普通钢筋合力点、预应力钢筋合力点至受压区边缘的距离；

σ'_{p0}——受压区预应力钢筋合力点处混凝土法向应力等于零时预应力钢筋的应力。

其余符号的含义及取值同单元4。

基本公式是建立在适筋受弯构件基础上的，故应满足下列要求。

$$x<\xi_b h_0 \tag{8-54}$$

当此条件不能满足时，一般需要修改截面尺寸、改变材料等级，或增加受压区钢筋。

当受压区配有纵向普通钢筋和预应力钢筋，且预应力钢筋受压，即（$f'_{pd}-\sigma'_{p0}$）为正时

$$x\geqslant 2a' \tag{8-55}$$

当受压区仅配纵向普通钢筋或配普通钢筋和预应力钢筋，且预应力钢筋受拉，即（$f'_{pd}-\sigma'_{p0}$）为负时

$$x\geqslant 2a'_s \tag{8-56}$$

承载力校核与截面设计的计算步骤与普通钢筋混凝土梁类似。

由上述承载力计算公式可以看出：构件的承载能力 M_u，与受拉区钢筋是否施加预应力无关，但对受压区钢筋 A'_p施加预应力后，钢筋应力 f'_{pd}下降为（$f'_{pd}-\sigma'_{p0}$）（甚至为拉应力），因而将比 A'_p筋不加预应力时的构件承载能力 M_u 有所降低，使用阶段的抗裂性也有所降低。因此，只有在受压区确有需要设置预应力钢筋 A'_p时，才予以设置。

2）T形截面构件。同普通钢筋混凝土梁一样，先按下列条件鉴别属于哪一种T形截面（图8-21）。

截面复核时

$$f_{sd}A_s+f_{pd}A_p\leqslant f_{cd}b'_fh'_f+f'_{sd}A'_s+(f'_{pd}-\sigma'_{p0})A'_p \tag{8-57}$$

截面设计时

$$\gamma_0M_d\leqslant f_{cd}b'_fh'_f(h_0-h'_f/2)+f'_{sd}A'_s(h_0-a'_s)+(f'_{pd}-\sigma'_{p0})A'_p(h_0-a'_p) \tag{8-58}$$

当符合上述条件时，为第一类T形截面（中性轴在翼缘内，图8-21a），可按宽度为 b'_f 的矩形截面计算。

当不符合上述条件时，表明中性轴通过肋部，为第二种T形截面，计算时需考虑肋部受压区混凝土的工作，如图8-21b所示，其基本计算公式如下。

$$f_{sd}A_s+f_{pd}A_p=f_{cd}[bx+(b'_f-b)h'_f]+f'_{sd}A'_s+(f'_{pd}-\sigma'_{p0})A'_p \tag{8-59}$$

$$\gamma_0M_d\leqslant f_{cd}\left[bx\left(h_0-\frac{x}{2}\right)+(b'_f-b)h'_f\left(h_0-\frac{h'_f}{2}\right)\right]+f'_{sd}A'_s(h_0-a'_s)+(f'_{pd}-\sigma'_{p0})A'_p(h_0-a'_p) \tag{8-60}$$

公式的适用条件与矩形截面一样。

以上公式也适用于I形截面、Π形截面等情况。

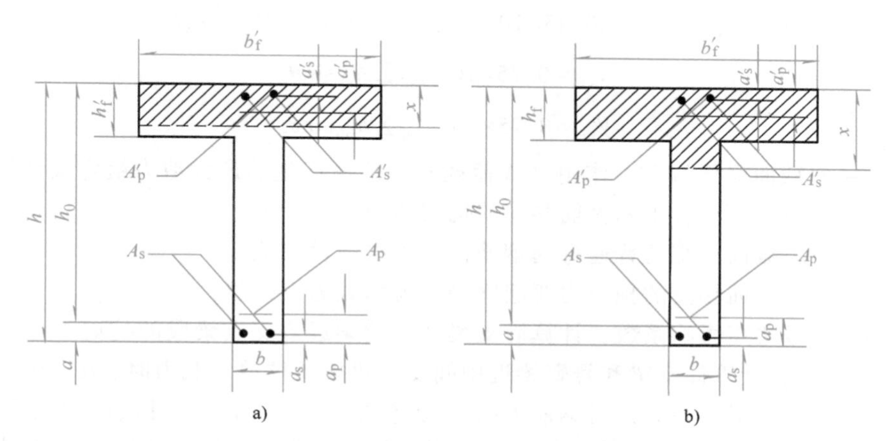

图 8-21　T形截面受弯构件正截面承载力计算简图

a）$x \leqslant h_f'$按矩形截面计算　b）$x>h_f'$按T形截面计算

（2）正截面承载力计算方法　从上述分析可以看出，预应力混凝土受弯构件正截面极限承载能力计算公式与普通钢筋混凝土受弯构件差别是很小的。如同普通钢筋混凝土受弯构件公式应用方法，无论截面设计还是截面承载能力复核，其核心无非是解两个未知数：对于复核问题即为求 x 和截面承载能力；对于设计问题为求 x 和受拉预应力钢筋的面积。应用的技巧在于避免解联立方程，选择合适方程求解 x。

8.3.4.2　斜截面承载力计算

如同普通钢筋混凝土受弯构件，预应力混凝土受弯构件也有沿斜截面破坏的可能。

沿斜截面破坏有沿斜截面剪切破坏和斜截面弯曲破坏两种形式，前者一般情况是梁内纵向钢筋配置较多，且锚固可靠，阻碍斜裂缝分开的两部分相对转动，受压区混凝土在压力和剪力的共同作用下被剪断或压碎，致使结构构件的抗剪能力不足以抗衡荷载剪切效应而破坏；后者一般情况是梁内纵向钢筋配置不足或锚固不良，钢筋屈服后被斜裂缝割开的两个部分绕公共铰转动，斜裂缝扩张，受压区减少，致使混凝土受压区被压碎而告破坏。

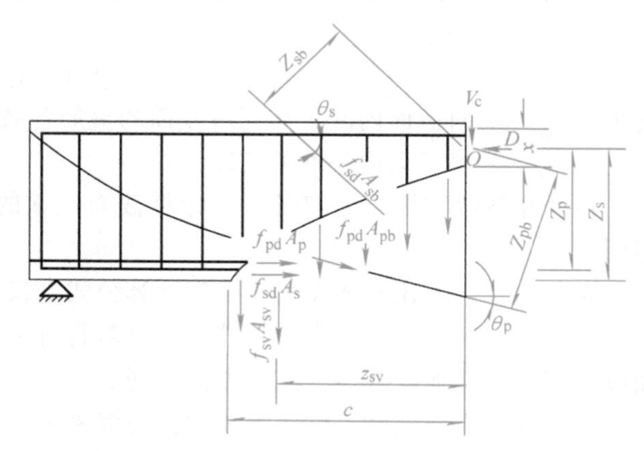

图 8-22　受弯构件斜截面抗剪承载力计算简图

1. 斜截面抗剪承载力计算

鉴于预应力受弯构件与普通钢筋混凝土受弯构件剪切破坏形式相同，一般预应力受弯构件斜截面抗剪承载能力的计算公式，是在普通钢筋混凝土受弯构件的计算公式的基础上，考虑预应力对抗剪能力的提高作用而建立起来的。

矩形、T形和I形截面的预应力混凝土受弯构件，当配置箍筋和弯起钢筋时，其斜截面抗剪承载力计算简图如图 8-22 所示，其计算公式如下。

$$\gamma_0 V_d \leqslant V_{cs}+V_{sb}+V_{pb} \tag{8-61}$$

$$V_{cs}=\alpha_1\alpha_2\alpha_3 0.45\times10^{-3}bh_0\sqrt{(2+0.6P)\sqrt{f_{cu,k}}\rho_{sv}f_{sv}} \tag{8-62}$$

$$V_{sb}=0.75\times10^{-3}f_{sd}\sum A_{sb}\sin\theta_s \tag{8-63}$$

$$V_{pb}=0.75\times10^{-3}f_{sd}\sum A_{pb}\sin\theta_p \tag{8-64}$$

式中　V_d——斜截面受压端上由作用（或荷载）效应所产生的最大剪力组合设计值；

V_{cs}——斜截面内混凝土和箍筋共同的抗剪承载力设计值；

V_{sb}——与斜截面相交的普通弯起钢筋抗剪承载力设计值；

V_{pb}——与斜截面相交的预应力弯起钢筋抗剪承载力设计值；

α_1——异号弯矩影响系数，计算简支梁和连续梁近边支点梁段的抗剪承载力时，$\alpha_1=1.0$，计算简支梁和悬臂梁近中间支点梁段的抗剪承载力时，$\alpha_1=0.9$；

α_2——预应力提高系数，对钢筋混凝土受弯构件，$\alpha_2=1.0$，对预应力混凝土受弯构件，$\alpha_2=1.25$，但当由钢筋合力引起的截面弯矩与外弯矩的方向相同时，或允许出现裂缝的预应力混凝土受弯构件，取 $\alpha_2=1.0$；

α_3——受压翼缘的影响系数，取 $\alpha_3=1.1$；

b——斜截面受压端正截面处，矩形截面宽度，或T形和I形截面腹板宽度；

h_0——斜截面受压端正截面的有效高度，自纵向受拉钢筋合力点至受压边缘的距离；

P——斜截面内受拉钢筋的配筋百分率，$P=100\rho$，$\rho=(A_p+A_{pb}+A_s)/bh_0$，当 $P>2.5$ 时，取 $P=2.5$；

$f_{cu,k}$——混凝土立方体抗压强度标准值，即为混凝土强度等级；

ρ_{sv}——斜截面内箍筋配箍率，按式（8-65）计算；

f_{sv}——箍筋抗拉强度设计值；

A_{sb}、A_{pb}——斜截面内在同一弯起平面的普通弯起钢筋、预应力弯起钢筋的截面面积；

θ_s、θ_p——普通弯起钢筋、预应力弯起钢筋（在斜截面受压端正截面处）的切线与水平线的夹角。

$$\rho_{sv}=A_{sv}/s_v b \tag{8-65}$$

式中　A_{sv}——斜截面内配置在同一截面的箍筋各肢总截面面积；

s_v——斜截面内箍筋的间距。

在计算斜截面抗剪强度时，其计算截面位置的确定方法，与普通钢筋混凝土受弯构件相同。

应当注意，上述斜截面抗剪强度计算公式，仅适用于等高度简支梁。

另外，当采用竖向预应力钢筋时，只需将有关公式中的非预应力箍筋的设计强度用竖向预应力钢筋设计强度替换，其余方法相同。

如同普通钢筋混凝土梁，上述预应力混凝土受弯构件斜截面承载力计算公式仅适用于剪压破坏情况，公式使用时的上、下限值如下。

1）上限值——最小截面尺寸。对矩形、T形和I形截面受弯构件，其抗弯截面应符合下列要求。

$$\gamma_0 V_d\leqslant0.51\times10^{-3}\sqrt{f_{cu,k}}bh_0 \tag{8-66}$$

以上条件不满足时，应加大截面尺寸或提高混凝土强度等级。

2）下限值——按构造要求配置箍筋条件。试验表明，梁斜裂缝出现后，斜裂缝处原由混凝土承受的拉力全部由箍筋承担，使箍筋拉应力大增，若箍筋配置量过小，则斜裂缝一旦出现后，箍筋应力很快达其屈服点，而不能有效地抑制斜裂缝的发展，乃至箍筋拉断，构件发生斜拉破坏。

所以，当满足下述条件时可不进行斜截面抗剪承载能力计算，但必须按构造要求配置箍。

$$\gamma_0 V_d \leq 0.50\times10^{-3}\alpha_2 f_{td} b h_0 \tag{8-67}$$

对于板式受弯构件，式（8-67）右边计算值可乘以系数 1.25。

若上式不满足时，应按斜截面承载力计算要求配置箍筋。

2. 斜截面抗弯承载力计算

同普通钢筋混凝土构件一样，预应力混凝土构件一般不需进行斜截面抗弯承载力计算，而通过构造措施予以保证。具体措施可参照单元 4。

8.3.5　端部锚固区计算

1. 先张法构件预应力钢筋的传递长度与锚固长度

先张法构件预应力钢筋的两端，一般不设置永久性锚具，而是通过钢筋与混凝土之间的黏结力作用来达到锚固的要求。在预应力钢筋放张时，由于在构件端部外露处的钢筋应力由原有的预拉应力变为零，预应力钢筋在该处的拉应变也相应变为零，钢筋将向构件内部产生内缩、滑移，但钢筋与混凝土间的黏结力将阻止钢筋内缩。经过自端部起至某一截面的 l_{tr} 长度后，钢筋内缩将被完全阻止，说明 l_{tr} 长度范围内的黏结力之和正好等于钢筋中的有效预拉力即 $N_{p0}=\sigma_{pe}A_p$，且钢筋在 l_{tr} 以后的各截面将保持有效预应力 σ_{pe}。钢筋从应力零的端面到应力为 σ_{pe} 的这一长度 l_{tr}（图 8-23a），称为预应力钢筋应力的**传递长度**。同理，当外荷载增加，构件达到承载能力极限状态时，预应力钢筋应力将达到其抗拉设计强度 f_{pd}，可以想象，此时钢筋将继续内缩（因 $f_{pd}>\sigma_{pe}$），直到内缩长度达到 l_a 时才会完全停止。为了使预应力筋在应力达到 f_{pd} 时不致被拔出，把钢筋从应力为零的端面至钢筋应力为 f_{pd} 的截面为止的这一长度 l_a 称之为**锚固长度**。

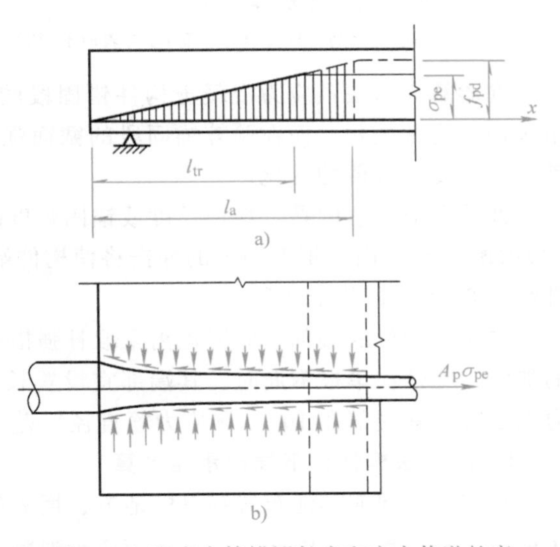

图 8-23　预应力筋锚固长度和应力传递长度

预应力钢筋在内缩过程中，应力在传递中使传递长度范围内的胶结力一部分遭到破坏，黏结应力实际上并不均匀分布。由于预应力钢筋的内缩滑动，一部分黏结力破坏，钢筋内缩也使其直径变粗，且愈近端部愈粗，形成锚楔作用。由于周围混凝土限制其直径变粗而引起较大的径向压力（图 8-23b），由此所产生的相应摩擦力，要比普通钢筋混凝土中由于混凝土收缩所产生的摩擦力要大得多，这是预应力钢筋应力传递的有利因素。可以看出，先张法构件端部整个应力传递长度范围内受力情况比较复杂。为了设计计算的方便，《混凝土桥涵规范》考虑以上各因素后，对预应力钢筋的传递长度 l_{tr} 和锚固长度 l_a 进行了具体规定，分别见表 8-6、表 8-7，同时建议，将传递长度和锚固长度范围内的预应力钢筋的应力（从零至 σ_{pe} 或 f_{pd}）假定按直线变化计算（图 8-23a）。因此，在端部锚固长度范围内计算斜截面强度时，预应力筋的应力 σ_{pe} 应根据斜截面所处位置按直线内插求得。

表 8-6 预应力钢筋的预应力传递长度 l_{tr} （单位：mm）

预应力钢筋种类	C40	C45	C50	≥C55
1×7 钢绞线，$\sigma_{pe}=1000$MPa	67d	64d	60d	58d
螺旋肋钢丝，$\sigma_{pe}=1000$MPa	58d	56d	53d	51d

表 8-7 预应力钢筋锚固长度 l_a （单位：mm）

预应力钢筋种类	混凝土强度等级					
	C40	C45	C50	C55	C60	≥C65
钢绞线，1×7，$f_{pd}=1260$MPa	130d	125d	120d	115d	110d	105d
螺旋肋钢丝，$f_{pd}=1200$MPa	95d	90d	85d	83d	80d	80d

注：1. 当采用骤然放松预应力钢筋的施工工艺时，锚固长度应从离构件末端 $0.25l_{tr}$ 处开始，l_{tr} 为预应力钢筋的预应力传递长度，按表 8-6 采用。

2. 当预应力钢筋的抗拉设计强度 f_{pd} 与表值不同时，其锚固长度应根据表值按强度比例增减。

在验算先张法预应力混凝土构件错固段的截面应力时，应考虑预应力钢筋传递长度 l_{tr} 范围内应力的变化；而在验算锚固段的截面强度时，则应考虑锚固长度 l_a 范围内预应力钢筋抗拉强度设计值的变化。

此外还应注意的是，传递长度或锚固长度的起点，与放张的方法有关。当采用骤然放张（如剪断）时，由于钢筋回缩的冲击将使构件端部混凝土的黏结力破坏，故其起点应自离构件端面 $0.25l_{tr}$ 处开始计算。

先张法构件的端部锚固区也需采取补强措施。对预应力粗钢筋端部周围混凝土通常采取的加强措施是：单根钢筋时，其端部宜设置长度不小于 150mm 的螺旋钢筋；当为多根预应力钢筋时，其端部在 10d（预应力筋直径）范围内，设置 3~5 片钢筋网。

2. 后张法构件锚下局部承压计算

在构件端部或其他布置锚具的地方，巨大的预加压力 N_p 将通过锚具及其下面积不大的垫板传递给混凝土。因此，后张法预应力混凝土构件，锚具下的混凝土将承受着很大的局部应力，一般需对锚具下的混凝土进行局部承压强度和局部承压区的抗裂性验算，以防止构件在横向拉应力的作用下出现裂缝。

（1）后张法预应力混凝土构件锚下承压验算

1）配置间接钢筋的混凝土结构构件，其局部受压区的截面尺寸应符合下列要求。

$$\gamma_0 F_{ld} \leq 1.3\eta_s \beta f_{cd} A_{ln} \tag{8-68}$$

$$\beta = \sqrt{\frac{A_b}{A_l}} \tag{8-69}$$

式中 F_{ld}——局部受压面积上的局部压力设计值，对后张法预应力混凝土构件的锚头局压区的压力设计值，应取 1.2 倍张拉时的最大应力；

f_{cd}——混凝土轴心抗拉强度设计值，对后张法预应力混凝土构件，应根据张拉时混凝土立方体抗压强度 f'_{cu} 值按规定以直线内插求得；

η_s——混凝土局部承压修正系数，混凝土强度等级为 C50 及以下时，取 $\eta_s=1.0$；混凝土强度等级为 C50～C80 时，取 $\eta_s=1.0\sim0.76$，中间按直线插入取值；

β——混凝土局部承压强度提高系数，按式（8-69）的规定取用；

A_b——混凝土局部受压时的计算底面积，可按图 8-24 确定；

A_{ln}、A_l——混凝土的局部受压面积，当局部受压面有孔洞时，A_{ln} 为扣除孔洞后的面积，A_l 为不扣除孔洞的面积。当受压面设有钢垫板时，局部受压面积应计入垫板按 45°刚性角扩大的面积；对于具有喇叭管并与垫板连成整体的锚具，A_{ln} 可取垫板面积扣除喇叭管尾端内孔面积。

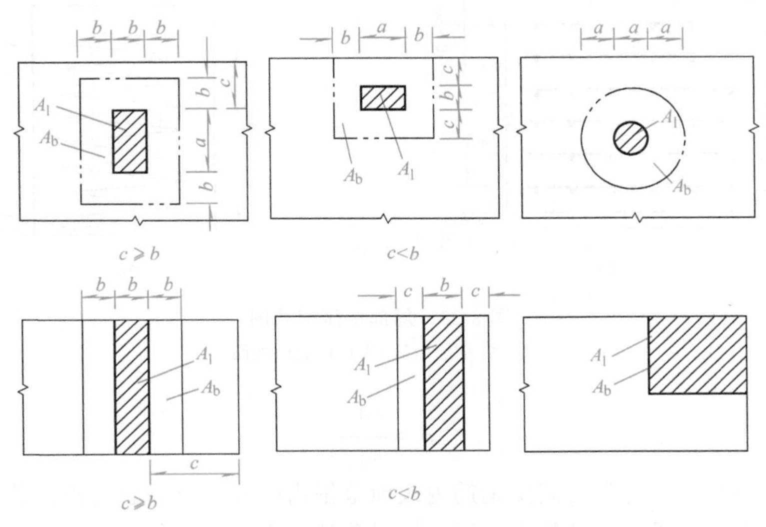

图 8-24　局部承压时计算底面积的 A_b 示意图

2）当配置方格网或螺旋形间接钢筋且其核心面积 $A_{cor}\geqslant A_l$ 时（图 8-25），局部抗压承载力应按下列规定计算。

$$\gamma_0 F_{ld}\leqslant 0.9(\eta_s\beta f_{cd}+k\rho_v\beta_{cor}f_{sd})A_{ln} \tag{8-70}$$

$$\beta_{cor}=\sqrt{\frac{A_{cor}}{A_l}} \tag{8-71}$$

式中　β_{cor}——配置间接钢筋时局部抗压承载力提高系数，当 $A_{cor}>A_b$ 时，应取 $A_{cor}=A_b$；

k——间接钢筋影响系数，混凝土强度等级 C50 及以下时，取 $k=2.0$；C50～C80 时，取 $k=2.0\sim1.7$，中间值按直线插入取用。

间接钢筋体积配筋率（核心面积 A_{cor} 范围内单位混凝土体积所含间接钢筋的体积）按下列公式计算。

方格网
$$\rho_v=\frac{n_1A_{s1}l_1+n_2A_{s2}l_2}{A_{cor}s} \tag{8-72}$$

此时，在钢筋网两个方向的钢筋截面面积相差不应大于 50%。

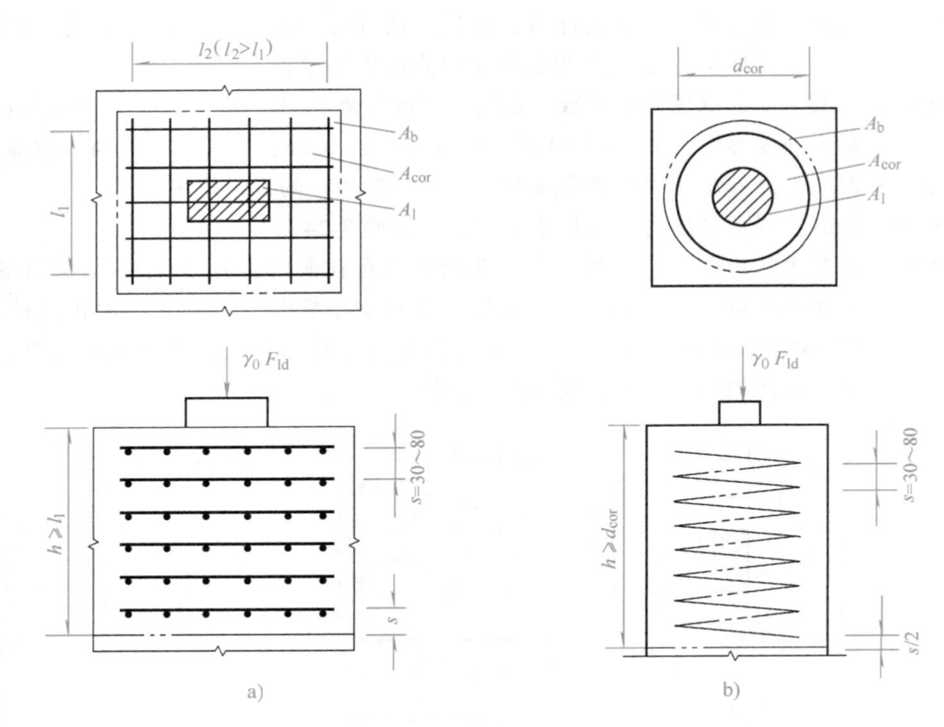

图 8-25　局部承压配筋图
a）方格网钢筋　b）螺旋形配筋

螺旋筋
$$\rho_v=\frac{4A_{ss1}}{d_{cor}s} \tag{8-73}$$

式中　A_{cor}——方格网或螺旋形间接钢筋内表面范围内的混凝土核心面积，其重心应与 A_l 的重心相重合，计算中按同心、对称的原则取值；

n_1、A_{s1}——方格网沿 l_1 方向的钢筋根数、单根钢筋的截面面积；

n_2、A_{s2}——方格网沿 l_2 方向的钢筋根数、单根钢筋的截面面积；

A_{ss1}——单根螺旋形间接钢筋的截面面积；

d_{cor}——螺旋形间接钢筋内表面范围内的混凝土核心面积的直径；

s——方格网或螺旋形间接钢筋的间距，宜取 30~80mm。

（2）梁端锚固区段的构造要求　梁端锚固区的应力状态比较复杂，设计时应采取补强措施。在锚具下面应设置厚度不小于 16mm 的垫板或采用具有喇叭管的锚具垫板。锚垫板下应设间接钢筋，其体积配筋率 ρ_v 不应小于 0.5%。梁端平面尺寸由锚具尺寸、锚具间距以及张拉千斤顶的要求等布置而定。在锚下的梁体内，尚须在图 8-25 所规定的高度 h 范围内配置间接钢筋，对方格网式钢筋，不宜小于 4 片；对螺旋式钢筋，不应小于 4 圈。对柱接头，h 尚不应小于 15d，d 为柱的纵向钢筋直径。螺旋筋的直径一般为 6~8mm，间距一般为 30~80mm；钢筋网格的钢筋直径和间距与螺旋筋相同，其网格边长不宜大于 75mm，网格外形尺寸或螺旋直径，根据局部承压面积确定。钢筋网或螺旋筋应尽量接近承压表面布置，距离承压面不宜大于 35mm。其布置深度应不小于局部承压面积的短边边长。

此外，在后张法构件的锚头局压区，应力复杂，故要求加密箍筋，并配置闭合式箍筋。

8.3.6 变形计算

预应力混凝土构件的材料一般都是高强度材料，故其截面尺寸较普通钢筋混凝土构件小，而且预应力混凝土结构所适用的跨径范围一般也较大。因此，设计中应进行预应力混凝土构件的变形验算，以避免因变形过大而影响使用功能。

预应力混凝土构件的变形由两部分组成。一部分是偏心预加力作用所产生的变形，常称为**反拱度**；另一部分是永久作用与可变作用所产生的变形。一般情况下，这两部分变形方向相反，可以利用预加力形成的反拱度，来抵消由作用所产生的挠度。精确计算预应力混凝土构件的变形是很复杂的，对于全预应力混凝土和 A 类部分预应力混凝土简支梁，采用以下近似实用计算方法所得的结果，已能满足要求。

1. 预加力引起的反拱度

预应力混凝土受弯构件由预加力引起的反拱值，可用结构力学方法按刚度进行计算，并乘以长期增长系数。计算使用阶段预加力反拱值时，预应力钢筋的预加应力扣除全部预应力损失，长期增长系数取用 2.0。

预应力混凝土受弯构件在正常使用极限状态下的挠度，可根据构件的刚度按结构力学的方法计算，后张法简支梁跨中的上拱值为

$$\delta_{pe}=\int_0^l \frac{M_{pe}\cdot \overline{M}_x}{B_0}dx \tag{8-74}$$

式中 M_{pe}——由永存预加力在任意截面 x 处引起的弯矩；

$\overline{M}_x$——跨中作用单位力时在任意截面 x 处产生的弯矩；

B_0——构件抗弯刚度，计算时按实际受力阶段取值。

2. 挠度验算

预应力混凝土受弯构件的长期挠度值可按下式计算。

$$f_l=-\eta_{\theta,pe}\cdot\delta_{pe}+\eta_{\theta,Ms}\cdot f_{Ms} \tag{8-75}$$

式中 δ_{pe}——永存预加力产生的上拱值；

f_{Ms}——由作用频遇组合计算的弯矩值引起的挠度；

$\eta_{\theta,pe}$——预加力引起的构件上拱值的长期增长系数，计算使用阶段预加力上拱值，预加力钢筋的预加力应扣除全部预应力损失，并取 $\eta_{\theta,pe}=2$；

$\eta_{\theta,Ms}$——荷载频遇组合下构件挠度的长期增长系数，当采用 C40 以下混凝土时，$\eta_{\theta,Ms}=1.60$，当采用 C40~C80 混凝土时，$\eta_{\theta,Ms}=1.45\sim1.35$，中间强度等级可按直线内插取用。

按式（8-75）计算的长期挠度值，在消除结构自重产生的长期挠度后，梁式桥的最大挠度处不应超过计算跨径的 1/600；梁式桥主梁悬臂端不应超过悬臂长度的 1/300。

3. 预拱度的设置

在一般的预应力混凝土简支梁中，预加力引起的变形基本能克服自重和二期结构重力的变形，且仍有一定的余量，存在上挠度，故通常不设置预拱度。但当构件的跨径较大或预应力钢筋张拉后预压应力很大或较小（如部分预应力混凝土构件）的情况下，有时会因结构自重的长期作用而引起较大的变形，在这种情况下，可考虑设置适当的预拱度，用以抵消长

期荷载下逐渐增大的塑性变形。《混凝土桥涵规范》规定：

1）预应力混凝土受弯构件，当预加力产生的长期反拱值大于按作用频遇组合计算的长期挠度时，可不设预拱度。

2）当预加应力的长期反拱值小于按作用频遇组合计算的长期挠度时，应设置预拱度，其值应按该项荷载与预加应力长期反拱值之差采用。

对自重相对于可变作用较小的预应力混凝土受弯构件，应考虑预加应力反拱值过大可能造成的不利影响，必要时采取反预拱或设计和施工上的其他措施，避免桥面隆起直至开裂破坏。预拱的设置应按最大的预拱值沿顺桥向做成平顺的曲线。

8.4 预应力混凝土构件的构造要求

8.4.1 一般构造要求

预应力混凝土受弯构件常用截面形式如图 8-26 所示。

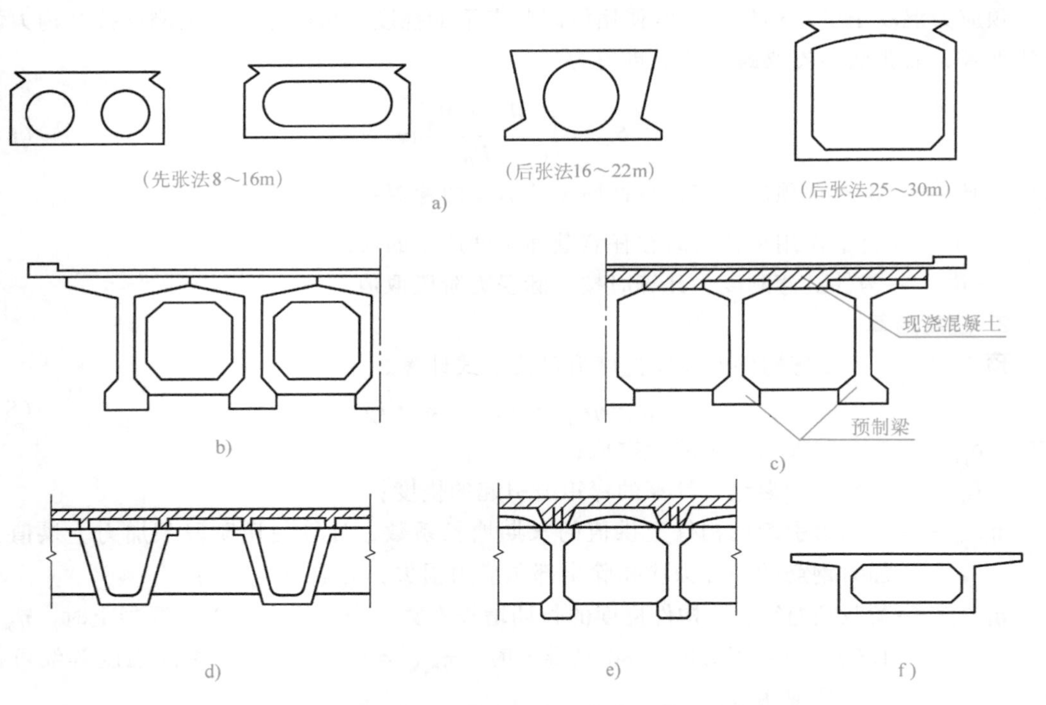

图 8-26　预应力混凝土受弯构件常用截面形式

a）预应力混凝土空心板　b）预应力混凝土 T 形梁　c）预制预应力混凝土 I 形梁现浇整体化截面梁　d）预应力混凝土槽形截面梁　e）预应力混凝土 I 形梁　f）预应力混凝土箱形截面梁

（1）预应力混凝土空心板（图 8-26a）　适于跨径 8～30m 的桥梁。简支板的高跨比 h/l 一般为 1/15～1/20。

（2）预应力混凝土 T 形梁（图 8-26b）　标准设计跨径为 25～40m，一般采用后张法施工。预应力混凝土简支 T 形梁的高跨比一般为 1/15～1/25。

(3) 预制预应力混凝土Ⅰ形梁现浇整体化截面梁（图8-26c） 它是在预制Ⅰ形梁安装定位后，再现浇横梁和桥面（包括部分翼缘宽度）混凝土使截面整体化的。它能较好地适用于各种斜度的斜梁桥或曲率半径较大的弯梁桥，在平面布置时较易处理。

(4) 预应力混凝土槽形截面梁（图8-26d） 适用于跨径为16~25m的中小路径桥梁，高跨比h/l约为1/16~1/20。

(5) 预应力混凝土Ⅰ形梁（图8-26e） 现有标准设计图样的跨径为16~20m，高跨比h/l为1/16~1/18。

(6) 预应力混凝土箱形截面梁（图8-26f） 箱形截面为闭口截面，其抗扭刚度比一般开口截面（如T形截面梁）大得多，自重较轻，跨越能力大，一般用于连续梁，T形刚构、斜梁等桥梁中。

8.4.2 钢筋的布置

在预应力混凝土受弯构件中，主要的受力钢筋是预应力钢筋（包括纵向预应力钢筋和弯起预应力钢筋）和箍筋。此外，为使构件设计得更为合理及满足构造要求，有时还需设置一部分非预应力钢筋及辅助钢筋。

1. 纵向预应力钢筋的布置

纵向预应力钢筋一般有以下三种布置形式。

(1) 直线布置（图8-27a） 直线布置多适用于跨径较小、荷载不大的受弯构件，工程中多采用先张法制造。

(2) 曲线布置（图8-27b） 曲线布置多适用于跨度与荷载均较大的受弯构件，工程中多采用后张法制造。

(3) 折线布置（图8-27c） 折线布置多适用于有倾斜受拉边的梁，工程中多采用先张法制造。在桥涵工程中这类构件应用较少。

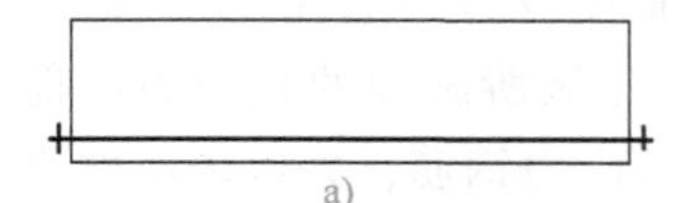

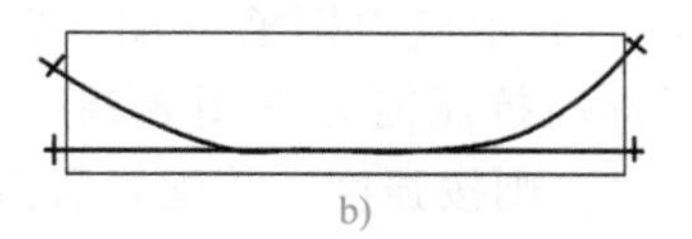

图8-27 纵向预应力钢筋布置形式
a）直线布置 b）曲线布置 c）折线布置

2. 箍筋的设置

箍筋与弯起钢束同为预应力混凝土梁的腹筋，与混凝土一起共同承担剪力，故应按抗剪要求来确定箍筋数量（包括直径和间距的大小）。在剪力较小的梁段，按计算要求的箍筋数量很少，但为了防止混凝土受剪时的意外脆性破坏，《混凝土桥涵规范》仍要求按下列规定配置构造箍筋。

1）预应力混凝土T形、I形截面梁和箱形截面梁腹板内应分别设置直径不小于10mm和12mm的箍筋，且应采用带肋钢筋，间距不应大于200mm；自支座中心起长度不小于1倍梁高范围内，应采用封闭式间距不应大于120mm。

2）对于预应力T形、I形截面梁，应在下部的“马蹄”内另设直径不小于8mm的闭合式箍筋，其间距不应大于200mm。这是因为“马蹄”在预加应力阶段承受着很大的预压应力，为防止混凝土横向变形过大和沿梁轴方向发生纵向水平裂缝，而予以局部加强。

3. 辅助钢筋的设置

在预应力T形梁中，除主要受力钢筋外，还需设置一些辅助钢筋，以满足构造要求：

(1) 架立钢筋与定位钢筋　架立钢筋是用于支撑箍筋和固定预应力钢筋的位置的，一般采用直径12~20mm的带肋钢筋；定位钢筋系指用于固定预留孔道制孔器位置的钢筋，“马蹄”内应设直径不小于12mm的定位钢筋。

(2) 水平纵向辅助钢筋（防收缩钢筋）　T形截面预应力混凝土梁，上有翼缘、下有“马蹄”，它们在梁横向的尺寸都比腹板厚度大，在混凝土硬化或温度骤降时，腹板将受到翼缘与“马蹄”的钳制作用（因翼缘和“马蹄”部分尺寸较大，温度下降引起的混凝土收缩较慢），而不能自由地收缩变形，因而有可能产生裂缝。经验指出，对于未设水平纵向辅助钢筋的薄腹板梁，其下缘因有密布的纵向钢筋，出现的裂缝细而密，而过下缘（即“马蹄”）与腹板的交界处进入腹板后，其裂缝就常显得粗而稀。梁的截面越高，这种现象越明显。如采用蒸汽养护的预应力混凝土T形梁，有的因出坑温度较高，出坑后温度骤降而在三分点处出现这种裂缝，且裂缝宽度较大。为了缩小裂缝间距，防止腹板裂缝较宽，一般需要设置水平纵向辅助钢筋，通常称为防裂钢筋或防收缩钢筋，其直径为6~8mm，截面面积宜为$(0.001\sim0.002)bh$，受拉区间距不大于200mm，受压区间距不大于300mm，沿腹板两侧，紧贴箍筋布置。

(3) 局部加固钢筋　对于局部受力较大的部位，须布置钢筋网格或螺旋筋进行局部加固，以加强其局部抗压和抗剪强度，如“马蹄”中的闭合式箍筋，和梁端锚固区的加强钢筋等。除此之外，梁底支座处亦设置钢筋网加强。

4. 非预应力纵向钢筋的布置

在预应力混凝土梁中，常常在需要和合理的位置，配置适量的非预应力纵向钢筋。

为了防止受弯构件在制作、运输、堆放和吊装时其预拉区出现裂缝，或为减小裂缝宽度，可在构件截面上部布置适量的非预应力钢筋（图8-28a）。非预应力钢筋在使用阶段，还可以帮助梁的跨中截面预拉区提高抗压能力（图8-28b）。梁预压区所施加的预应力已能满足构件在使用阶段的抗裂要求时，则按强度计算配置所需的非预应力钢筋，并以较小的直径及较密的间距布置在梁预压区边缘（图8-28c）。

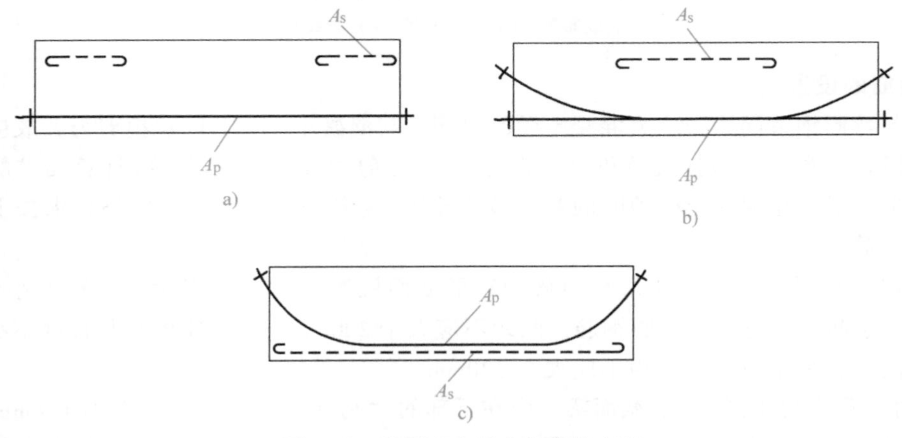

图8-28　非预应力纵向钢筋的布置

由于预先对预应力钢筋进行了张拉，所以非预应力钢筋的实际应力在使用阶段始终低于预应力钢筋。设计中为充分发挥非预应力钢筋的作用，非预应力钢筋的强度级别宜低于预应力钢筋。

8.4.3　先张预应力混凝土构件的构造要求

1. 钢筋的类型与间距

在先张法预应力混凝土构件中，为保证钢筋和混凝土之间有可靠的黏结力，宜采用具有螺旋肋的预应力钢筋或钢绞丝。当采用光面钢丝作预应力钢筋时，宜采取适当措施，以保证钢丝在混凝土中可靠地锚固，防止因钢丝与混凝土间黏结力不足而造成钢丝滑动，丧失预应力。

在先张法预应力混凝土构件中，预应力钢筋间或锚具间的净距与保护层，应根据浇筑混凝土、施加预应力及钢筋锚固等要求确定，并应符合下列规定。

1）预应力粗钢筋的净距不应小于其直径，且不小于30mm。

2）预应力钢丝的净距不应小于15mm，冷拔低碳钢丝当排列有困难时，可以两根并列。

3）预应力钢丝束之间或锚具之间的净距不应小于钢丝束直径，且不小于60mm。

4）预应力钢丝束与埋入式锚具之间的净距不应小于20mm。

2. 混凝土保护层厚度

在先张法预应力混凝土构件中，各类环境条件下，最外侧钢筋及埋入式锚具与构件表面之间的保护层最小厚度见表4-1，钢绞线之间的净距不应小于其公称直径的1.5倍，且对于7股钢绞线，不应小于25mm，对于钢丝不小于15mm。

3. 构件端部构造

在先张法预应力混凝土构件中，为防止在预应力钢筋放松时，构件端部发生纵向裂缝，预应力粗钢筋端部周围的混凝土应采取下列局部加强措施。

1）对单根预应力钢筋（如板肋的配筋），其端部宜设置长度不小于150mm的螺旋筋，如图8-29a所示。当钢筋直径 $d \leqslant 16$mm时，也可利用支座垫板上的插筋代替螺旋筋，如图8-29b所示，但插筋数量不应少于4根，其长度不宜小于120mm。

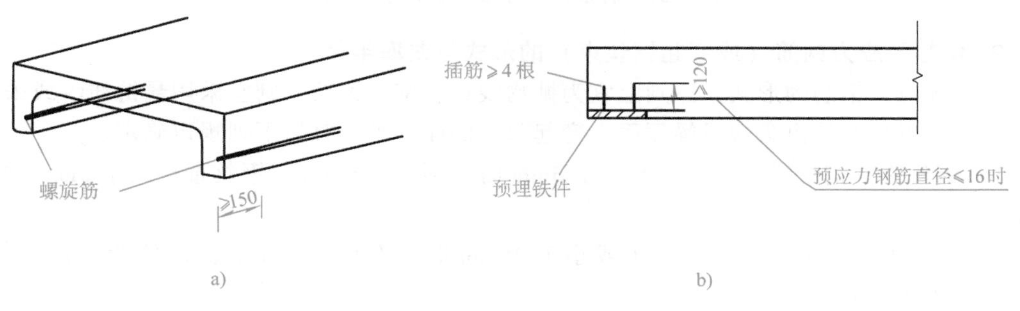

图8-29　端部钢筋

2）当采用多根预应力钢筋时，在构件端部10d（d为预应力钢筋直径）范围内，应设置3~5片钢筋网，如图8-30所示。

3）对采用钢丝配筋的预应力混凝土薄板，在板端100mm范围内应适当加密横向钢筋数量。

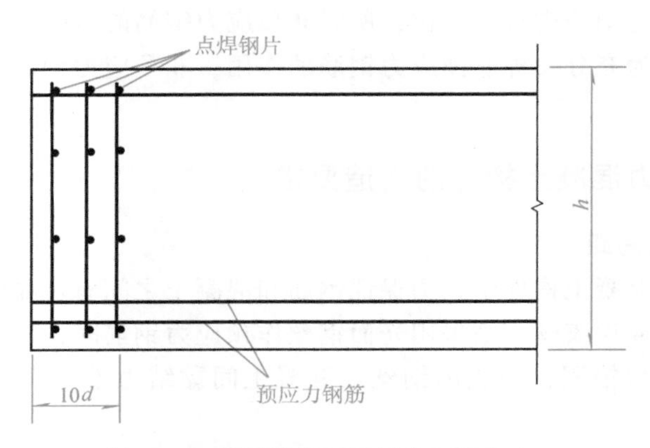

图 8-30　锚固端部钢筋网片加强构造

8.4.4　后张预应力混凝土构件的构造要求

1. 预应力钢筋的布置

在后张预应力混凝土构件中，预应力钢筋常见的布置方式有以下两种。

1）如图 8-31a 所示布置方式，所有的钢绞线、钢丝束均伸到梁端，它适合于用粗大钢丝束配筋的中小跨径桥梁。

2）如图 8-31b 所示布置方式，有一部分钢绞线、钢丝束不伸到梁端，而在梁的顶面截断锚固，这样能更好地符合弯矩的要求，并可缩短钢筋长度，它适合小钢丝束配筋的大跨径桥梁。

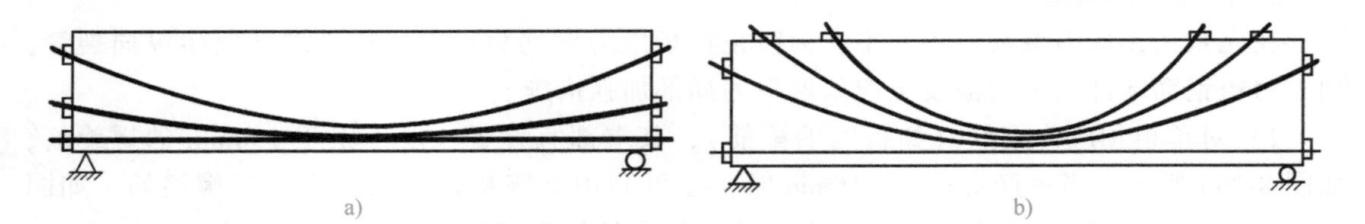

图 8-31　后张预应力混凝土梁的配筋方式

2. 弯起预应力钢筋（或弯起钢丝束）的形式与曲率半径

弯起预应力钢筋的形式，原则上宜为抛物线；若施工方便，则宜采用悬链线，或采用圆弧弯起，并以切线伸出梁端或梁顶面。弯起部分的曲率半径宜按下列规定确定。

1）钢丝束、钢绞线直径等于或小于 5mm 时，不宜小于 4m；钢丝直径大于 5mm 时，不宜小于 6m。

2）预应力螺纹钢筋的直径等于或小于 25mm 时，不宜小于 12m；直径等于大于 25mm 时，不宜小于 15m。

3. 预应力钢筋管道布置的设置

对于后张法预应力混凝土构件，预应力钢丝束预留孔道的水平净距，应保证混凝土中最大骨料在浇筑混凝土时能顺利通过，同时也要保证预留孔道间不致串孔（金属预埋波纹管除外）和锚具布置的要求等。钢丝束之间的竖向间距，可按设计要求确定，但应符合下列构造要求。

1）直线管道的净距不应小于 40mm，且不宜小于管道直径的 0.6 倍；对于预埋的金属或塑料波纹管和铁皮管，可以竖向两管道重叠。

2）曲线管道在曲线平面内时，最小混凝土保护层厚度应按下列公式计算。

$$c_{in} \geqslant \frac{P_d}{0.266r\sqrt{f'_{cu}}}-\frac{d_s}{2} \tag{8-76}$$

式中 c_{in}——曲线平面内混凝土保护层最小厚度；

P_d——预应力钢筋的张拉力设计值，可取扣除锚圈口摩擦、钢筋回缩及计算截面处管道摩擦损失后的张拉力乘以 1.2；

r——管道曲线半径；

f'_{cu}——预应力钢筋张拉时，边长为 150mm 立方体混凝土抗压强度；

d_s——管道外缘直径。

3）按计算需要设置预拱度时，预留管道也应同时起拱。

4）曲线管道在曲线平面外时，最小混凝土保护层应按下列公式计算。

$$c_{out} \geqslant \frac{P_d}{0.266\pi r\sqrt{f'_{cu}}}-\frac{d_s}{2} \tag{8-77}$$

式中 c_{out}——曲线平面外混凝土保护层最小厚度。

4. 构件端部构造

为了防止施加预应力时在构件端部截面产生纵向水平裂缝，不仅要求在靠近支座部分将一部分预应力钢筋弯起，而且预应力钢筋应在构件端部均匀布置。同时，需将锚固区段内的构件截面加宽，构件端部尺寸应考虑锚具的布置、张拉设备的尺寸和局部承压的要求。预应力钢筋锚固区段应设置封闭式箍筋或其他形式的构造钢筋。

预应力钢筋依靠锚具锚固于构件，锚下应设置钢垫板（其厚度应根据板的大小、张拉吨位及锚具形式等确定，但不小于 16mm），或设置具有喇叭管的锚具垫板，并应在锚下构件内设置钢筋网或螺旋筋进行局部加强。

对于埋置在梁体内的锚具，在预加应力完毕后，在其周围应设置钢筋网，然后灌注混凝土，封锚混凝土强度等级不宜低于梁体本身混凝土的 80%，也不宜低于 C30。

长期外露的金属锚具应采取涂刷或砂浆封闭等防锈措施。

【例】 某先张法施工的预应力混凝土空心板，截面构造和尺寸如图 8-32 所示，混凝土强度等级为 C40，预应力钢筋采用 9 根 7Φ^s5.0 钢绞线，Ⅱ级松弛，$A_p=1251\text{mm}^2$，$a_p=40\text{mm}$，张拉控制应力 $\sigma_{con}=1395\text{MPa}$。板在 50m 台座上生产，预应力钢筋一端固定，一端张拉，采用一次张拉施工程序，并用螺纹端杆锚具锚固于台座，蒸汽养护。预应力钢筋与台座温差 $\Delta t=15℃$。板的内力见表 8-8。验算板在预加应力和使用荷载作用阶段的应力；验算板在破坏阶段的强度。

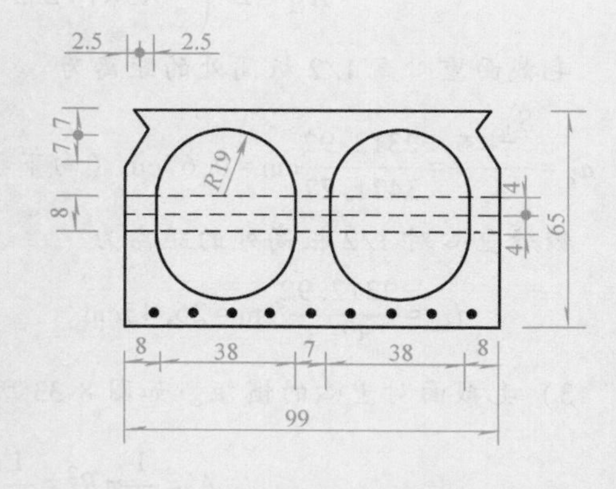

图 8-32 空心板截面构造及尺寸（尺寸单位：cm）

表 8-8　板的内力（标准值）

内　力	荷载类别			
	板自重	后加结构重力	车道荷载	人群荷载
$M_{l/2}$/kN·m	172.3	65.1	234.6	13.4
Q_0/kN	54.7	20.7	193.6	3.2

【解】 1. 材料的力学性能

C40 混凝土：$f_{cd}=18.4\text{MPa}$，$f_{ck}=26.8\text{MPa}$，$f_{td}=1.65\text{MPa}$，$f_{tk}=2.40\text{MPa}$，$E_c=3.25\times10^4\text{MPa}$。

7ϕ^s5.0 钢绞线：$f_{pd}=1260\text{MPa}$，$f_{pk}=1860\text{MPa}$，$E_p=1.95\times10^5\text{MPa}$，$A_p=12.51\text{cm}^2$。

箍筋拟用ϕ10 钢筋，三肢，其 $f_{sd}=250\text{MPa}$，$f_{sk}=300\text{MPa}$，$E_s=2.1\times10^5\text{MPa}$。预应力钢筋与混凝土的弹性模量比值为

$$\alpha_{Ep}=\frac{E_p}{E_c}=\frac{1.95\times10^5}{3.25\times10^4}=6.0$$

2. 板换算截面的几何特征值

（1）毛截面几何特性

1）毛截面面积为

$$A_c=\left[99\times65-2\times38\times8-4\times\frac{\pi\times19^2}{2}-2\times\left(\frac{1}{2}\times7\times2.5+7\times2.5+\frac{1}{2}\times7\times5\right)\right]\text{cm}^2$$
$$=3471.27\text{cm}^2$$

2）毛截面重心位置。全截面对 1/2 板高处的静矩为

$$S_{\frac{1}{2}板高}=2\times\left[\frac{1}{2}\times5\times7\times\left(\frac{2}{3}\times7+18.5\right)+2.5\times7\times\left(25.5+\frac{7}{2}\right)\right.$$
$$\left.+\frac{1}{2}\times2.5\times7\times\left(25.5+\frac{7}{3}\right)\right]\text{cm}^2=2312.92\text{cm}^2$$

铰缝的面积为

$$A_{铰}=2\times\left(\frac{1}{2}\times5\times7+2.5\times7+\frac{1}{2}\times2.5\times7\right)\text{cm}^2=87.5\text{cm}^2$$

毛截面重心离 1/2 板高处的距离为

$$d_c=\frac{S_{\frac{1}{2}板高}}{A_c}=\frac{2312.92}{3471.27}\text{cm}=0.67\text{cm}\ （向下移）$$

铰缝重心对 1/2 板高处的距离为

$$d_{铰}=\frac{2312.92}{87.5}\text{cm}=26.43\text{cm}$$

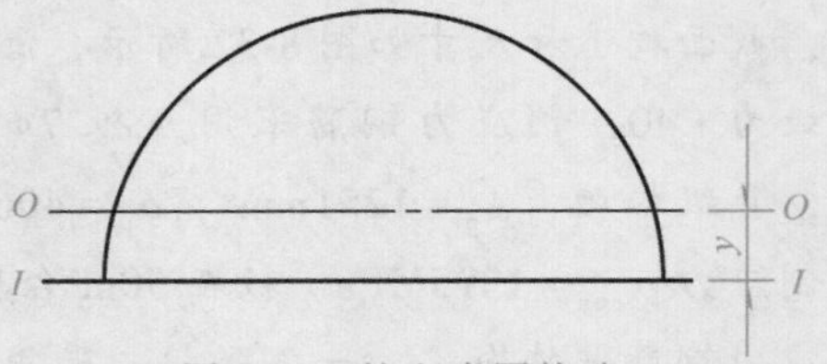

图 8-33　挖空半圆构造

3）毛截面对重心的惯矩。如图 8-33 所示，每个挖空的半圆面积为 A'，则

$$A'=\frac{1}{2}\pi R^2=\frac{1}{2}\pi\times19^2\text{cm}^2=567.1\text{cm}^2$$

重心 $y=\frac{4R}{3\pi}=\frac{4\times19}{3\times\pi}\text{mm}=80.6\text{mm}$，半圆对其自身重心轴 O-O 的惯矩 I' 为

$$I'=\frac{\pi d^4}{128}-\left(\frac{2d}{3\pi}\right)^2\cdot\frac{\pi d^2}{8}=0.00686d^4=0.00686\times38^4\text{cm}^4=14304.03\text{cm}^4$$

由此，得空心板毛截面对重心轴的惯矩 I_c 为

$$I_c=\left\{\frac{99\times65^3}{12}+99\times65\times0.67^2-2\times\left(\frac{38\times8^3}{12}+38\times8\times0.67^2\right)-4\times14304.03\right.$$

$$\left.-2\times567.1\times[(8.06+4+0.67)^2+(8.06+4-0.67)^2]-87.5\times(26.43+0.67)^2\right\}\text{cm}^4$$

$$=1812609.78\text{cm}^4$$

(2) 板换算截面的几何特性

1) 换算截面面积为

$$A_0=A_c+(\alpha_{Ep}-1)A_p=[3471.27+(6.0-1)\times12.51]\text{cm}^2=3533.82\text{cm}^2$$

2) 换算截面重心位置。如图8-33所示，预应力钢筋换算截面对空心板毛截面重心的静矩为

$$S_p=(6.0-1)\times12.51\times(32.5-0.67-4.0)\text{cm}^3=1740.7\text{cm}^3$$

则得换算截面重心至毛截面重心的距离为

$$d_{h0}=\frac{S_p}{A_0}=\frac{1740.7}{3533.82}=0.49\text{cm}\ (\text{向下移})$$

得换算截面重心至空心板截面下缘的距离为

$$y_{0x}=(32.5-0.67-0.49)\text{cm}=31.34\text{cm}$$

得换算截面重心至空心板截面上缘的距离为

$$y_{0s}=(32.5+0.67+0.49)\text{cm}=33.66\text{cm}$$

预应力钢筋重心至换算截面重心的距离为

$$e_{p0}=(31.34-4.0)\text{cm}=27.34\text{cm}$$

3) 换算截面惯性矩为

$$I_0=I_c+A_c d_{h0}^2+(\alpha_{Ep}-1)A_p e_{p0}^2$$
$$=[1812609.78+3471.27\times0.49^2+(6.0-1)\times12.51\times27.34^2]\text{cm}^4$$
$$=1860197.83\text{cm}^4$$

4) 换算截面抵抗矩。

对板上边缘　$W_{0s}=\frac{I_0}{y_{0x}}=\frac{1860197.83}{33.66}\text{cm}^3=55264.34\text{cm}^3$

对板下边缘　$W_{0x}=\frac{I_0}{y_{0x}}=\frac{1860197.83}{31.34}\text{cm}^3=59355.39\text{cm}^3$

对预应力钢筋重心　$W_{0p}=\frac{I_0}{e_{p0}}=\frac{1860197.83}{27.34}\text{cm}^3=68039.42\text{cm}^3$

5) 换算截面重心轴以上（或以下）部分对其重心轴的静矩

$$S_0=\left[99\times\frac{31.34^2}{2}-2\times\frac{1}{2}\times\pi\times19^2\times\left(\frac{4}{3\pi}\times19+2.84\right)\right.$$

$$\left.-2\times38\times\frac{2.84^2}{2}+(6.0-1)\times12.51\times27.34\right]\text{cm}^3=37656.09\text{cm}^3$$

3. 张拉控制应力和预应力损失的计算

(1) 张拉控制应力 预应力钢筋采用9根7ϕ^{s}5.0钢绞线，张拉控制应力为

$$\sigma_{con}=0.75f_{pk}=0.75\times1860\text{MPa}=1395\text{MPa}$$

符合《混凝土桥涵规范》的要求。

(2) 预应力损失 σ_l

1) 锚具变形等引起的预应力损失 σ_{l2}。预应力钢筋利用长线台座张拉，台座长50m，采用夹片式锚具，其变形值 $\sum\Delta l=6\text{mm}$，则

$$\sigma_{l2}=\frac{\sum\Delta l}{l}E_p=\frac{6}{50\times10^3}\times1.95\times10^5\text{MPa}=23.4\text{MPa}$$

2) 加热养护温差引起的预应力损失 σ_{l3}。采用加热养护、二次升温，初次升温时预应力钢筋与张拉台座间的温差 $t_2-t_1=15℃$。

$$\sigma_{l3}=2(t_2-t_1)=2\times15\text{MPa}=30\text{MPa}$$

3) 钢筋松弛引起的预应力损失 σ_{l5}。预应力钢筋采用超张拉施工程序，$\sigma_{con}=1395\text{MPa}$。传力锚固时钢筋应力为

$$\sigma_{pe}=\sigma_{con}-\sigma_{l2}=(1395-23.4)\text{MPa}=1371.6\text{MPa}$$

按超张拉，Ⅱ级松弛（低松弛）钢筋松弛引起的预应力损失为

$$\sigma_{l5}=\psi\cdot\zeta\left(0.52\frac{\sigma_{pe}}{f_{pk}}-0.26\right)\sigma_{pe}$$

$$=0.9\times0.3\times\left(0.52\times\frac{1371.6}{1860}-0.26\right)\times1371.6\text{MPa}=45.72\text{MPa}$$

4) 混凝土弹性压缩引起的预应力损失 σ_{l4}。放松预应力钢筋时的预加力 N_{p0} 为

$$N_{p0}=(\sigma_{con}-\sigma_{l2}-\sigma_{l3}-0.5\sigma_{l5})A_p$$

$$=(1395-23.4-30-0.5\times45.72)\times10^{-1}\times12.51\text{kN}=1649.74\text{kN}$$

混凝土法向应力为

$$\sigma_{pc}=\frac{N_{p0}}{A_0}+\frac{N_{p0}e_{p0}^2}{I_0}=\left(\frac{1649.74}{3533.82}\times10+\frac{1649.74\times27.34^2}{1860197.83}\times10\right)\text{MPa}=11.3\text{MPa}$$

放松钢筋时，先张法空心板混凝土弹性压缩引起的应力损失为

$$\sigma_{l4}=\alpha_{Ep}\sigma_{pc}=6.0\times11.3\text{MPa}=67.8\text{MPa}$$

5) 混凝土收缩和徐变引起的预应力损失 σ_{l6}。

$$\sigma_{l6}=\frac{0.9[E_p\varepsilon_{cs}(t,t_0)+\alpha_{Ep}\sigma_{pc}\varphi(t,t_0)]}{1+15\rho\rho_{ps}}$$

其中，$\sigma_{pc}=11.3\text{MPa}$。

空心板与大气接触的周长为 $u=(990+2\times650)\text{mm}=2290\text{cm}$；空心板毛截面面积 $A_c=$

3471.27cm^2，故空心板理论厚度为

$$h=\frac{2A}{u}=\frac{2\times3471.27\times100}{2290}\text{mm}=303.2\text{mm}$$

设空心板所处环境的大气相对湿度为75%，构件受载龄期为7d，由表8-3直线内插得 $\varepsilon_{cs}(t,t_0)=0.229\times10^{-3}$，$\varphi(t,t_0)=2.048$。

受拉区预应力钢筋的配筋率 $\rho=\frac{A_p}{A_0}=\frac{12.51}{3533.82}=3.54\times10^{-3}$

$$\rho_{ps}=1+\frac{e_{ps}^2}{i^2}=1+\frac{e_p^2}{I_0/A_0}=1+\frac{27.34^2\times3533.82}{1860197.83}=2.420$$

将以上数值代入 σ_{l6} 公式，得

$$\sigma_{l6}=\frac{0.9\times(1.95\times10^5\times0.229\times10^{-3}+6.0\times11.3\times2.048)}{1+15\times4.12\times10^{-3}\times2.420}\text{MPa}=146.35\text{MPa}$$

6）有效预应力值 σ_{pe}。预加应力阶段，第一批预应力损失 $\sigma_{l\text{I}}$ 为

$$\sigma_{l\text{I}}=\sigma_{l2}+\sigma_{l3}+\sigma_{l4}+0.5\sigma_{l5}=(23.4+30+67.8+0.5\times45.72)\text{MPa}=144.06\text{MPa}$$

使用荷载作用阶段，第二批预应力损失 $\sigma_{l\text{II}}$ 为

$$\sigma_{l\text{II}}=0.5\sigma_{l5}+\sigma_{l6}=(0.5\times45.72+146.35)\text{MPa}=169.21\text{MPa}$$

两批预应力损失总和为 σ_l 为

$$\sigma_l=\sigma_{l\text{I}}+\sigma_{l\text{II}}=(144.06+169.21)\text{MPa}=313.27\text{MPa}$$

预加应力阶段预应力钢筋的有效预应力 σ_{pe} 为

$$\sigma_{pe\text{II}}=\sigma_{con}-\sigma_l=(1395-313.27)\text{MPa}=1081.73\text{MPa}$$

4. 预加应力和使用阶段荷载作用的应力验算

（1）正应力验算

1）短暂状况预应力混凝土构件应力计算。板上边缘应力为

$$\begin{aligned}\sigma_{cc}^t&=\frac{N_{p0}}{A_0}-\frac{N_{p0}e_{p0}}{W_{0s}}+\frac{M_{1G}}{W_{0s}}\\&=\left(\frac{1649.74\times10}{3533.82}-\frac{1649.74\times27.34\times10}{55264.34}+\frac{172.3\times10^3}{55264.34}\right)\text{MPa}\\&=-0.38\text{MPa}<0\text{（出现拉应力）}\end{aligned}$$

假设空心板当混凝土强度等级达到90%时放松预应力钢绞线，则

$$\sigma_{cc}^t=0.38\text{MPa}>0.7f'_{tk}=0.7\times(2.40\times0.9)\text{MPa}=1.51\text{MPa}$$

板下边缘应力为

$$\begin{aligned}\sigma_{cc}^t&=\frac{N_{p0}}{A_0}+\frac{N_{p0}e_{p0}}{W_{0x}}-\frac{M_{1G}}{W_{0x}}\\&=\left(\frac{1649.74\times10}{3533.82}+\frac{1649.74\times27.34\times10}{59355.39}-\frac{172.3\times10^3}{59355.39}\right)\text{MPa}\\&=9.36\text{MPa}<0.7f'_{ck}=0.7\times26.8\times0.9\text{MPa}=16.88\text{MPa}\end{aligned}$$

2）持久状况构件的应力计算。在使用荷载作用阶段，预应力钢筋传给混凝土的偏心预压力为

$$N_{p\mathrm{II}}=(\sigma_{con}-\sigma_l)A_p=(1395-313.27)\times 12.51\times 10^{-1}\mathrm{kN}=1353.2\mathrm{kN}$$

本阶段，板除了承受偏心预压力 $N_{p\mathrm{II}}$、板自重弯矩 M_{1G} 外，尚有后期恒载弯矩 M_{2G} 和车道荷载 M_{Qq}、人群荷载 M_{Qr}。

板上边缘应力为

$$\sigma_{cc}=\frac{N_{p\mathrm{II}}}{A_0}-\frac{N_{p\mathrm{II}}e_{p0}}{W_{0s}}+\frac{M_{1G}+M_{2G}+M_{Qq}+M_{Qr}}{W_{0s}}$$

$$=\left[\frac{1353.2\times 10}{3533.82}-\frac{1353.2\times 27.34\times 10}{55264.34}+\frac{(172.3+65.1+234.6+13.4)\times 10^3}{55264.34}\right]\mathrm{MPa}$$

$$=5.91\mathrm{MPa}<0.5f_{ck}=0.5\times 26.8\mathrm{MPa}=13.4\mathrm{MPa}$$

按正常使用极限状态，作用短期效应组合如下。

$$\sigma_{st}-0.85\sigma_{pc}=\frac{M_{1G}+M_{2G}+0.7M_{Qq}+M_{Qr}}{W_{0x}}-0.85\times\left(\frac{N_{p\mathrm{II}}}{A_0}+\frac{N_{p\mathrm{II}}e_{p0}}{W_{0x}}\right)$$

$$=\left[\frac{(172.3+65.1+0.7\times 234.6+13.4)\times 10^3}{59355.39}-0.85\times\left(\frac{1353.2\times 10}{3533.82}+\frac{1353.2\times 27.34\times 10}{59355.39}\right)\right]\mathrm{MPa}$$

$$=-1.56\mathrm{MPa}<0$$

预应力钢筋截面重心处由 $M_{1G}+M_{2G}+M_{Qq}+M_{Qr}$ 所产生的混凝土应力为

$$\sigma_c=\frac{M_{1G}+M_{2G}+M_{Qq}+M_{Qr}}{I_0}e_{p0}$$

$$=\frac{(172.3+65.1+234.6+13.4)\times 10^3}{1860197.83}\times 27.34\mathrm{MPa}=7.13\mathrm{MPa}$$

预应力钢筋的应力为

$$\begin{aligned}\sigma_p&=(\sigma_{con}-\sigma_l)+\alpha_{Ep}\sigma_c\\&=[(1395-310.59)+6.0\times 7.13]\mathrm{MPa}\\&=1127.19\mathrm{MPa}<0.65f_{pk}=0.65\times 1860\mathrm{MPa}=1209\mathrm{MPa}\end{aligned}$$

（2）主应力验算　板截面中性轴处宽度为

$$b=(8+7+8)\mathrm{cm}=23\mathrm{cm}^2$$

1）板支点截面中性轴处切应力。

按荷载标准值组合计算，则

$$\tau=\frac{V_sS_0}{bI_0}=\frac{(54.7+20.7+193.6+3.2)\times 37656.09\times 10}{23\times 1860197.83}\mathrm{MPa}=2.40\mathrm{MPa}$$

2）板支点截面中性轴处正应力为

$$\sigma_{cx}=\frac{N_{p\,\mathrm{II}}}{A_0}=\frac{1353.2\times10}{3533.82}\mathrm{MPa}=3.84\mathrm{MPa}$$

3）主拉应力为

$$\sigma_{tp}=\frac{\sigma_{cx}}{2}-\sqrt{\left(\frac{\sigma_{cx}}{2}\right)^2+\tau^2}=\left[\frac{3.84}{2}-\sqrt{\left(\frac{3.84}{2}\right)^2+2.40^2}\right]\mathrm{MPa}=-1.16\mathrm{MPa}\text{（拉应力）}$$

$$0.7f_{tk}=0.7\times2.40\mathrm{MPa}=1.68\mathrm{MPa}>\sigma_{tp}=1.16\mathrm{MPa}$$

4）主压应力为

$$\sigma_{cp}=\frac{\sigma_{cx}}{2}+\sqrt{\left(\frac{\sigma_{cx}}{2}\right)^2+\tau^2}=\left[\frac{3.84}{2}+\sqrt{\left(\frac{3.84}{2}\right)^2+2.40^2}\right]\mathrm{MPa}$$

$$=4.96\mathrm{MPa}<0.6f_{ck}=0.6\times26.8=16.08\mathrm{MPa}$$

从上面各项应力验算表明，本空心板在预加应力阶段和使用荷载作用阶段的钢筋及混凝土的应力均满足要求。

5. 破坏阶段的承载力计算

（1）正截面承载力　根据空心板净截面面积（$A_c=3471.27\mathrm{cm}^2$）和惯性矩（$I_c=1812609.78\mathrm{cm}^4$）不变的原则，近似地把空心板截面等效成I形梁截面，取空心板受压翼缘计算宽度 $b_f'=99\mathrm{cm}$，且忽略铰缝。

由
$$b_k h_k=\left(\frac{\pi}{4}\times38^2+8\times38\right)\mathrm{cm}^2=1438.115\mathrm{cm}^2$$

得
$$b_k=\frac{1438.115\mathrm{cm}^2}{h_k}$$

$\frac{1}{12}b_k h_k^3=\left[\frac{38\times8^3}{12}+2\times0.00686\times38^4+2\times567.1\times(8.06+4)^2\right]\mathrm{cm}^4=195191.53\mathrm{cm}^4$，代入 $b_k=\frac{1438.115\mathrm{cm}^2}{h_k}$，得 $h_k=40.36\mathrm{cm}$，$b_k=\frac{1438.115\mathrm{cm}^2}{h_k}=35.63\mathrm{cm}$。

则得等效I形截面的上翼缘板厚度为

$$h_f'=y_{上}-\frac{h_k}{2}=\left(32.5-\frac{40.36}{2}\right)\mathrm{cm}=12.32\mathrm{cm}$$

等效I形截面的下翼缘板厚度为

$$h_f'=y_{下}-\frac{h_k}{2}=\left(32.5-\frac{40.36}{2}\right)\mathrm{cm}=12.32\mathrm{cm}$$

等效I形截面的肋板厚度为

$$b=b_f'-2b_k=(99-2\times35.63)\mathrm{cm}=27.74\mathrm{cm}$$

因
$$f_{pd}A_p=(1260\times12.51\times10^{-1})\mathrm{kN}=1576.26\mathrm{kN}$$

$$f_{cd}b_f'h_f'=(18.4\times99\times12.32\times10^{-1})\mathrm{kN}=2244.21\mathrm{kN}$$

$f_{pd}A_p<f_{cd}b_f'h_f'$，说明混凝土受压区高度 x 在受压翼缘板内，属于第一种T形截面。故该截面

可按宽度为 $b_f'=99cm$、高度为 $h=65cm$ 的单筋矩形截面计算。

因
$$f_{pd}A_p=f_{cd}b_f'x$$

则
$$x=\frac{f_{pd}A_p}{f_{cd}b_f'}=\frac{1260\times12.51}{18.4\times99}cm=8.65cm<h_f'=12.32cm$$

且 $x<\xi_b h_0=0.4\times61cm=24.4cm$，则空心板跨中截面的抗弯承载能力为

$$M_u=f_{cd}bx\left(h_0-\frac{x}{2}\right)=18.4\times99\times8.65\times\left(61-\frac{8.65}{2}\right)\times10^{-3}kN\cdot m=893.02kN\cdot m$$

空心板所承受的弯矩基本组合设计值为

$$\begin{aligned}\gamma_0M_d&=\gamma_0(\gamma_{Gi}M_{Gik}+\gamma_{Q1}M_{Q1k}+\psi_c\gamma_{Qj}M_{Qjk})\\&=1.0\times[1.2\times(172.3+65.1)+1.4\times234.6+0.8\times1.4\times13.4]kN\cdot m\\&=628.33kN\cdot m<893.02kN\cdot m\end{aligned}$$

(2) 斜截面承载力　空心板支点截面所承受的剪力基本组合设计值为

$$\begin{aligned}\gamma_0V_d&=\gamma_0(\gamma_{Gi}V_{Gik}+\gamma_{Q1}V_{Q1k}+\psi_c\gamma_{Qj}V_{Qjk})\\&=1.0\times[1.2\times(54.7+20.7)+1.4\times193.6+0.8\times1.4\times3.2]kN\\&=365.10kN\end{aligned}$$

$$0.051\sqrt{f_{cu,k}}bh_0=(0.051\times\sqrt{40}\times27.74\times61)kN=545.80kN>\gamma_0V_d=365.10kN$$

这表明空心板的截面尺寸满足要求。

$$0.050\alpha_2f_{td}bh_0=(0.050\times1.25\times1.65\times27.74\times61)kN=174.5kN<\gamma_0V_d=365.1kN$$

这表明板尚应进行斜截面承载力计算，即按计算配置剪力钢筋。

箍筋拟用Φ10钢筋（$f_{sv}=250MPa$），三肢，箍筋总截面积 $A_{sv}=3\times0.785=2.355cm^2$，间距为 $s_v=20cm$，则

$$\rho_{sv}=\frac{A_{sv}}{s_vb}=\frac{2.355}{20\times27.74}=0.0042$$

$$P=100\rho=100\times\frac{A_p}{bh_0}=100\times\frac{12.51}{27.74\times61}=0.738$$

$$\begin{aligned}V_{cs}&=\alpha_1\alpha_2\alpha_3 0.45\times10^{-3}bh_0\sqrt{(2+0.6P)\sqrt{f_{cu,k}}\rho_{sv}f_{sv}}\\&=1.0\times1.25\times1.1\times0.45\times10^{-3}\times277.4\times610\times\sqrt{(2+0.6\times0.738)\sqrt{40}\times0.0042\times250}\\&=421.70kN>\gamma_0V_d=365.10kN\end{aligned}$$

这说明不需要再设置弯起钢筋。

从以上计算可以看出，空心板的正截面抗弯承载力和斜截面抗剪承载力是足够的。

警示园地——彭山岷江大桥事故

工程概况：

四川省眉山市彭山区岷江大桥为预应力钢筋混凝土简支T梁，桥长494.7m、宽12.5m，是连接彭山城区主干道长寿路，通向省级风景区彭祖山和黄龙溪及周边城市和区县的交通枢

纽，该桥 1994 年 5 月建成通车。

事故描述：

2018 年 7 月 27 日晚 9 点 45 分，岷江大桥东岸 14～16 号三个桥墩四跨梁体发生垮塌，如图 8-34 所示。由于应急处理及时得当，岷江大桥部分垮塌未造成人员伤亡。

图 8-34　彭山岷江大桥垮塌现场

事故原因：

经事故现场调查发现，岷江大桥由于长期受到洪水冲刷，桥梁基础底部已经严重裸露，2014 年 10 月桥梁检测报告评定岷江大桥为四类危桥，彭山区按程序及时启动了大桥的维修加固工程，对大桥进行了简单加固。为确保桥梁安全，2017 年 3 月彭山区交通局委托检测机构对大桥进行了检测，检测机构安装了桥面监测传感器，专人 24h 巡查监测桥梁的情况。但随着上游不断降雨，洪水不断对岷江大桥基础底部冲刷，导致桥面发生移位，13 号桥墩首先发生落梁，第 13 跨上部结构下落后，14 号桥墩受侧向水平推力和竖向压应力从而发生倒塌，进而引发桥梁连续倒塌。

小　结

1. 预应力混凝土结构是指在构件受荷载以前预先对混凝土受拉区施加压应力的结构。预应力混凝土有效、合理地采用高强度的钢材和较高等级的混凝土材料。既较大地提高了结构的抗裂性、刚度和耐久性，又可减小截面尺寸和减轻结构自重，因而扩大了混凝土结构的使用范围，从本质上改善了钢筋混凝土结构。

2. 张拉预应力筋的方法，常见的有先张法和后张法。先张法是靠预应力筋与混凝土之间的黏结力来传递预加应力的；后张法是靠锚具来保持预加应力的。

3. 预应力钢筋在进行张拉时所控制达到的最大应力值称张拉控制应力 σ_{con}，在构件施工及使用过程中，由于锚具变形和钢筋滑移、预应力钢筋摩擦、养护时的温差、预应力钢筋的应力松弛、混凝土的收缩和徐变等原因，σ_{con} 将不断降低，这种预应力钢筋应力的降低，称为预应力损失。在设计、施工过程中，应正确确定 σ_{con} 并采取措施减少预应力损失。预应力损失是分期分批发生的，在先、后张拉法中，预应力损失有不同的组合。

4. 设计预应力混凝土构件时，既要保证持久状况下的承载力要求，又要满足持久状况下的抗裂要求。在计算预加应力引起的混凝土应力时，对于先张法，可采用换算截面的几何特性；对于后张法，压浆前后有所不同，压浆前采用净截面的几何特性，压浆后因钢筋与水泥灰浆具有黏结特性而共同工作，此时选用换算截面的几何特性。

思 考 题

8-1 何谓预应力混凝土？与普通钢筋混凝土构件相比，预应力混凝土构件有何优缺点？

8-2 预应力混凝土分为哪几类？各有何特点？

8-3 在施加预应力工艺中，何谓先张法与后张法？它们主要区别何在？试简述它们的优缺点及应用范围。

8-4 试述预应力锚具的种类。

8-5 为什么预应力混凝土构件必须采用高强钢材，且应尽可能采用高强度等级的混凝土？

8-6 什么是张拉控制应力 σ_{con}？怎样确定较为合适的控制应力？

8-7 预应力损失有哪几种？各种损失产生的原因及计算方法如何？怎样减小各项预应力损失？先张法、后张法各有哪几种损失？哪些属于第一批？哪些属于第二批？

8-8 什么叫有效预应力值？先张法和后张法构件的有效预应力值是否相同？

8-9 什么是预应力钢筋的松弛？为什么超张拉可以减小松弛损失？

8-10 在计算混凝土预应力时，为什么先张法用构件的换算截面 A_0，而后张法却用构件的净截面 A_n？在使用阶段由荷载所引起的混凝土应力计算为何二者都用 A_0？

8-11 预应力混凝土受弯构件正截面和斜截面承载力计算与钢筋混凝土构件相比有何异同？

8-12 何谓预应力钢筋的传递长度？试述它的意义何在。

8-13 为什么要对后张法预应力混凝土构件端部进行局部承压抗裂及承载力验算？当不满足要求时可采取什么措施？

8-14 预应力混凝土受弯构件刚度及变形验算与钢筋混凝土构件相比有何异同？

8-15 预应力混凝土受弯构件施工阶段的应力验算如何进行？

8-16 在预应力混凝土构件中，非预应力钢筋对构件受力性能有何影响？